科学史研究论丛

李振声院士题写书名

科学之道贵古今跨越发展在创新

李振声

中国科学院原副院长、2006 年国家最高科学技术奖获得者
李振声院士为《科学史研究论丛》题词

《科学史研究论丛》编辑委员会

科学史研究论丛

| 第 7 辑 |

主编／吕变庭　　执行主编／王茂华

科学出版社

北京

内 容 简 介

本辑收录论文13篇，综述、书评与书讯3篇及国外科学史名著译介1篇。主要包括马克思主义与科学史、经济统计与数学史、医学史、工艺史、畜牧史、科技政策与学科建设及文献整理等领域研究，内容涉及马克思《资本论》科学史观，南宋的耕地面积统计，朝鲜百科全书式学者李圭景的数学认知，南宋类书《事林广记·医学类》中"炮制方法"的发现、内容及其意义，近代温州地区首部西医学译著《眼科指蒙》探析，近代西药学名著《西药略释》"吐药"探析，唐宋时期制砚技术的传承与革新，本雅明的艺术生产理论研究等。既有科学史学界前辈倾心倾力之作，也有青年学者精心雕琢之作，多有新见与创见。

本书适合历史学、科学史研究领域的学者、研究生以及相关学科爱好者阅读。

图书在版编目（CIP）数据

科学史研究论丛. 第7辑 / 吕变庭主编. —北京：科学出版社，2021.6
ISBN 978-7-03-058572-1

Ⅰ. ①科… Ⅱ. ①吕… Ⅲ. ①科学史-文集 Ⅳ. ①G3-53

中国版本图书馆 CIP 数据核字（2021）第 113386 号

责任编辑：王 媛 杨 静 / 责任校对：王晓茜
责任印制：张 伟 / 封面设计：黄华斌
联系电话：010-64011837
电子邮箱：yangjing@mail.sciencep.com

科 学 出 版 社 出版
北京东黄城根北街 16 号
邮政编码：100717
http://www.sciencep.com

北京建宏印刷有限公司 印刷
科学出版社发行 各地新华书店经销
*
2021 年 6 月第 一 版 开本：720×1000 1/16
2021 年 6 月第一次印刷 印张：15 1/4
字数：298 000
定价：128.00 元
（如有印装质量问题，我社负责调换）

前　言

2012 年 6 月，北京大学科学史与科学哲学研究中心主任、中国科学技术史学会副理事长吴国盛教授到河北大学新闻学院进行学术考察，听闻河北大学宋史研究中心设立了科学技术史研究所，这使他感到既惊喜又好奇，毕竟在文科院系成立科技史研究所并不多见。于是，他又跟时任河北大学宋史研究中心主任、历史学院院长姜锡东教授和宋史研究中心科技史研究所所长厚宇德教授、文献与信息研究所所长吕变庭教授谈起成立河北省科学技术史学会的事情。我们知道，河北省科技从萌芽到成长和发展，如果从泥河湾出现人类活动的足迹算起，迄今已有近 200 万年的历史了，在这漫长的历史进程中，聪明、智慧的燕赵儿女中涌现出了扁鹊、祖冲之、郦道元等一大批杰出的科学家和发明家。我们仰望夜空，他们如同天上最亮的星辰，璀璨夺目；他们的科学思想和科学精神已经变成了激励我们不断拼搏、勇于创新的动力源泉。正如有学者所言，在古代科学技术的发展中，虽然不能找到现成的科学，却能找到科学研究的灵感、思路和途径。正是从这个意义上讲，成立河北省科学技术史学会很有必要。

河北大学宋史研究中心在保持传统优势的基础上，逐渐拓宽至中国科技史、外国科技史和地方科技史（主要是河北科技史）等领域，现有专职研究人员 10 人、兼职人员 10 人。专职人员中，有教授 4 人、副教授 3 人、讲师 3 人。所有人员几乎都具有博士学位（其中 1 人博士在读）。其已经形成一支年龄结构合理、研究专长互补、学缘结构均衡的具有活力的研究队伍。近几年，河北大学宋史研究中心暨历史学院的科技史研究成果丰硕，先后获得 5 项国家社会科学基金、1 项国家自然科学基金面上项目、3 项教育部人文社会科学基金；出版学术著作 8 部，发表核心期刊学术论文近百篇。在人才培养方面，在历史学方向招收科技史专业的博士和硕士研究生。目前，已培养科技史专业的博士 6 名、硕士 10 余名。河北大学宋史研究中心为了加强科技史研究力量，2012 年成立了科技史研究所，目前主要在科技思想史、农史、医药史、矿冶史、物理学史、建筑史、科学社团史等几个领域展开研究。

经过近两年时间的积极筹备，在河北省科学技术协会和河北大学宋史研究中心的大力支持下，河北省科学技术史学会于 2014 年 5 月 11 日在河北大学正式成立，中心教授、博士生导师吕变庭当选为河北省科学技术史学会会长，李涛博士当选为河北省科学技术史学会秘书长。

依照学会章程，创办《科学史研究论丛》。为此，我们特请中国科学院原副院长、中国科学院院士、2006 年国家最高科学技术奖获得者李振声先生为会刊题写刊名，并为之题词："科学之道贯古今，跨越发展在创新。"学会成立以后，河北大学和河北大学宋史研究中心的领导都非常重视学会的各项工作，并为学会的发展创造良好条件，在活动经费、学会建设等方面都给予了大力支持。

科技史是一门新学科，为了让更多的青年学子热爱科技史，不断强化对科技史这门学科的知识传播，《科学史研究论丛》通过开设不同类型的学术专题、研究综述、名家访谈等栏目，尽力为同仁提供一个相互学习、增进友谊、切磋学术和分享快乐的交流平台，不断提升人们的研究境界。《科学史研究论丛》创办的宗旨是，不仅要把"科学之道"发扬光大，而且要高举"创新"的旗帜，办出特色，逐渐提高其在学界的认可度和影响力。

河北大学宋史研究中心

河北省科学技术史学会

2014 年 12 月 18 日

目　录

马克思主义与科学史

经济统计与数学史

医学史

工艺史

畜牧史

科技政策与学科建设

文献整理

研究动态

国外科学史名著译介

马克思主义与科学史

马克思《资本论》中的科学史观初探

潘思远

（河北大学宋史研究中心）

提　要　马克思《资本论》通过考察机器大生产的历史发展，一方面揭露了资本主义生产的本质，另一方面则肯定了科学技术能够促进生产力发展的历史作用。马克思不是就机器而论机器，而是把机器置于特定的历史背景中去深刻把握技术和社会之间的复杂互动关系，并由此建立了科学的资本主义生产方式批判理论。

关键词　资本论　马克思　机器

马克思有两大历史贡献，一是唯物史观的创立，二是剩余价值的发现。在《资本论》这部划时代的伟大巨著中，马克思从分析商品的二重性入手，深刻阐释了生产商品的劳动二重性，在此基础上，马克思透过机器的本质生动地揭露了资本主义生产方式的内在结构。在资本主义生产条件下，工人的劳动时间分为"必要劳动时间"和"剩余劳动时间"，为了追求最大的剩余价值，资本家将现代先进的生产技术应用到生产过程之中，缩短工人再生产劳动力价值的时间，从中赚取更多的"相对剩余价值"。因此，对于科学技术的历史作用，马克思结合资本主义的生产活动实际，进行了多方面解读，初步构建了马克思主义的科学史观。对此，学界已有不少研究成果[①]，本文拟在前人研究成果的基础上，重点探讨马克思主义的科学史观。

一、科学技术是生产力的理论概括和清晰表达

科学技术创造了人类的物质文明，特别是生产工具的进步有力地推动着人类社会由低级向高级的历史发展进程。马克思在考察人类社会的各种经济现象时，首先关注的就是科学技术在其中所扮演的重要角色。马克思指出："一个商品，首先就是我们外界的一个对象，它有许多性质，可以满足人类的某种欲望。"[②] 这种"欲望"应当是人类科学技术产生和发展的基本动力之一，而科学技术本身使得"外界的一个对象"变成"一个有用物"。于是，"每一种有用物，都是许多性质的集合体，故可在种种方面有效用。发现这种种方面，从而发现有用物的种种效用，是历史的工作"。[③] "有用物的种种效用"是一个不断被发现的过程，当然，科学技术在其中起着较为重要的作用。例如，铁、纸、丝、小麦等"商品体"，"都是一个使用价值，一种财货"。[④] 在社会运动的实际过程中，商品是人类生产发展到一定阶段的产物。所以有的生产物并不以"商品体"的形式存在。马克思注意到："有使用价值之物，可以无价值。对人类有效用但非起原（源）于劳动之物，便是这样。空气，处女地，自然草地，野生林木等等，皆其例。有效用又为人类劳动生产物之物，可以不是商品。以自身

① 主要成果有：[苏] A. A. 库津：《马克思与技术问题》，中国科学院自然科学史研究所：《科学史译丛》第1辑，呼和浩特：内蒙古人民出版社，1980年版，第85—98页；陈统渭：《马克思的喜悦——谈马克思主义科学技术观的形成》，《实事求是》1986年第1期；[美] 尼克·迪尔-维斯福特著，罗燕明译：《马克思的机器观》，《当代世界与社会主义》2001年第4期；乔瑞金：《马克思技术哲学纲要》，北京：人民出版社，2002年；刘鄘：《技术与权力——对马克思技术观的两种解读》，《自然辩证法研究》2008年第2期；张福公：《马克思的工艺学研究以及对其世界观形成的影响——基于对〈布鲁塞尔笔记〉的文本解读》，《哲学研究》2018年第7期；孙乐强：《超越"机器论片段"：〈资本论〉哲学意义的再审视》，张一兵主编：《马克思哲学思想发展史研究》第5卷《马克思经济学著作中的哲学思想》，北京：中央编译出版社，2018年版，第1534—1566页；刘雨：《马克思〈资本论〉中蕴含的科学技术思想研究》，内蒙古师范大学2019年硕士学位论文；田文君：《马克思科学技术思想研究——基于〈资本论〉及其手稿》，曲阜师范大学2019年硕士学位论文；郭婷：《马克思科学技术思想研究》，吉林大学2019年硕士学位论文；江君道：《马克思恩格斯科学技术思想研究》，吉林大学2020年硕士学位论文，等。
② [德] 卡尔·马克思著，[德] 恩格斯编，郭大力、王亚南合译：《资本论》第1卷（上册），北京：生活·读书·新知三联书店，1951年版，第1页。
③ [德] 卡尔·马克思著，[德] 恩格斯编，郭大力、王亚南合译：《资本论》第1卷（上册），北京：生活·读书·新知三联书店，1951年版，第1页。
④ [德] 卡尔·马克思著，[德] 恩格斯编，郭大力、王亚南合译：《资本论》第1卷（上册），北京：生活·读书·新知三联书店，1951年版，第2页。

劳动生产物满足自身欲望的人，即是只创造使用价值，而不创造商品。"① 与之相应。人类的科学技术按照其社会性质，可以区分为家庭式、社会式和国家式。

（一）家庭式科学和技术

在封建社会里，科学技术发展的家庭形式是其私人劳动的一部分，"一个农民，不但种庄稼，而且自己制作工具，加工农副产品"。② 为了从事农业生产而自己制作农具，在这个过程中，农民便有了诸多的科学发明与创造。如《庄子外篇·天地》篇载：

> 子贡南游于楚，反于晋，过汉阴，见一丈人方将为圃畦，凿隧而入井，抱瓮而出灌，搰搰然用力甚多，而见功寡。子贡曰："有械于此，一日浸百畦，用力甚寡而见功多，夫子不欲乎？"为圃者仰而视之曰："奈何？"曰："凿木为机，后重前轻，挈水若抽，数如泆溢汤，其名为槔。"为圃者忿然作色而笑曰："吾闻之吾师，有机械者必有机事，有机事者必有机心。机心存于胸中，则纯白不备；纯白不备，则神生不定；神生不定者，道之所不载也。吾非不知，羞而不为也。"子贡瞒然惭，俯而不对。③

这段话可以从多个角度来诠释，这里，我们透过"为圃者"的话语不难推知当时人们已经懂得自制桔槔用于农田浇灌了。至于火炕的发明应归于北方农家长期与寒冷气候做斗争的努力，先是"灶式"炕，如《汉书·苏武传》载"凿地为坎，置煴火"④ 以取暖。后来出现了在地面上构筑的火炕，如《旧唐书·高丽传》载："其俗贫窭者多，冬月皆作长坑，下燃煴火以取暖。"⑤

（二）社会式科学和技术

科学技术发展的社会形式主要表现在每个村社和行业内部，如黄道婆发明的脚踏三锭纺车以及唐代碾硙的兴盛等。以碾硙为例，马克思曾经指出："罗马帝国，已经以水磨的形态，将机械的原始形态，传于后世。"⑥ 又说："水磨的采用，虽为家庭工业制造破坏的始端，但水磨只能在有水流的地方设立，一个水磨往往和别一个水磨的距离甚远，所以，那与其说是都会组织内一部分，宁

① ［德］卡尔·马克思著，［德］恩格斯编，郭大力、王亚南合译：《资本论》第1卷（上册），北京：生活·读书·新知三联书店，1951年版，第6页。

② 牛建农等：《义乌奇迹启示录》，南京：东南大学出版社，2018年版，第61页。

③ （周）庄周：《庄子外篇·天地》，《百子全书》第5册，长沙：岳麓书社，1993年版，第4556页。

④ （汉）班固：《汉书》卷54《苏武传》，北京：中华书局，1962年版，第2461页。

⑤ （后晋）刘昫等：《旧唐书》卷199上《高丽传》，北京：中华书局，1972年版，第5320页。

⑥ ［德］卡尔·马克思著，［德］恩格斯编，郭大力、王亚南合译：《资本论》第1卷（上册），北京：生活·读书·新知三联书店，1951年版，第278—279页。

说是农村组织的一部分。"①水磨（即碾硙）作为一种生产力，它对于唐代社会经济的作用，史学界已有不少讨论。其中有论者认为，在手工业阶段，"唐代碾硙业高度发展，居于世界领先地位"。②

（三）国家式科学和技术

科学技术发展的国家形式主要是以强势的政府行为来体现。例如，制定各种保护生产技术的法规、颁布历法等就是一种政府行为。马克思在《资本论》中谈论英国的《工厂法》时说："社会，对于社会生产过程的自然发生的形态，实以工厂法的制定，为最早的意识的计划的反应。我们讲过，工厂法，和棉纱，自动机，电报一样，是大工业的必然的产物。"③又说："未来教育——这种教育，把生产劳动和智育体育结合起来，使每一个已达一定年龄的儿童皆可享受，此不仅为增加社会生产的方法，且为生产健全人类的唯一方法——的种子，是从工厂制度发芽的。"④

工厂及其教育是近代科技革命的孵化器，因为科学技术成为生产力的关键是劳动者的素质。马克思强调："就令全体系是由蒸汽机关推动，其工作机仍会有若干，在某种动作上，必须有劳动者。"⑤当然，大工业时期的劳动者与手工业时期的劳动者有着根本不同，马克思指出："劳动手段，在其机械形态上，包含着一个物质的存在方法，它会以自然力代替人力，以自然科学之意识的应用，代替经验的例规。"⑥此时，科学知识已经转变为现实的生产力了。正是从这层意义上，马克思说："固定资本的发展表明，一般社会知识，已经在多么大的程度上变成了直接生产力，从而社会生活过程的条件本身在多么大的程度上受到一般智力的控制并按照这种智力得到改造。"⑦所以"另一种不费资本分文

① ［德］卡尔·马克思著，［德］恩格斯编，郭大力、王亚南合译：《资本论》第1卷（下册），北京：生活·读书·新知三联书店，1951年版，第302页注99。
② 梁中效：《唐代的碾硙业》，李炳武总主编：徐卫民本卷主编：《长安学丛书·经济卷》，西安：陕西师范大学出版社；西安：三秦出版社，2009年版，第342页。
③ ［德］卡尔·马克思著，［德］恩格斯编，郭大力、王亚南合译：《资本论》第1卷（下册），北京：生活·读书·新知三联书店，1951年版，第392页。
④ ［德］卡尔·马克思著，［德］恩格斯编，郭大力、王亚南合译：《资本论》第1卷（下册），北京：生活·读书·新知三联书店，1951年版，第395页。
⑤ ［德］卡尔·马克思著，［德］恩格斯编，郭大力、王亚南合译：《资本论》第1卷（下册），北京：生活·读书·新知三联书店，1951年版，第305页。
⑥ ［德］卡尔·马克思著，［德］恩格斯编，郭大力、王亚南合译：《资本论》第1卷（下册），北京：生活·读书·新知三联书店，1951年版，第309页。
⑦ ［德］卡尔·马克思：《政治经济学批判》，《马克思恩格斯全集》第46卷下，北京：人民出版社，1980年版，第219—220页。

的生产力，就是科学力量"。① 当时，马克思把这种"科学力量"称之为"社会智慧的一般生产力"。②

如众所知，家庭手工业和作坊手工业都是小农经济的产物，这些生产活动的特点是："以个人力量和个人熟练为基础，从而，其存在，仍以筋肉的发达，视力的敏锐，手的灵巧为基础。"③ 与之不同，工厂手工业则"是以一类劳动者——这一类劳动者的职业，带有半艺术的性质"。④ 此时，马克思提出了"主观的生产力"与"客观的生产力"的概念。⑤

从世界范围来看，随着新航路的开辟和资本市场的不断扩大，"以前那种封建的或行会的工业经营方式已经不能满足随着新市场的出现而增加的需求了。工厂手工业代替了这种经营方式"⑥。而工厂手工业则伴随"机械经营的产业的扩大，新生产部门的机械的侵入"⑦，不断打破家庭手工业和作坊手工业条件下"人的限制"。⑧ 于是，"一个产业范围内生产方法的革命，唤起别个产业范围内生产方法的革命。因社会分工，而各自生商品，但各皆以总过程一阶段的资格互相连系的诸产业部门，最先如此。所以，机械纺绩业，使机械织布业成为必要；二者合起来，又使漂白业，印花业，染色业，有发生机械化学革命的必要。同样，棉花纺绩上的革命，又唤起缲棉机的发明；必须有缲棉机发明，棉花的生产，才能依必要的大规模生产。工业和农业生产方法的革命，又使社会生产过程的一般条件，有发生革命的必要，那就是使交通机关运输机关有发生革命的必要"⑨。这里，马克思以"生产方法的革命"为着力点，从生产力发展的内因上凸显了科学技术的关键作用。在此前提下，马克思总结说："工厂组织发达了，农业革命伴着发生了，于是，不仅其他各产业部门的生产规模扩大，

---

① ［德］卡尔·马克思：《政治经济学批判》，《马克思恩格斯全集》第46卷下，北京：人民出版社，1980年版，第287页。

② ［德］卡尔·马克思：《政治经济学批判》，《马克思恩格斯全集》第46卷下，北京：人民出版社，1980年版，第210页。

③ ［德］卡尔·马克思著，［德］恩格斯编，郭大力、王亚南合译：《资本论》第1卷（下册），北京：生活·读书·新知三联书店，1951年版，第306页。

④ ［德］卡尔·马克思著，［德］恩格斯编，郭大力、王亚南合译：《资本论》第1卷（下册），北京：生活·读书·新知三联书店，1951年版，第306—307页。

⑤ ［德］卡尔·马克思：《政治经济学批判》，《马克思恩格斯全集》第46卷上，北京：人民出版社，1980年版，第210页。

⑥ 《马克思恩格斯选集》第1卷，北京：人民出版社，1995年版，第273页。

⑦ ［德］卡尔·马克思著，［德］恩格斯编，郭大力、王亚南合译：《资本论》第1卷（下册），北京：生活·读书·新知三联书店，1951年版，第306页。

⑧ ［德］卡尔·马克思著，［德］恩格斯编，郭大力、王亚南合译：《资本论》第1卷（下册），北京：生活·读书·新知三联书店，1951年版，第307页。

⑨ ［德］卡尔·马克思著，［德］恩格斯编，郭大力、王亚南合译：《资本论》第1卷（下册），北京：生活·读书·新知三联书店，1951年版，第307页。

其性质也发生了变化。机械经营的原则——以生产过程分解为构成阶段,并应用力学化学等自然科学,来解决当前的各种问题——到处都成了决定的。"① 科学技术对机械经营过程的这种"决定性作用",是马克思对科学技术是生产力这一经济理论的高度概括和清晰表达。

二、科学技术起源于人类的劳动过程

马克思在讲到商品的劳动二重性时指出:"在每一商品的使用价值中,皆包含某种有目的的生产活动或有用劳动。诸使用价值,倘若不是其中所含的有用劳动,各有不同的性质,就无论如何不能当作商品,而互相对待。在生产物皆采取商品形态的社会内,换言之,在商品生产者的社会内,各个生产者为各自利益而独立进行的有用劳动,是性质不同的。这种性质上的差别,发展成为一个复杂的体系——即社会的分工。"② 真正意义上的科学技术与"社会的分工"紧密相连,关于这一点,《周礼·考工记》颇能说明问题。马克思指出:"当作使用价值的形成者,当作有用劳动,劳动在任一社会形态中皆是人类的生存条件;这是一个永久的自然的必然,没有它,人与自然间将无物质的交换,也就无人类生活。"③ 由此可见,科学技术首先是一种"有用劳动",它是实现"人与自然间物质的交换"的重要媒介。

(一)自然生产率

自然是人类长久以来赖以生存的环境,人在适应自然环境和改造自然环境的过程中产生了科学和技术。因此,"科学既是一种知识体系和知识形态,又是人类探索客观世界的基本活动及其过程"。④ 马克思指出:"外部的自然条件,在经济方面分为两大部类:一是生活资料的自然富源,即肥沃的土地和富于鱼类的水等等;一是劳动工具的自然富源,如瀑布、航行河道、森林、金属矿山、炭矿等。在文化初期,前一类自然资源具有决定作用;在文化较发达的阶

---

① [德]卡尔·马克思著,[德]恩格斯编,郭大力、王亚南合译:《资本论》第1卷(下册),北京:生活·读书·新知三联书店,1951年版,第375页。

② [德]卡尔·马克思著,[德]恩格斯编,郭大力、王亚南合译:《资本论》第1卷(上册),北京:生活·读书·新知三联书店,1951年版,第7—8页。

③ [德]卡尔·马克思著,[德]恩格斯编,郭大力、王亚南合译:《资本论》第1卷(上册),北京:生活·读书·新知三联书店,1951年版,第8页。

④ 邹先定、龚奎洪主编:《马克思主义哲学教程》,北京:中国农业科技出版社,1998年版,第259页。

段，则是后一部类自然富源具有决定作用。"①所谓"在文化较发达的阶段"是指科学技术已经获得了较大的发展，尤其是工业文明产生之后，大工业生产"第一次使自然力，即风、水、蒸汽、电大规模地从属于直接的生产过程，使自然力变成了社会劳动的因素"。②那么，我们能不能说人类历史就是由环境所决定的呢？不能。在这个方面，G. V. 普列汉诺夫（G. V. Plekhanov，1856—1918年）的头脑中就曾存在着一种糊涂观念。他说："生产力的发展，决定着一切社会关系的发展，而生产力的发展则是由地理环境的性质来决定的。"③实际上，普列汉诺夫曲解了马克思的原意。马克思在《资本论》中讲道：

> 资本主义生产方法的成立，以人类支配自然为前提。过于丰饶的自然，"使人类依赖，像儿童依赖引绳一样。"这种过于丰饶的自然，使人类不把发达自身这件事当作自然的必要。资本的母国，并不是在草木郁然繁茂的热带，而是在温带地方。形成社会分工的自然基础并依照自然环境的变化，刺激人类，使其欲望，能力，劳动工具，与劳动方法都多样化的，绝不是绝对的土地丰饶性，宁可说是土地的差异性，是土地自然产物的多样性。自然力，必须依人类之手的劳作，加以社会的统制，加以节约，加以大规模的占有和利用的。这个事实，在产业史上，有最决定的作用。④

在文中，马克思强调的是"土地自然产物的多样性"有利于社会分工的发展，从而决定着产业的发展，这是工业社会发展的基本特点。然而，在后工业社会，这个特点就发生变化了。在"后工业化阶段，新技术产业兴起，生活资料自然富源与劳动资料自然富源对社会的整体影响下降，环境质量对社会的整体影响上升"。⑤既然产业本身是一个历史过程，与之相对应的地理环境就会表现出一定的阶段性。在不同的阶段，产业对自然环境的依赖，其性质和特点是绝不相同的。所以美国学者戴蒙德在分析中国近代社会落后的原因时说："新月沃地的居间的地理位置，控制了把中国和印度与欧洲连接起来的贸易路线，以及中国距离欧亚大陆其他先进的文明国家路途遥远，使中国实际上成为一个大陆内的一个巨大的孤岛。中国的相对孤立状态与它先是采用技术后来又排斥技术这种做法有着特别重要的关系，这使人想起了塔斯马尼亚岛和其他岛屿排斥

① ［德］卡尔·马克思著，［德］恩格斯编，郭大力、王亚南合译：《资本论》第1卷（下册），北京：生活·读书·新知三联书店，1951年版，第419页。

② 《马克思恩格斯全集》第48卷，北京：人民出版社，1980年版，第569页。

③ ［俄］G. 普列汉诺夫著，张仲实译：《社会科学的基本问题》，上海：生活书店，1937年版，第41页。

④ ［德］卡尔·马克思著，［德］恩格斯编，郭大力、王亚南合译：《资本论》第1卷（下册），北京：生活·读书·新知三联书店，1951年版，第420页。

⑤ 本书编写组：《地理环境概述》，呼和浩特：远方出版社，2004年版，第167页。

技术的情形。"① 故此，马克思指出："在农业中（采矿业中也一样），问题不只是劳动的社会生产率，而且还有由劳动的自然条件决定的劳动的自然生产率。"② 当然，"这些自然条件所能提供的东西往往随着由社会条件决定的生产率的提高而相应地减少"。③

（二）社会内部的分工

马克思认为："分工只是从物质劳动和精神劳动分离的时候起才开始成为真实的分工。从这时候起意识才能真实地这样想象：它是某种和现存实践的意识不同的东西；它不用想象某种真实的东西而能够真实地想象某种东西。"④ 科学是一种意识形态，它与社会分工紧密联系在一起。"因为分工不仅使物质活动和精神活动、享受和劳动、生产和消费由各种不同的人来分担这种情况成为可能，而且成为现实。"⑤ 特别是"随着分工的发展也产生了个人利益或单个家庭的利益与所有互相交往的人们的共同利益之间的矛盾；同时，这种共同的利益不是仅仅作为一种'普遍的东西'存在于观念之中，而且首先是作为彼此分工的个人之间的相互依存关系存在于现实之中"。⑥ 可见，只有从社会分工的角度去理解科学的意识形态性质，才能正确把握科学技术如何被应用于资本生产过程这个事实。马克思指出：

> 自然因素的应用——在一定程度上自然因素被列入资本的组成部分——是同科学作为生产过程的独立因素的发展相一致的。生产过程成了科学的应用，而科学反过来成了生产过程的因素即所谓职能。每一项发现都成了新的发明或生产方法的新的改进的基础。只有资本主义生产方式才第一次使自然科学［XX—1262］为直接的生产过程服务，同时，生产的过程反过来又为从理论上征服自然提供了手段。科学获得的使命是：成为生产财富的手段，成为致富的手段。⑦

---

① ［美］贾雷德·戴蒙德著，谢延光译：《枪炮、病菌与钢铁：人类社会的命运》，上海：上海译文出版社，2006年版，第470页。

② ［德］卡尔·马克思：《资本论》第3卷，北京：人民出版社，1980年版，第864页。

③ ［德］卡尔·马克思：《资本论》第3卷，北京：人民出版社，1980年版，第289页。

④ ［德］卡尔·马克思：《德意志意识形态》，《马克思恩格斯选集》第1卷，人民出版社，1972年版，第36页。

⑤ ［德］卡尔·马克思：《德意志意识形态》，《马克思恩格斯选集》第1卷，人民出版社，1972年版，第36页。

⑥ ［德］卡尔·马克思：《德意志意识形态》，《马克思恩格斯选集》第1卷，人民出版社，1972年版，第37页。

⑦ ［德］卡尔·马克思：《经济学手稿（1861—1863年）》，《马克思恩格斯全集》第47卷，北京：人民出版社，1980年版，第570页。

关于分工的起源，亚当·斯密提出了"分工起因于交换能力"①的理论。他说："分工最初也是从这种相同的交换倾向中产生的。在一个狩猎或游牧部落中，一个特定的人，例如，他比任何其他人能更快、更熟练地制造弓箭，他就制造弓箭。他频繁地用弓箭和他的同伴交换牲畜和鹿肉。他最终发现，他用这种方式得到的牲畜和鹿肉，比他自己到野地里捕捉到的还多。因此，出于对他自身利益的关切，制造弓箭成了他的主要营生，他成为一种专门制造武器的人。"②与此相类，铁匠、木匠、皮匠等亦都因为交换和市场的需要而变成专业技术门类。用马克思的话说，就是"原来非独立的东西获得了独立"。马克思指出：

> 社会内部举行分工，和各个人专营特殊职业的现象，像制造业内部的分工一样，是由二对立的始点发展的。在家族之内，嗣后更在部族之内，由性和年龄的差别，引起了一种自然的分工，那纯然是以生理的原因为基础的。……所以，当不同的共同社会互相接触时，生产物会互相交换，并渐渐转化为商品。交换不在各生产范围之间创造差别，但使已经不同的生产范围发生关联，并且使它们在社会总生产上，转化为多少互相依赖的部门。在此，社会的分工，是由原来不同且互相独立的生产范围之间的交换引起的。但在前一场合（以生理分工为始点的场合），则是直接互相关联的全体，将其特殊器官互相分离。这个分离过程，原来也是以诸相异共同社会间的商品交换为主要刺激的。但益益分化的结果，到后来，各种劳动之间的联络，遂仅有生产物当作商品的交换，作媒介了。在这一场合，是使原来互相独立的，变成互相依赖的；在他一场合，则是使原来互相依赖的，变成互相独立的。③

有了社会分工之后，真正的科学研究才成为可能。例如，"物理学者必在自然过程表现得最充实且最不受他物影响的地方，视察自然过程；如可能，还在过程确系正常进行的条件下，作种种实验"。④即使如此，马克思始终认为科学研究也是社会劳动分工的一部分。他说："大工业的原理（即不顾人的手，将各生产过程分解为构成要素），创造了近代的工艺学。社会生产过程之杂多的，外表上不互相联络的，凝固的形态，分解为自然科学之意识的，计划的，为所期

---

① ［英］亚当·斯密：《国民财富的性质和原因的研究》，北京：商务印书馆，1987年版，第16页。
② ［英］亚当·斯密著，唐日松等译：《国富论》，北京：华夏出版社，2005年版，第15页。
③ ［德］卡尔·马克思著，［德］恩格斯编，郭大力、王亚南合译：《资本论》第1卷（上册），北京：生活·读书·新知三联书店，1951年版，第281—282页。
④ ［德］卡尔·马克思著，［德］恩格斯编，郭大力、王亚南合译：《资本论》第1卷（上册），北京：生活·读书·新知三联书店，1951年版，第2页。

效果而系统分化的应用。力学，在最复杂的机械体系内，仅发现单纯机械力的不断的反覆。工艺学也只发现少数基本形态。各种生产行为所使用的工具虽杂复异常，但都必然要采取这种基本形态的。近世工业决不视生产过程的现存形态为确定的。所以，从前各种生产方法的技术基础，在本质上是保守的，近世工业的技术基础，却是革命的。劳动者的机能及劳动过程的社会结合，须经由机械，化学过程，及其他各种方法，而与生产的技术基础，一同不断地发生革命。"[①]

马克思主张科学家应当具有历史家的视野和眼光，他举例说："数学家和力学家，皆认为工具是单纯的机械，机械是复杂的工具"[②]，"他们在二者间不能发现本质上的区别"[③]，"因其中未含有历史的要素"[④]。若用历史的眼光看，则"生产方法的革命，在制造业（亦即工场手工业，引者注），是以劳动力为始点；在大工业，是以劳动手段为始点"。[⑤]所以"大工业必须掌握着它的最特别的生产手段，即机械；且必须以机械生产机械。要这样，它方才有适当的技术基础，有它自身的立足点"。[⑥]马克思指出："在制造业，社会劳动过程的编制，纯然是主观的，是部分劳动者的结合；大工业在其机械体系中，却纯然是客观的生产组织体。这个组织体会当作完成的物质的生产条件，出现在劳动者面前。"[⑦]可见，机械不是复杂的工具，作为以前历史发展结果同时又是未来社会物质准备的机械与手工工具存在着本质区别。例如，"近代的信封制造业。它用一个工人用折篾将纸折好，用第二个工人涂树胶，第三个工人将边折回来，预备印上图样，第四个工人把图样印上等等。一个信封通过一次部分工作，即须转一个工人的手。现在，这种种工作，是同时由一个信封制造机担任，可以在一小时内，造成3000以上的信封了"。[⑧]所以，在大工业生产过程中，"机器

① ［德］卡尔·马克思著，［德］恩格斯编，郭大力、王亚南合译：《资本论》第1卷（下册），北京：生活·读书·新知三联书店，1951年版，第397—398页。

② ［德］卡尔·马克思著，［德］恩格斯编，郭大力、王亚南合译：《资本论》第1卷（下册），北京：生活·读书·新知三联书店，1951年版，第297页。

③ ［德］卡尔·马克思著，［德］恩格斯编，郭大力、王亚南合译：《资本论》第1卷（下册），北京：生活·读书·新知三联书店，1951年版，第297页。

④ ［德］卡尔·马克思著，［德］恩格斯编，郭大力、王亚南合译：《资本论》第1卷（下册），北京：生活·读书·新知三联书店，1951年版，第298页。

⑤ ［德］卡尔·马克思著，［德］恩格斯编，郭大力、王亚南合译：《资本论》第1卷（下册），北京：生活·读书·新知三联书店，1951年版，第297页。

⑥ ［德］卡尔·马克思著，［德］恩格斯编，郭大力、王亚南合译：《资本论》第1卷（下册），北京：生活·读书·新知三联书店，1951年版，第308页。

⑦ ［德］卡尔·马克思著，［德］恩格斯编，郭大力、王亚南合译：《资本论》第1卷（下册），北京：生活·读书·新知三联书店，1951年版，第309页。

⑧ ［德］卡尔·马克思著，［德］恩格斯编，郭大力、王亚南合译：《资本论》第1卷（下册），北京：生活·读书·新知三联书店，1951年版，第303页。

首要地不是作为工具而存在，而是作为劳动资料而存在，作为机器的资本主义应用而存在。劳动资料与人的地位发生了彻底的颠倒，这一颠倒揭示了机器技术的秘密"。① 在资本主义生产条件下，"机械是生产剩余价值的手段"。②

三、重视科学研究中的"还元"方法

所谓"还元"方法就是把研究对象分成部分，再从部分中找出最基本的构成元素的方法。亚里士多德曾叙述泰利士的哲学思想说："那些最早的哲学研究者们，大都仅仅把物质性的本原当作万物的本原。因为在他们看来，一样东西，万物都是由它构成的，都是首先从它产生、最后又化为它的，那就是万物的元素、万物的本原了。"③ 这是最早的本体论还元，然而作为一种分析方法却是始自近代笛卡尔（儿），即笛卡尔（儿）提出了指导人类思维的"四条原则"：

第一条，决不把任何我没有明确地认识其为真的东西当作真的加以接受，也就是说，小心避免轻率的判断和偏见，只把那些十分清楚明白地呈现在我的心智之前，使我根本无法怀疑的东西放进我的判断之中。

第二条，把我所考察的每一个难题，都尽可能地分成细小的部分，直到可以而且适于加以圆满解决的程度为止。

第三条，按照次序进行我的思考，以便从最简单、最容易认识的对象开始，一点一点逐步上升，直到对复杂对象的认识，即便是那些彼此之间并没有自然的先后次序的对象，我也给它们设定一个次序。

第四条，把一切情形尽量完全地列举出来，尽量普遍地加以审视，使我确信毫无遗漏。④

虽然学界目前对"还元"方法持论各异，但人们都不否认近代科学是以还原论居于主流地位这个事实。故有学者评价说："笛卡尔（儿）思维具有巨大的威力，它引发了成为现代社会基础的'科学革命'和'产业革命'，还产生了科学社会主义、自由经济等现代社会的基本范式。由于笛卡尔（儿）思维的伟大力量，从分析开始的科学方法论，作为唯一的逻辑思维方法，没有受到任何怀疑地统治了长达400年之久。后来，经牛顿、马克思等人的工作，在此基础上

---

① 郝继松：《现代技术批判理论的批判：基于历史唯物主义的视角》，北京：光明日报出版社，2018年版，第51页。

② ［德］卡尔·马克思著，［德］恩格斯编，郭大力、王亚南合译：《资本论》第1卷（下册），北京：生活·读书·新知三联书店，1951年版，第297页。

③ 北京大学哲学系外国哲学史教研室编译：《西方哲学原著选读》上，北京：商务印书馆，1981年版，第15页。

④ ［法］笛卡尔：《谈谈方法》，王太庆译，北京：商务印书馆，2000年版，第16页。

发展创造出'分析—综合方法'。"① 在《资本论》中，马克思娴熟地应用逻辑与历史统一的方法以及从抽象上升到具体的方法，深刻揭露了资本家剥削工人的秘密。为了从复杂的资本市场中，找出资本主义生产条件下劳资矛盾的实质所在，以确定问题解决的方向，马克思十分重视"还元"法在《资本论》中的应用。在分析商品的交换价值时，马克思举例说：

> 因要确定并比较诸直线形的面积，我们把诸直线形分成三角形。但三角形的面积，又还元为全然与三角形不同的东西，换言之，还元为底乘高之积之1/2。同样，诸商品的交换价值，也定然可以还元为一种共通物，它们各代表这共通物的多量或少量。②

这个实例尽管是以解释商品的交换价值为目的，但在客观上，马克思不仅仅借鉴了数学的解题方法，更是肯定了还元法的科学价值和历史地位。对于近代科学技术的特征，马克思这样分析说：

> 一直到十八世纪，各种特别职业，都被称为秘诀。只有经验上职业上内行的人，能够通透其中的奥义。这一幅帷幕，使人类自己的社会的生产过程，在人类的面前隐藏着，使各种自然发生的特殊的生产部门，对于职业外的人，甚至对于职业内的人，化作秘谜。大工业把这一幅帷幕撕开了。大工业的原理（即不顾人的手，将各生产过程分解为构成要素），创造了近代的工艺学。③

工艺学是明确讲解各种劳动工序和基础的科学④，其主要功用是指导人们按照一定的顺序将机械分成一个个零部件，然后从标准零部件的制作（包括几何形状、尺寸、相对位置或物理化学性质等）开始，遵从特定机器的结构原理，一个部件一个部件地相互结合，最后组装为一台飞速运转的机器。而这个过程不是依靠人手来完成，而是依靠"机械生产机械"。⑤ 从机械生产的基本工艺过程讲，一般可分为制造毛坯的工艺（如铸造、锻压、切割下料等）、加工部件的工艺（如机械加工、冲压、铆焊、热处理等）及机器的装配工艺（包括部件装配与总装配）等阶段。"在工业革命中，这些原来由手工工具进行的工艺过程，

---

①　王垒：《科学哲学与物理探究建模》，济南：山东教育出版社，2006年版，第44页。

②　[德]卡尔·马克思著，[德]恩格斯编，郭大力、王亚南合译：《资本论》第1卷（上册），北京：生活·读书·新知三联书店，1951年版，第3页。

③　[德]卡尔·马克思著，[德]恩格斯编，郭大力、王亚南合译：《资本论》第1卷（下册），北京：生活·读书·新知三联书店，1951年版，第397页。

④　[日]吉田文和：《波佩〈从科学复兴到十八世纪末的工艺学历史〉和马克思》，《马克思主义研究资料》第10卷，北京：中央编译出版社，2014年版，第359页。

⑤　[德]卡尔·马克思著，[德]恩格斯编，郭大力、王亚南合译：《资本论》第1卷（下册），北京：生活·读书·新知三联书店，1951年版，第308页。

在需求的推动下逐渐由传统技术向机械化发展，最终发展成为机械化的机器制造业。"①

"力学，在最复杂的机械体系内，仅发现单纯机械力的不断的反覆。"② 如前所述，从制作工具机开始，资本主义生产即进入到机器大工业时期。在这个时期，力学高居各门科学之上，诚如有学者所言："那时，机械力学获得了充分的发展，并显示出强大的变革现实的力量，以致它的原则越出了自己的狭隘的领域，上升为各个学科的普遍原则了。"③ 而机械力学从原理上讲，确实主要分凸轮机构、齿轮机构、连杆机构、摩擦机构等，若进一步分解，则这些机构均可还元为牵引力、摩擦力、碰撞力、离心力、向心力、阻力、弹力及压力等。从哲学层面讲，牛顿力学三定律和万有引力定律把地球力学与天体力学统一起来，实现了自然科学的第一次大综合。由此，"直到十九世纪末，它一直是理论物理学领域中每个工作者的纲领"④，牛顿特别强调说："在自然科学里，应该象（像）在数学里一样，在研究困难的事物时，总是应当先用分析的方法。……用这样的分析方法，我们就可以从复合物论证到它们的成份（分），从运动到产生运动的力，一般地说，从结果到原因，从特殊原因到普遍原因，一直论证到最普遍的原因为止。"⑤

四、争论和批判是科学发展的内在动力

马克思指出："真理是由争论确立的。"⑥ 而科学之所以是真理，就是因为它经过了一次又一次的争论，最终成为一种正确的认识。从这种意义上，我们强调争论对于科学发展具有积极的推动作用。诚如有学者所言："真理是在争论和批判中诞生的，唯有经得住激烈争论和批判的理论、思想等才堪称真理。"⑦《资本论》是一部批判资本主义生产方式的战斗性文献，因此，马克思在书中处

① 嵇立群：《文明的支点：科技发展与世界现代化进程》，北京：首都师范大学出版社，2005 年版，第170 页。

② ［德］卡尔·马克思著，［德］恩格斯编，郭大力、王亚南合译：《资本论》第1卷（下册），北京：生活·读书·新知三联书店，1951 年版，第397 页。

③ 萧焜焘：《自然哲学》，北京：商务印书馆，2018 年版，第35—36 页。

④ ［美］爱因斯坦著，许良英等编译：《爱因斯坦文集》第1卷，北京：商务印书馆，2009 年版，第225 页。

⑤ ［美］H. S. 塞耶编；上海外国自然科学哲学著作编译组译：《牛顿自然哲学著作选》，上海：上海人民出版社，1974 年版，第212 页。

⑥ ［德］卡尔·马克思、［德］恩格斯：《马克思恩格斯通讯集》第1卷，北京：生活·读书·新知三联书店，1957 年版，第567 页。

⑦ 刘明翰主编，闵军等著：《文艺复兴时代科学巨匠及其贡献》，北京：中国青年出版社，2015 年版，第209 页。

处闪烁着为科学真理而争论和批判的思想光辉。

（一）对亚里士多德价值形态思想的批判

亚里士多德（公元前 384—前 322 年）是古希腊著名的哲学家和科学家，又是世界上第一个分析价值形态的思想家。亚里士多德说："商品的货币形态，不过是单纯价值形态（即一商品价值依任何他一商品表现的价值表现）的进一步的发展。因为他说：'五床等于一屋'，无异说'五床等于若干货币。'"[①]这里，明确了商品等价形态的特点。亚里士多德又说："这个价值表现所包含的价值关系，暗示屋必须在质的方面，和床相等。没有这个本质上的等一性，这两种在感性上绝异的物品，必不能当作可以公约的量来互相比较。"[②]可惜，亚里士多德"在此他终止了"[③]，他不能从价值形态，看出在商品价值形态中，各种劳动是被表现为等一的人类劳动。[④]马克思分析说，亚里士多德之所以不能发现"价值表现的秘密"，是因为这个问题"必须等人类平等概念，已取得国民信仰的固定性时，方才能够解决，但这个信念，又必须等商品形态已成为劳动生产物的一般形态，人类彼此间以商品所有者的关系为支配的社会关系时，方才是可能的"。[⑤]而"亚里士多德能在商品价值表现中发现一种平等关系，这是他的天才的闪耀。但古代希腊社会之历史的限界，使他不能发现，这平等关系'实际'是由何者构成"。[⑥]

（二）对乌尔《制造业哲学》的批判

安德鲁・乌尔（1778—1857）是英国格拉斯大学安德逊学院的自然哲学教授，代表作有《制造业的哲学》（1835 年）。对于这部著作，马克思这样评价说："乌尔的著作，是 1835 年出版的，那时候，工厂制度比较尚不甚发展，但虽如此，他的著作，因含有无掩饰的犬儒主义风味，且坦白地把资本头脑的无

---

① 〔德〕卡尔・马克思著，〔德〕恩格斯编，郭大力、王亚南合译：《资本论》第 1 卷（上册），北京：生活・读书・新知三联书店，1951 年版，第 22 页。

② 〔德〕卡尔・马克思著，〔德〕恩格斯编，郭大力、王亚南合译：《资本论》第 1 卷（上册），北京：生活・读书・新知三联书店，1951 年版，第 22 页。

③ 〔德〕卡尔・马克思著，〔德〕恩格斯编，郭大力、王亚南合译：《资本论》第 1 卷（上册），北京：生活・读书・新知三联书店，1951 年版，第 22 页。

④ 〔德〕卡尔・马克思著，〔德〕恩格斯编，郭大力、王亚南合译：《资本论》第 1 卷（上册），北京：生活・读书・新知三联书店，1951 年版，第 22—23 页。

⑤ 〔德〕卡尔・马克思著，〔德〕恩格斯编，郭大力、王亚南合译：《资本论》第 1 卷（上册），北京：生活・读书・新知三联书店，1951 年版，第 23 页。

⑥ 〔德〕卡尔・马克思著，〔德〕恩格斯编，郭大力、王亚南合译：《资本论》第 1 卷（上册），北京：生活・读书・新知三联书店，1951 年版，第 23 页。

意义的矛盾暴露出来，故仍不愧为工厂精神的典型的表现。"①有学者统计，马克思在《资本论》第1卷中，总共提及、引用、评论《制造业的哲学》一书近20处之多。②这些引文多是对乌尔思想的批判。

乌尔看到了由于科学技术在机器生产中的应用，因而给资本家带来了巨大财富。所以他说："资本家终依科学的资源，渐渐从这种难堪的束缚（那就是使他们扼腕的劳动契约条件）解放出来，并迅即恢复了他们的合法的支配权，即头脑支配肢体的权力。"③亦即在乌尔看来，是科学技术挽救了资本家的"统治"。于是，他寄希望于应用科学技术来消解资本家与工人的对立。乌尔说："到这时候，自认在旧分工线后占有不拔阵地的这一群不平者，才发觉他们的侧面，已在新机械的战术面前崩解，发觉他们的防御已经无效，不得不无条件服降了。"④在此基础上，乌尔对自动妙尔纺绩机的发明，惊诧不已："这一种创造，负有在产业各阶级间恢复秩序的使命。……这一种发明，印证了以上阐明的原理，即：资本利用科学，反抗的劳动者遂不得不降服。"⑤面对此情此景，乌尔回过头来便警告反抗资本家压迫的工人说："这种粗暴的反抗，表示了近视者是可鄙的自苦者。"⑥凡此种种，马克思一针见血地指出："总之，他全书，不外为无限制的劳动日辩护。"⑦

当然，马克思通过乌尔首次从工艺学角度认识到建立在自动机械体系基础上的现代工厂的本质特征。尤其是马克思有力抓住乌尔对工厂制度描绘中所隐藏的黑暗图景，并将其视为资本家剥削工人的物质基础。

（三）对利比居《农业的自然法则概论》的批判

利比居（Liebig亦译称李比希，1803—1873年），德国化学家，他最先将化学应用到农业上，因而开创了农业化学这门新学科。马克思在《资本论》中多

① ［德］卡尔·马克思著，［德］恩格斯编，郭大力、王亚南合译：《资本论》第1卷（下册），北京：生活·读书·新知三联书店，1951年版，第354页。
② 陈中奇：《对尤尔的批判给马克思带来了什么？——尤尔〈工厂哲学〉对马克思经济哲学思想发展的意义》，《马克思主义理论学科研究》2016年第3期，第117页。
③ ［德］卡尔·马克思著，［德］恩格斯编，郭大力、王亚南合译：《资本论》第1卷（下册），北京：生活·读书·新知三联书店，1951年版，第354页。
④ ［德］卡尔·马克思著，［德］恩格斯编，郭大力、王亚南合译：《资本论》第1卷（上册），北京：生活·读书·新知三联书店，1951年版，第354页。
⑤ ［德］卡尔·马克思著，［德］恩格斯编，郭大力、王亚南合译：《资本论》第1卷（上册），北京：生活·读书·新知三联书店，1951年版，第354页。
⑥ ［德］卡尔·马克思著，［德］恩格斯编，郭大力、王亚南合译：《资本论》第1卷（上册），北京：生活·读书·新知三联书店，1951年版，第355页。
⑦ ［德］卡尔·马克思著，［德］恩格斯编，郭大力、王亚南合译：《资本论》第1卷（上册），北京：生活·读书·新知三联书店，1951年版，第355页。

次讲到利比居的成果，比如，他说："利比居的不朽的功绩之一，是：他从自然科学的立场，把近代农业的消极方面展开了。再者，他对于农业发展之历史的叙述，虽不免有严重错误，但总算在这方面，包含着卓越的见解。"① 马克思又说："德意志的新农业化学，尤其是利比居和萧宾——他们，和一切经济学界合起来比较，还要显得更重要——以及法兰西人从我研究这个问题以来所供给的巨量材料，必须用功去研究。"② 在这个过程中，马克思认为，利比居的下述议论不能令人信服，甚至是错误的。利比居说：

> 把土地耕得更深，犁得更频繁的结果，是于松土内部的空气流通有益的；并且，受空气作用的土壤面积，又得以扩大和更新。但很容易知道，土地的盈余收益，不能与土地上所用的劳动成比例。因前者比后者，是用较小得多的比例增加。③

他又说：

> 这个法则，最初是约翰·穆勒依如下的方法，在其所著《经济学原理》（第Ⅰ卷第Ⅱ页）中叙述的。他说："在其他事情相等的限度内，与所使用的劳动者的增加相对而言，土地生产物是以渐减的比率增加的。这是一个农业上的普遍法则。"④

马克思批评利比居的上述观点，缺乏起码的历史根据。马克思指出：

> 且不说利比居对于"劳动"一辞的解释是错误的，和经济学上的解释完全不同的。还有一件"极堪注目的事实"是，他认约翰·穆勒是这个学说的首倡者。实则，这个学说最先是由亚当·斯密时代的安徒生（James Asderson）发表的；又曾在19世纪初叶，在若干种著作上，反覆被人重述过。剽窃的能手马尔萨斯（他的人口理论，是一种最无耻的剽窃），在1815年，采用过这个学说；韦斯特（West）曾与安徒生同时，但独立地展开过这个学说；但到1817年，这个学说，才被里嘉图用来和一般的价值学说联结，因而在里嘉图大名下，为世界所周知。1820年，詹姆士·穆勒（约翰·穆勒的父亲），把这个学说通俗化了。最后，这个学说，才当作一

---

① ［德］卡尔·马克思著，［德］恩格斯编，郭大力、王亚南合译：《资本论》第1卷（下册），北京：生活·读书·新知三联书店，1951年版，第414页。

② （德国）卡尔·马克思著，郭大力、王亚南译：《资本论》上，北京：北京联合出版公司，2014年版，第990页。

③ ［德］卡尔·马克思著，［德］恩格斯编，郭大力、王亚南合译：《资本论》第1卷（下册），北京：生活·读书·新知三联书店，1951年版，第414页。

④ ［德］卡尔·马克思著，［德］恩格斯编，郭大力、王亚南合译：《资本论》第1卷（下册），北京：生活·读书·新知三联书店，1951年版，第414页。

个老生常谈的学派教义，由约翰·穆勒等人反覆叙述。这是不容否认的，约翰·穆勒的"极堪注目的权威"，几乎完全得力于这一类的颠倒错乱。①

当然，马克思对包括亚当·斯密、李嘉图、马尔萨斯、约翰·穆勒等经济学家在内的批判，已经超出了本文讨论的范围。事实上，作为马克思构建其技术史观之基础的机械大工业，已经变成人类社会进步的重要推动力。马克思说："以机械建造机械的最必要的生产条件是：有一种发动机，可供给动力至任何程度，同时又完全受控制。这个条件，在蒸汽机关，是已经具备了。但各机械部分所必要的严格的几何学形态（例如直线，平面，圆，圆筒，圆锥，球），也须用机械来生产。这个问题，在19世纪最初10年间，是由亨利·毛兹利的名叫滑台的发明解决了。……有了这种发明之后，各机械部分所必要的几何学形态，遂能便易地，准确地，迅速地，生产了。"② 所以"滑台"（即车床）是一种工具机，是一种用切削或变形等方法使工件得到所要求形状的机器。亨利·毛兹利（Henry Maudslay，1771—1831年）"不仅是一位有着高超技艺的技术家，同时也是一位培养了众多技术人才的教育家"③，可谓推进英国工业向前发展的真正原动力之一。从这个意义上讲，"能够设计和制造机床的人，总是站在生产技术的最前列"。④ 马克思通过对机械大工业历史的阐释，深刻揭露了"机械建造机械"的本质，即在资本主义生产方式下，机器是生产剩余价值的手段。因此，一方面，机器生产加重了资本家对工人的剥削，造成大量的相对过剩人口，从而加剧了劳资之间的矛盾；另一方面，机器生产却极大地促进了生产力的发展，使人们的物质产品越来越丰富，从而锻造了"置自身于死地的武器"⑤，它却为社会主义战胜资本主义准备了雄厚的物质条件。

---

①　[德]卡尔·马克思著，[德]恩格斯编，郭大力、王亚南合译：《资本论》第1卷（下册），北京：生活·读书·新知三联书店，1951年版，第414页。

②　[德]卡尔·马克思著，[德]恩格斯编，郭大力、王亚南合译：《资本论》第1卷（下册），北京：生活·读书·新知三联书店，1951年版，第308页。

③　[日]中山秀太郎著，庞铁榆、姜振寰译：《技术史入门》，哈尔滨：黑龙江科学技术出版社，1985年版，第103页。

④　[日]中山秀太郎著，庞铁榆、姜振寰译：《技术史入门》，哈尔滨：黑龙江科学技术出版社，1985年版，第101页。

⑤　《马克思恩格斯选集》第1卷，北京：人民出版社，1995年版，第278页。

经济统计与数学史

"田为山崖，难计顷亩"与南宋的耕地面积统计[*]

吕变庭　马晴晴

（河北大学宋史研究中心）

提　要　对于宋代总的耕地面积，学界众说纷纭。这是因为宋人留下的直接性史料较为匮乏，且有些统计数字学界尚有不同认识，所以研究宋代总的耕地面积也就成了久而未解的学术难题。可是，考察宋代生产力的发展和演变，耕地面积是基础，从这个意义上看，本文无疑具有比较重要的学术参考价值。

关键词　宋代　耕地　算法

宋代尤其是南宋的耕地面积，迄今为止，学界都没有一个相对可靠的统计。回溯20世纪30年代，刘世仁在《中国田赋问题》一书中就曾经指出："宋代的田亩极为少数，自一百八十余万至五百二十余万顷。而人口数亦不过六千余万，亩数较隋朝不及十分之一。大概当时因王安石实行变法，受了政治影响，人民的田地多所隐匿，故此种统计绝不可靠。并且宋室南渡偏安以后，而垦田与人口，仍无大变更，足见当时土地漏报之多。"[①]此论尽管也有瑕疵，但总体上说，终南宋一代，官方并没有全国性耕地面积的完整统计，却是不争的事实。于是，人们便提出了种种估测。"南宋的耕地面积比北宋减少近1/3，人口只及北宋的3/5左右"[②]；"南宋的垦田或有三百万顷左右"[③]；南宋耕地的总

---

　　* 基金项目：国家社科基金重大项目"17—20世纪国外学者研究中国宋元数理科学的历史考察和文献整理"（课题编号：20&ZD228）。

　　① 刘世仁：《中国田赋问题》，上海：商务印书馆，1935年版，第66页。

　　② 邱树森、陈振江主编，林炳文等编著：《新编中国通史》第2册，福州：福建人民出版社，1993年版，第303页。

　　③ 程溯洛：《南宋的官田制度与农民》，"历史研究"编辑部辑：《中国历代土地制度问题讨论集》，北京：生活·读书·新知三联书店，1957年版，第493页。

量约为9亿宋亩，约合今市亩为7.74亿亩①；"以南宋总面积在北宋基础上增长10%计，大致在七百万顷上下，即六百八十八万顷至七百零三万顷之间"②。由于南宋的耕地面积较之人口统计要困难许多，因此以上估测无疑是学者付出艰辛努力的结果，其功大有裨益于学界。

不过，人们看完上述数据之后，马上会产生一个疑问，南宋的耕地面积究竟有多少（概数）？从"三百万顷"到"六百八十八万顷至七百零三万顷之间"，统计结果竟然相差两倍多，究竟是数据来源有问题还是统计方法有差异？为了使讨论的问题更加客观，我们不得不回到诸家所考索的数据本身，看看问题到底出在什么地方。

一、对南宋耕地面积的估测及对相关数据的检讨

学界最早对南宋耕地面积进行估测的学者是程溯洛，他在1953年《历史教学》第8期上发表了《南宋的官田制度与农民》一文。文中就南宋耕地面积估测如下：

> 据《宋史》（卷一七三）《食货志》所载，北宋治平（一〇六四—七年）中全国垦田四百四十余万顷，元丰（一〇七八—八五年）间最多时共四百六十一万六千五百五十六顷。又《通考》（卷四）说："（元丰五年）天下总四京一十八路，田四百六十一万六千五百五十六顷，内民田四百五十五万三千一百六十三顷六十一亩，官田六万三千三百九十三顷。"可见官田在北宋时仅占全国垦田的七十二分之一弱。南宋的疆域，粗率的估计，大约等于北宋的三分之二，"定垦地"约亦等于北宋的三分之二，那么，南宋的垦田或有三百万顷左右。今官田合计有二十万顷，约占十五分之一，同北宋官田相比，大约超过三倍（官田中尚有职田、牧地等因缺乏具体材料，未计在内）。③

南宋由于战乱等原因，一直没有进行全国性的耕地总量统计，因此，在缺乏全国耕地总量统计的情况下，人们很难对南宋的整体农业生产力水平做出较准确的分析和定位。有基于此，程溯洛便试图绕开这个不易突破的关口，另辟

---

① 方健：《南宋农业史》，北京：人民出版社，2010年版，第314页。

② 葛金芳：《南宋全史》第5册《社会经济与对外贸易》卷上，上海：上海古籍出版社，2012年版，第275页。

③ 程溯洛：《南宋的官田制度与农民》，"历史研究"编辑部辑：《中国历代土地制度问题讨论集》，北京：生活·读书·新知三联书店，1957年版，第493页。按：引文中原用双引号，现统一改为书名号。

新径，他找出了元丰五年（1082 年）的全国耕地统计数据，并依此为基准对南宋的耕地面积总量进行估测。其方法是：

$$4\,610\,000\ \text{顷} \times \frac{2}{3} \approx 3\,070\,000\ \text{顷}$$

从元丰五年到南宋末年（1279 年），中间又经历了 197 年，恰好在这个时段，南方不少地区的土地开发已经完成，且土地垦殖空间基本消失。[①]如叶适《温州开元寺千佛阁记》云："余观今之为生者，土以寸辟，稻以参种，水蹙而岸附，垅削而平处，一州之壤日以狭矣。"[②]可见温州的生活空间在宋宁宗时期就已经非常紧张了，由州及路，则两浙路"无寸土不耕"[③]，福建路"未有寻丈之地不丘而为田"[④]，益州路和梓州路也"无尺寸旷土"[⑤]。如果我们把上述说法看作是北宋各路垦田空间的极限，那么，《宋史·食货志上一》所记载的北宋"天下垦田"数据就需要重新认识了。原文载：

> 景德中，丁谓著《会计录》云，总得一百八十六万余顷。以是岁七百二十二万余户计之，是四户耕田一顷，繇是而知天下隐田多矣。又川峡、广南之田，顷亩不备，第以五赋约之。至天圣中，国史则云：开宝末，垦田二百九十五万二千三百二十顷六十亩；至道二年，三百一十二万五千二百五十一顷二十五亩；天禧五年，五百二十四万七千五百八十四顷三十二亩。而开宝之数乃倍于景德，则谓之所录，固未得其实。皇祐、治平，三司皆有《会计录》，而皇祐中垦田二百二十八万余顷，治平中四百四十万余顷，其间相去不及二十年，而垦田之数增倍。以治平数视天禧则犹不及，而叙《治平录》者以谓此特计其赋租以知顷亩之数，而赋租所不加者十居其七。率而计之，则天下垦田无虑三千余万顷。是时，累朝相承，重于扰民，未尝穷按，故莫得其实，而废田见于籍者犹四十八万顷。[⑥]

这段话经常被国内外学者引用，但对文中出现的"天下垦田无虑三千余万顷"这个数据，学者各持异说。如日本学者加藤繁认为："宋代的垦田之数，虽然因为朝廷顾虑这种调查会造成对人民的损失，而忌避不行，以致很欠明了，

---

① 李世众：《宋代东南山区的农业开发——以温州为例》，《浙江社会科学》2006 年第 1 期，第 177 页。

② （宋）叶适：《叶适集·水心文集》卷 9《温州开元寺千佛阁记》，北京：中华书局，1961 年版，第 158 页。

③ （宋）黄震：《黄氏日钞》卷 78《咸淳八年春劝农文》，《文渊阁四库全书》，台北：商务印书馆，1986 年，第 708 册，第 810 页。

④ （清）徐松辑：《宋会辑稿》瑞异 2 之 29。

⑤ （宋）张方平著；郑涵点校：《张方平集》，郑州：中州古籍出版社，2000 年版，第 614 页。

⑥ （元）脱脱等：《宋史》卷 173《食货志上一》，北京：中华书局，1985 年版，第 4165—4166 页。

但是至少也不在三千余万顷以下"①。与之相反，国内学者如杨志玖②、吴慧等多倾向于认为这个数据不实。如吴慧算得："宋 1 亩≈0.9 市亩，3000 万顷合今市亩 27 亿亩，大于现时的耕地统计数字 68.75%，而宋代人口不过为现时的 1/10 至 1/8，这样大而无当的垦田数决无存在可能。"③实际上，仅从"亩"的换算上看，"三千余万顷"土地确实超出人们的预期，然而，宋代的亩积与今亩积区别甚大，其换算结果如下：

以宋三司布帛尺计，1 宋亩 581.07 平方米×3000 万顷=17 432 100 000 平方米；

以宋营造尺计，1 宋亩 573.26 平方米×3000 万顷=17 197 800 000 平方米；

以浙尺计，1 宋亩 453.42 平方米×3000 万顷=13 602 600 000 平方米。④

以今尺计，1 市亩 667 平方米×2000 万顷=13 340 000 000 平方米。

从亩积的角度看，用浙尺计算宋亩 3000 万顷相当于用今尺计算宋亩 2000 万顷，因此，《宋史·食货志上一》所言"天下垦田无虑三千余万顷"应在合理范围之内。于是，上述引文至少给我们考索南宋耕地总量提供了一个比较有价值同时也是很有必要的参考区间，即 461 万顷≤x≤3000 万顷，式中 x 为不定数，它随着时代的发展而不断变动。就南宋耕地的总体状况来说，目前学界的主要观点有以下几种。

（一）"300 万顷"至"400 万顷"说

这是比较传统的说法，如邱树森等在《新编中国通史》第 2 册中认为，从绍兴元年（1131 年）到淳熙元年（1174 年）的 40 余年间，南宋政府所控制的官田为 20 万顷左右，约占南宋全境垦田总面积的 1/15。⑤据此，算得南宋的耕地总面积约为 3 亿宋亩。孙翊刚以开宝九年（976 年）、天禧五年（1021 年）和元丰六年（1083 年）三年的全国耕地面积为准，估测南宋耕地约为北宋时期耕地的 65%~70%。⑥若以天禧五年（1021 年）的 524 万余顷耕地面积计算，则南宋时期全国的耕地总面积不超过 400 万顷宋亩。

（二）"632 万多顷"至"926 万顷"说

华山在《关于宋代农业生产的若干问题》一文中提出了两个观点：第一，

---

① ［日］加藤繁著；吴杰译：《中国经济史考证》第 1 册，北京：商务印书馆，1959 年版，第 208 页。

② 杨志玖：《北宋的土地兼并问题》，"历史研究"编辑部辑：《中国历代土地制度问题讨论集》，北京：生活·读书·新知三联书店，1957 年版，第 477 页。

③ 吴慧主编：《中国商业通史》第 2 卷，北京：中国财政经济出版社，2006 年版，第 467 页。

④ 闻人军：《考工司南·中国古代科技名物论集》，上海：上海古籍出版社，2017 年版，第 309 页。

⑤ 邱树森、陈振江主编，林炳文等编著：《新编中国通史》第 2 册，福州：福建人民出版社，1993 年版，第 302 页。

⑥ 孙翊刚主编：《中国农民负担简史》，北京：中国财政经济出版社，1991 年版，第 148 页。

否定"天下垦田无虑三千余万顷"的估测，他认为：假如以治平中440万余顷为基数，按其占全部垦田面积的30%计算，那么，全部垦田面积约为1500万顷。第二，王安石方田均税法，经过清丈土地，方出土地比未方前多出约1.9倍，故南方各路的纳税地为333万顷有余，若乘以1.9倍，则实际耕地当为632万多顷。① 漆侠采用的算法与华山略同，但得出的数据却前后变化较大。他说："今按明太祖洪武二十六年（1393）户数为16 052 860，垦田数850 762 300亩；万历六年（1578）户数为10 621 436，垦田数701 397 600亩。从北宋到明初农业生产的个体性质既相同，生产能力亦无甚变化，准此而论，宋神宗熙宁元丰年间为户一千五百万至一千七百万之间，垦田面积当不小于洪武二十六年的八百五十万顷；而宋徽宗时户数为二千多万，垦田约在一千万顷左右，这大概是宋代垦田的最高数额；折今市亩，当在七百五十万顷至九百万顷之间。"② 既然规定了宋代耕地的最高限，南宋的耕地总数就应该不会超过1000万顷。仍以洪武二十六年为基准，南直隶所属14府4州，田地合计约126 927 452亩；浙江、江西、湖广、福建、四川、广东、广西等布政使司田地合计约374 844 998亩。③ 两者合计501 772 450亩，约占当时全国耕地总数的59%，依此，则按"垦田约在一千万顷"计，则北宋南方各路的耕地总数大约在590万顷左右。如果再按照157%的增长指数计算④，那么，南宋的实际耕田总数应该在926万顷左右。

（三）"7亿宋亩"至"9亿宋亩"

葛金芳在《南宋全史》第5册《社会经济与对外贸易》第6章对南宋耕地总面积的估测为703 816 612宋亩，方健《南宋农业史》则依据元初方回所总结的"一夫之田"30亩（即户均60亩），并以嘉定十六年（1223年）的户口峰值1500万户为准，算得南宋耕地的总量约为9亿宋亩，合今市亩为7.74亿亩。⑤ 与已有散见于各地方志中的南宋各地耕地总数相较，究竟是4亿宋亩还是9亿宋亩更接近南宋田亩的实际数量，我们还需要做进一步分析。

二、纳税田抑或实际耕地面积

纳税田抑或实际耕地面积？这是自中唐以后历朝田亩统计都存在的问题，

---

① 华山：《关于宋代农业生产的若干问题》，《宋史论集》，济南：齐鲁书社，1982年版，第10页。
② 漆侠：《关于宋代人口的几个问题》，《漆侠全集》第7卷，保定：河北大学出版社，2009年版，第71页。
③ 梁方仲编著：《中国历代户口、田地、田赋统计》，北京：中华书局，2008年版，第475—476页。
④ 漆侠：《关于宋代人口的几个问题》，《漆侠全集》第7卷，保定：河北大学出版社，2009年版，第70页。
⑤ 方健编著：《南宋农业史》，北京：人民出版社，2010年版，第314页。

除非通过强大的政府威力，各地官吏亲自深入田间地头来获得耕地的实际亩数，然而，在封建社会里，这是完全没有可能实现的事情。为了克服租庸调的积弊，逐步适应唐朝已经基本成熟的以自由租佃为特征的地主制经济，杨炎遂推行"按亩征之"的纳税制度。

那么，如何丈量遍布全国各地的田地？最简单的方法当然是政府差人检括田地。事实上，唐宋时期都曾推行过检括田地法。日本学者池田温氏曾对吐鲁番旧出武周勘检田籍簿（共8件）做了比较详细的考释，他不仅将8件文书定名为"西州勘官田簿"，而且还将其本簿登载书式，给出了一种属于操作层面的合理式样，如图1所示。

一段□亩　旧主□□□^{东　南}_{西　北}
□亩田籍同：　□□□□
□亩有籍无（主）田：　□□□□
□亩有田无籍（合授）：　□□□□
□亩无籍无主□□□□

图 1　西州勘官田簿

此文书引自《陈国灿吐鲁番敦煌出土文献史事论集》一书①，虽然这是唐代均田制的产物，但它对于从唐代中后期开始的土地买卖也同样适用。在唐玄宗时期，宇文融所主持的那次全国性检田括户运动，声势浩大，玄宗"置劝农判官十人，并摄御史，分往天下，所在检括田畴，招携户口"②，结果诸道共检得"客户八十余万，田亦称是"③，成绩可观。不过，在肯定成绩的同时，我们也不能忽视反对者的意见。如阳翟尉皇甫憬在《谏置劝农判官疏》中说："但责其疆界，严之堤防，山水之余，即为见地。何必聚人阡陌，亲遣括量，故夺农时，遂令受弊。"④皇甫憬由于来自基层社会，接触到的社会现象比较真实，所以他所说的话具有一定的可靠性。文中言"山水之余，即为见地"可以做多种解释，但它至少应包括"籍田"和"籍外之田"两部分田产。因为中国古代封建社会以小农经济为主体，而小农经济的典型特色之一就是农户往往会在一些适合耕种的山水荒闲之处开辟出一块免于税赋的"自留地"，《唐会要》称之为"羡田"（即籍外之田）。而宇文融检田的主要对象便是保留在农户手中的这部分"羡田"，对于这部分"羡田"，宇文融通过采取"征籍外田税"⑤的办法，使之由"非法"变为"合法"，结果助长了土地兼并之势，因之造成大规模的农户逃

① 陈国灿：《陈国灿吐鲁番敦煌出土文献史事论集》，上海：上海古籍出版社，2012年版，第320页。
② （后晋）刘昫等：《旧唐书》卷105《宇文融传》，北京：中华书局，1975年版，第3217—3218页。
③ （宋）欧阳修、宋祁：《新唐书》卷51《食货志一》，北京：中华书局，1975年版，第1345页。
④ （后晋）刘昫等：《旧唐书》卷105《宇文融传》，北京：中华书局，1975年版，第3218页。
⑤ （后晋）刘昫等：《旧唐书》卷105《宇文融传》，北京：中华书局，1975年版，第3219页。

亡现象。可见，全国性的检田括户除了耗费大量的人力和物力外，还会滋生严重的官吏腐败问题。有鉴于此，唐明宗才不得不废除差人检田括户法而"委人户自供通顷亩"，同时用"如人户隐欺，许人陈告，其田倍征"[①]的刑罚作为保障措施。

宋代"检田法"具有"查勘逃户田地及荒地"与"检视水旱灾伤"双重作用，详细内容请参见邓拓《中国救荒史》和李华瑞《宋代救荒史稿》的相关内容，兹不赘述。史学界讨论北宋的耕地总面积有以王安石"方田之法"为准进行测算者，对此，吴慧批评说：

> 按《通考·田赋》四云："（元丰）八年诏罢方田，天下之田已方而见于籍者，至是二百四十八万四千三百四十有九顷云。"这个数字虽然查出些隐漏，但所方之田实不知其范围多大，也不知其在丈量前原报多少。有一种说法：方田未超出开封、京东、河北、陕西、河东等五路，这五路在元丰五年登录之垦田为118.87万顷，清丈结果多出了一倍多（248.43万顷÷118.87万顷=2.09）。如果以这个隐漏比率来进行调整，则元丰三年的461.66万顷（毕仲衍于元丰三年进《中书备对》所列之数）×2.09，结果将达964.9万顷。这样的推算法不敢苟同。因为《食货志·方田》中说方田法"颁之天下"，"先自京东路行之，诸路仿焉"。五路之外之行方田并不能排除，很难找到确切证据断定这248.43万顷全归之于五路，很可能248.43万顷也包括了五路及其他地区的全部方田数，而118.87万顷只是五路登录的垦田数，两者口径未必相同，似乎缺乏可比性，怎能断然以此来进行比较计算隐田比率？即使248万余顷是完全属于五路的方田数，也不宜由此推算五路以外未实行方田地区的田地隐瞒数，因各地隐漏比例未必相同——五路隐田率高于他处，不适于类推。何况由此推出的964.9万顷合8.7亿市亩，大于明代政府掌握的最高垦田数——780万顷（合6.7亿多市亩）。明代疆域大于宋代，垦田数少于宋代，岂非矛盾？[②]

魏天安也有相近的认识。[③]

漆侠在《王安石变法》一书中，曾对方田均税法所收到的"丈量"田亩效果有如下评述：

> 方田均税法自京东路开始，其后推广于开封府界、河北、陕西、河东等路。总共不过五路，限于华北平原、关中盆地等地区。这种土地丈量的

① （宋）薛居正等：《旧五代史》卷35《唐书一》，北京：大众文艺出版社，1999年版，第284页。
② 吴慧主编：《中国商业通史》第2卷，北京：中国财政经济出版社，2006年版，第467—468页。
③ 魏天安：《关于宋代官田的若干问题》，张其凡主编：《历史文献与传统文化》，兰州：兰州大学出版社，2003年版，第164—166页。

办法，有其技术条件的限制。丘陵、山岳地带和湖港河汊交错的地区，是不易推行的，因此就只有在平原地区的州县中推行。就是平原州县，也必须在农隙中丈量，而且还往往因灾荒而停顿；同时，在丈量中，有的地区因"不均"而重新"方量"，这也延迟了对土地的清丈。不过，豪强兼并之家的反对，是方田均税法不能有效、迅速地推行的主要原因。①

考《宋史·食货志》确实有元丰五年（1082年）"天下之田已方而见于籍者，至是二百四十八万四千三百四十有九顷"②的记载，但此说并不可靠，马玉臣在《关于王安石变法中方田法的几个问题》一文中已经做了比较翔实的考论，有兴趣的读者可以参看。而漆侠"五路说"的主要史料依据是《续资治通鉴长编》卷237，并综合了《宋会要辑稿》食货及《永乐大典》等史书的相关记载，其结论经得起推敲和实证检验。至于《续资治通鉴长编》卷331"元丰五年十二月戊申条"所载："前察访荆湖常平等事司勾当公事段询减磨勘三年，赏根括水陆田四千一百余顷也。"③文中的"根括"（即查田）与"方田"二者本来不是一回事，因此，这条史料不能成为否定"五路"说的证据。从逻辑上讲，"因各地隐漏比例未必相同——五路隐田率高于他处，不宜类推及之"，这段话的前半句言之有理，后半句则仅仅反映了问题的一个方面，因为"五路隐田率低于他处"的可能性也是存在的。另外，我们没有任何理由以明朝的历史为标准来评判宋朝的历史，甚至认为宋朝的社会发展不能比明代高，然而宋代的科技发展水平及科技创新能力整体高于明代，即是一个不争的事实。所以，方田法实施的范围仅限于部分地区，这有史料为证，不赘。既然有史料支持，那么，漆侠所提出的下述观点自然也就与历史实际比较接近。他说：隐田漏税是宋代普遍存在的问题，根据上一清丈结果，采用下面的算式，"5路原有垦田118 874 203亩：5路清丈垦田248 434 900＝全国原有垦田461 655 600亩：全国实际垦田X，所以X当为8亿多亩，折今7亿2千万亩以上。……因而，7亿2千万亩大约是宋代垦田的最高数额，而这一数额不仅是前代未曾达到，即使是后来的元明两代也未超过此数额"。④

这样，我们不妨把8亿多宋亩作为进一步考察南宋耕地总面积的一个基本参数，然后再根据南宋所见相关耕田的史料记载，适当对上述参数做些调整。

同唐及北宋一样，南宋末年的"公田法"也产生了比较深远的影响。宋理宗景定三年（1262年）为了解决南宋财政窘迫的局面，殿中侍御史陈尧道等人

---

① 漆侠：《王安石变法》，《漆侠全集》第2卷，保定：河北大学出版社，2008年版，第128页。

② （元）脱脱等：《宋史》卷174《食货志上二》，北京：中华书局，1985年版，第4200页。

③ （宋）李焘：《续资治通鉴长编》卷331，元丰五年十二月戊申条，北京：中华书局，1995年版，第7981页。

④ 漆侠：《宋代经济史》，《漆侠全集》第3卷，保定：河北大学出版社，2008年版，第57页。

向宋理宗建议推行"限田之法"，对其设计方案，《齐东野语》的记载是："买官户逾限之田，严归并飞走之弊，回买官田，可得一千万亩，则每岁六七百万之入，其于军饷沛然有余。"[①]《宋季三朝政要》的记载与之相同，说明当时"限田之法"的回买对象是官户，而陈尧道等人所设计的预期回买"一千万亩"目标也是以官户为基础来测算的，故其数据的可靠性较高。《庆元条法事类》规定南宋"官户"的占田免科差标准为："一品五十顷，二品四十五顷，三品四十顷，四品三十五顷，五品三十顷，六品二十五顷，七品二十顷，八品十顷，九品五顷。"[②]据此，我们现在需要解决的问题是南宋的官户究竟有多少？包伟民认为："宋朝的官户大概在1万至4万户之间，约占总户数的1‰至3‰。"[③]马玉臣则根据汪圣铎《两宋财政史》、王曾瑜《宋朝阶级结构》、葛剑雄《中国人口史》等研究成果，特将北宋徽宗宣和元年（1119年）以来至南宋宝祐四年（1256年）的官名户数统计如表1所示。

表1　北宋末年至南宋末年户口数与官员数对比分析

朝代	官员数/人	户数/户	户、官数比
宋徽宗宣和元年（1119年）	48 377	20 882 258（大观三年）	432
宋徽宗宣和七年（1125年）	35 000	20 882 258（大观三年）	597
宋孝宗乾道九年（1173年）	10 000	11 849 328（乾道九年）	1 184
宋光宗绍熙二年（1191年）	33 016	12 355 800（绍熙元年）	374
宋宁宗庆元二年（1196年）	42 000	12 355 800（绍熙元年）	294
宋宁宗嘉泰元年（1201年）	37 800	12 669 310（开禧三年）	335
宋宁宗嘉定六年（1213年）	38 864	12 669 684（嘉定十一年）	326
宋理宗宝祐四年（1256年）	24 000[④]	11 746 000（德祐二年）	498

表格来源：马玉臣：《从县的密度与官民对比看宋代冗官》，《河北大学学报（哲学社会科学版）》2005年第6期，第16页。

以表1的统计为依据，我们可以初步算出南宋不同历史时期官田的数量，已知"除品官限外之数，官买三分之一"，官员占田限额的平均数约为2900宋亩，回收逾限官田10 000 000宋亩[⑤]，则有：

① （宋）周密：《齐东野语》卷17《景定行公田》，北京：中华书局，1983年版，第313页。
② （宋）谢深甫：《庆元条法事类》卷48《科敷·税租帐》，上海：上海古籍出版社，2002年版，第668页。
③ 包伟民、吴铮强：《宋朝简史》，福州：福建人民出版社，2006年版，第144页。
④ 南宋宝祐四年，监察御史朱熠言："境土蹙而赋敛日繁，官吏增而调度日广，景德、庆历时以三百二十余郡之财赋，供一万余员之俸禄；今日以一百余郡之事力，赡二万四千余员之冗官。"参见（元）脱脱等：《宋史》卷44《理宗本纪四》，北京：中华书局，1985年版，第858页。
⑤ （宋）徐经孙：《宋学士徐文惠公存稿》卷3《上丞相贾似道言限田》，全国图书馆文献缩微复制中心，2003年，第365页。

南宋孝宗乾道九年官田面积=（10 000 000 宋亩÷1/3）＋（10 000 人×2900 宋亩）≈59 000 000 宋亩。

南宋光宗绍熙二年官田面积=（10 000 000 宋亩÷1/3）＋（33 016 人×2900 宋亩）≈125 746 400 宋亩。

南宋宁宗庆元二年官田面积=（10 000 000 宋亩÷1/3）＋（42 000 人×2900 宋亩）≈151 800 000 宋亩。

南宋宁宗嘉泰元年官田面积=（10 000 000 宋亩÷1/3）＋（37 800 人×2900 宋亩）≈139 620 000 宋亩。

南宋宁宗嘉定六年官田面积=（10 000 000 宋亩÷1/3）＋（38 864 人×2900 宋亩）≈142 705 600 宋亩。

南宋理宗宝祐四年官田面积=（10 000 000 宋亩÷1/3）＋（24 000 人×2900 宋亩）≈99 600 000 宋亩。

以上数据应是指在籍的官田，隐漏的官田不在其内。

按李焘《建炎以来系年要录》记载：南宋出现了"官户田居其半"[①]的土地兼并现象，《皇宋中兴两朝圣政》卷11"绍兴二年春正月条"也载有同样的史实。这样我们就能算出南宋不同历史时期大致的耕地面积：

南宋孝宗乾道九年纳税田面积=59 000 000 宋亩÷1/2=118 000 000 宋亩≈1.2 亿宋亩。

南宋光宗绍熙二年纳税田面积=125 746 400 宋亩÷1/2=251 492 800 宋亩≈2.5 亿宋亩。

南宋宁宗庆元二年纳税田面积=151 800 000 宋亩÷1/2=303 600 000 宋亩≈3 亿宋亩。

南宋宁宗嘉泰元年纳税田面积=139 620 000 宋亩÷1/2=279 240 000 宋亩≈2.8 亿宋亩。

南宋宁宗嘉定六年纳税田面积=142 705 600 宋亩÷1/2=285 411 200 宋亩≈2.9 亿宋亩。

南宋理宗宝祐四年纳税田面积=99 600 000÷1/2=199 200 000 宋亩≈2 亿宋亩。

以上数据为南宋不同历史时期在籍的纳税田面积。

再按《宋史·食货志》载，有计算田亩面积的方法："计其赋租以知顷亩之数，而赋租所不加者十居其七。"[②]对此，杨志玖的解释是："不纳税田占十分

---

① （宋）李焘：《建炎以来系年要录》卷51，绍兴二年正月丁巳条，北京：中华书局，1988年版，第899页。

② （元）脱脱等：《宋史》卷173《食货志上一》，北京：中华书局，1985年版，第4166页。

之七，则纳税田是占十分之三。"① 如果按照这个比率计算，那么，南宋不同历史时期的耕地总面积约为：

南宋孝宗乾道九年耕地总面积=1.2亿宋亩÷3/10≈4亿宋亩。

南宋光宗绍熙二年耕地总面积=2.5亿宋亩÷3/10≈8亿宋亩。

南宋宁宗庆元二年耕地总面积=3亿宋亩÷3/10≈10亿宋亩。

南宋宁宗嘉泰元年耕地总面积=2.8亿宋亩÷3/10≈9亿宋亩。

南宋宁宗嘉定六年耕地总面积=2.9亿宋亩÷3/10≈9.7亿宋亩。

南宋理宗宝祐四年耕地总面积=2亿宋亩÷3/10≈6.7亿宋亩。

有了这组数据，我们就可以对前引学界的各种观点略做评述。第一，学界所提出的"300万顷"至"400万顷"、"632万多顷"至"926万顷"及"7亿宋亩"至"9亿宋亩"诸说，都各有道理，然而它们仅仅反映了南宋某一个特定历史时期的耕地总面积，却不能对整个南宋历史时期耕地面积的变化趋势做出说明。第二，根据《中国历代户口、田地、田赋统计》所提供的南宋各朝人口数分析，光宗朝和宁宗朝的人口数量基本上都保持在2800万左右②，是南宋人口数量相对繁盛的时期。人口的繁盛必然需要进一步加大垦田的规模，正是从这层意义上，梁庚尧认为："到南宋中期，闽、浙地区耕地的增加已经几达极限。"③ 第三，漆侠主张8亿多宋亩"大约是宋代垦田的最高数额"的观点基本正确，但从上面算出的耕地面积看，南宋宁宗庆元二年的耕地总面积才是宋代垦田的最高数额。

当然，我们对南宋各朝耕地总面积的计算结果，仅仅是个相对数据，人们还可以做进一步的研究和讨论。

三、影响南宋耕地总面积计量的诸多因素

南宋耕地总面积的计量是一个非常复杂的过程，其中受到多种因素的影响。

（一）各地官田与民田分布的不均衡性是影响南宋耕地面积计量的重要因素之一

尽管前揭有"官户田居其半"之说，但有的地区可能不及其半。如叶适曾通过实际调研算得温州官田和民田的比例为：在所调查统计的1953户官、民户

---

① 杨志玖：《北宋的土地兼并问题》，"历史研究"编辑部辑：《中国历代土地制度问题讨论集》，北京：生活·读书·新知三联书店，1957年版，第477页。

② 梁方仲：《中国历代户口、田地、田赋统计》，北京：中华书局，2008年版，第186—187页。

③ 梁庚尧：《中国社会史》，上海：东方出版中心，2016年版，第212页。

中，田产在4顷以上者有49户，占田37 806宋亩，约占耕田总数（598 737宋亩）的6.3%[1]，其所占比例较小。然而，有的地区则达到甚至超过"其半"，如刘克庄在理宗端平元年（1234年）记述当时的土地兼并现象云："至于吞噬千家之膏腴，连亘数路之阡陌，岁入号百万斛，则自开辟以来未之有也。亚乎此者，又数家焉。"[2]有学者据此分析说："南宋晚年，权势之家一岁能收租米百万石，相当田产一百万亩（万顷），为南宋初年张俊田产所不能及。"[3]这个例证虽属个案，但却带有普遍性。如谢方叔在淳祐六年（1246年）的奏书中也说："今百姓膏腴皆归贵势之家，租米有及百万石者。"[4]所以"一都之内，膏腴沃壤半属权势"[5]的现象也是客观存在的。

由于南宋缺少全国性的土地统计数据，故对于官田在耕地面积中所占的比例问题，学界迄今都始终没有形成一致的看法。如魏天安认为北宋的官田总额占总田额的25%，而南宋的官田比例则不在北宋之下[6]，可惜他最终没有测算出具体数据。史学家张荫麟明确指出："官户田在南宋已占郡县之半；至南宋末，更当远逾于此。其精密之比率虽不可知，然两浙及江南东、西三路（约等于今浙江、江苏、江西三省），在宋季土地集中之情形，吾人尚可得更亲切之印象。"[7]因此，"官户田在南宋已占郡县之半"尽管不是"精密之比率"，但大体能反映南宋土地的实际占有情况。从这个角度看，否认刘克庄、谢方叔等人对南宋土地兼并现象的论述[8]，是不足取的。

如前所述，陈尧道等人所设计的预期回买"一千万亩"目标适用于庆元之前的南宋社会历史状况吗？答案是肯定的。在《庆元条法事类》以前，南宋是按照《政和令格》来执行"官户"的占田免科差标准。对于具体内容，有臣僚在绍兴十七年（1147年）正月十五日的奏言中说："（政和令格）品官之家，乡村田产得免差科，一品一百顷，二品九十顷，下至八品二十顷，九品十顷。其格外数，悉同编户。"[9]且不说当时官员的逾限之田究竟有多少，就拿《政和令格》与《庆元条法事类》二者之间的差额论，按等级：一品官之差额为50顷，

① （宋）叶适：《叶适集》，北京：中华书局，1961年版，第858—868页；葛金芳《南宋全史》第5册，第340页。
② （宋）刘克庄：《后村先生大全集》卷51端平元年《备对札子》，四部丛刊本，第1333页。
③ 梁庚尧：《南宋的农村经济》，北京：新星出版社，2006年版，第88页。
④ （元）脱脱等：《宋史》卷173《食货志上一》，北京：中华书局，1985年版，第4180页。
⑤ （清）徐松辑：《宋会要辑稿》食货65之92。
⑥ 魏天安：《关于宋代官田的若干问题》，张其凡主编：《历史文献与传统文化》，兰州：兰州大学出版社，2003年版，第170页。
⑦ ［美］陈润成、李欣荣编：《张荫麟全集》下，北京：清华大学出版社，2013年版，第1599页。
⑧ 刘正山：《经济学林论剑——与60多位知名学者商榷》，福州：福建人民出版社，2006年版，第249页。
⑨ （清）徐松辑：《宋会要辑稿》食货6之1。

二品官之差额为45顷，三品官之差额为40顷，四品官之差额为35顷，五品官之差额为30顷，六品官之差额为25顷，七品官之差额为20顷，八品官之差额为10顷，九品官之差额为5顷。也就是说，《庆元条法事类》比《政和令格》对官员占田的数量减少了1/2。有前面的研究成果知，南宋孝宗乾道九年为终宋一代的官员最低数量即为10 000人，依占田的平均数23顷计算，其逾限田至少为23万顷，即使按"抽三分之一买充公田"计算，其逾限田也有7万顷之多。可见，陈尧道等人所设计的预期回买官田目标，是有充分依据的。

（二）"陷田漏税"底数不清是影响南宋耕地面积计量的重要因素之二

宋代隐匿田产的现象非常严重，以至于马端临认为"赋租所不加者十居其七"。[①] 而在籍者不过"十居其三"，因此，他认为元丰年间所统计的"天下总四京一十八路，田四百六十一万六千五百五十六顷，内民田四百五十五万三千一百六十三顷六十一亩，官田六万三千三百九十三顷"[②] 之数据，仅仅体现了在籍的"纳税田"，其中"官田"的实际数据远远大于"六万三千三百九十三顷"。据学者研究，南宋经界法在推行过程中，仅四川普州安岳县就清查出逃漏税户2700多家，隐匿田产而被加税者为4507家。而江苏苏州常熟县从高宗绍兴十二年（1142年）至端平年间，通过正经界后，纳税地从原来的2 321 563亩增加到2 419 892亩，净增98 329亩。[③] 南宋朝中多数臣僚都十分清楚隐匿田产的社会顽疾，历朝统治者也力求解决这个问题。可惜，效果都不理想，想必隐匿田产者的极力抵制是一个不可忽视的因素。如刘宰在《故知和州陆秘书墓志铭》记陆俊知和州兼管内安抚司公事云：

> 南渡初，籍丁壮最多之户为万弩手，人许占田三百亩以备器械，岁久丁口散亡，田亦他属。中更兵火，益复离散，而议者欲严教阅。君谓非休养士卒数年之后，阅实丁壮，更定名籍不可，不然徒扰奚益，议以是格。令附邑者适君里中人，介不受私，寓公有不乐者，与剽轻士比而攻之，因以及君，坐罢。[④]

因为清括隐匿田亩与寓居官员发生矛盾，结果陆俊被陷害罢官。从这个实例可以看出，清括隐匿田亩的阻力非常之大。汪篯曾分析唐宋耕地面积的特点说："我国史籍记录的古代田亩数，除隋唐以外，没有任何一代达到或接近一千

---

① （元）马端临：《文献通考》卷4《田赋四》，北京：中华书局，1986年版，第59页。
② （元）马端临：《文献通考》卷4《田赋四》，北京：中华书局，1986年版，第59页。
③ 杨涛：《中国封建赋役制度研究》，昆明：云南大学出版社，1998年版，第143页。
④ （宋）刘宰：《漫塘文集》卷28《故知和州陆秘书墓志铭》，《宋集珍本丛刊》第72册，北京：线装书局，2004年版，第455页。

万顷，即十亿亩。"① 而对于史籍所载宋代的田亩数偏小问题，汪篯认为原因有二：第一是宋代的疆土比较狭小；第二是宋代隐匿田亩的现象很严重。② 所以面对南宋愈演愈烈的兼并之风，时人陈亮亦是颇无奈地感慨："今天下之田已为豪民所私矣。"③

（三）自然灾害是影响南宋耕地面积计量的重要因素之三

据考证，南宋发生自然灾害总计825次④，其中水灾290次⑤，而在南宋所增加的耕地面积中不少是通过围垦湖滩草荡来实现的。如众所知，在自然生态的循环系统里，这些湖滩草荡本来具有涵养水源、调节气候及蓄洪防旱等功能和作用，可是为了解决"百倍常时"⑥的人口压力，南宋江浙地区围垦湖滩草荡的现象却屡禁不止，"昔之曰江、曰湖、曰草荡者，今皆田也"⑦。如太平州的当涂、芜湖两县圩田占全县耕地总面积的十之八九。⑧ 因此，时人袁说友在庆元二年（1196年）的奏书中称："浙西围田相望，皆千百亩，陂塘溇渎，悉为田畴，有水则无地之可潴，有旱则无水之可戽，易水易旱，岁岁益甚。"⑨ 仅据《宋史·五行志一上》所载，从南宋初到南宋末，因水灾而坏田的记录至少有65次，而有明确"坏田亩"统计数据者才仅仅3次，即绍熙二年（1191年）六月，"郪、涪、射洪、通泉县汇田为江者千余亩"⑩；开禧二年（1206年）五月，东阳县大水，"湮田二万余亩"⑪；嘉定四年（1211年）八月，"山阴县海败堤，漂民田数十里，斥地十万亩"⑫。其他像庆元元年（1195年）六月台州"漂没田庐无算"⑬、嘉定二年（1209年）五月连州"坏田亩聚落甚多"⑭，以

① 汪篯：《隋唐耕地面积问题研究》，彭卫等主编：《20世纪中华学术经典文库·历史学·中国古代史卷》中，兰州：兰州大学出版社，2000年版，第223页。
② 汪篯：《隋唐耕地面积问题研究》，彭卫等主编：《20世纪中华学术经典文库·历史学·中国古代史卷》中，兰州：兰州大学出版社，2000年版，第223页。
③ （宋）陈亮撰，邓广铭点校：《陈亮集》卷27《郎秀才墓志铭》.北京：中华书局，1987年版，第466页。
④ 李华瑞：《宋代救荒史稿》下册，天津：天津古籍出版社，2014年版，第874页。
⑤ 董煜宇：《两宋水旱灾害技术应对措施研究》，上海：上海交通大学出版社，2016年版，第13页。
⑥ （宋）李心传：《建炎以来系年要录》卷158，绍兴十八年十二月己巳条，北京：中华书局，2013年版，第5037页。
⑦ （宋）卫泾：《后乐集》卷13《论围田札子》，《文渊阁四库全书》，第1169册，第654页。
⑧ 复旦大学、上海财经学院合编：《中国古代经济简史》，上海：上海人民出版社，1982年版，第208页。
⑨ （清）徐松辑：《宋会要辑稿》食货61之138。
⑩ （元）脱脱等：《宋史》卷61《五行志一上》，北京：中华书局，1985年版，第1334页。
⑪ （元）脱脱等：《宋史》卷61《五行志一上》，北京：中华书局，1985年版，第1336页。
⑫ （元）脱脱等：《宋史》卷61《五行志一上》，北京：中华书局，1985年版，第1336页。
⑬ （元）脱脱等：《宋史》卷61《五行志一上》，北京：中华书局，1985年版，第1335页。
⑭ （元）脱脱等：《宋史》卷61《五行志一上》，北京：中华书局，1985年版，第1336页。

及嘉定十二年（1219年）蜀山沦入海中"田畴失其半"①等这样的定性描述不包括在内。由此可见，一方面，南宋地方政府对水灾中遭受毁坏的具体田亩数确实难以进行实事求是的计量统计；另一方面，从所遭受水灾的区域特点看，江浙一带最为严重，这与当地民众大量围垦湖滩草荡的造田活动本身有直接关系。例如，南宋时太湖流域出现的大量"坝田"，就曾产生了"涝则远近泛滥，不得入湖，而民田尽没"②的严重后果，所以圩田之害终南宋一代都没有办法根除。当然，有些坝田或圩田在遭受水灾毁坏之后，不仅被重新修复，而且还扩大了面积。以当涂县为例，南宋绍兴二十三年（1153年），"宣州（今宣城市）水泛滥至境，县（指当涂县）诸圩尽没"③。然而，在当地政府和民众的共同努力下，人们通过官、私圩相联自保形式进行联圩并堤，至乾道九年（1173年），"芜湖县圩周二百九十余里，通当涂圩共四百八十里"④，其"圩（指当涂县广济圩）与私圩五十余所并在一起，坐落青山前，各系低狭，埂外面有大埂埠一条，包套逐圩在内，抵涨湖水"⑤。诸如此类的实例，还有不少。⑥而这种大面积圩田数量的增减变化，在客观上给当地政府的实际计量田亩工作带来较大难度。

（四）计算方法差异是影响南宋耕地面积计量的重要因素之四

无论是平原还是丘陵山地，田亩几何类型的复杂性，尤其是沿用错误的计算方法往往会影响官方对耕地面积的计量，甚至导致其统计数据的严重失真。杨辉是南宋后期杰出的算学家，他所著《田亩比类乘除捷法》一书就是专门解决南宋政府在经界过程中所遇到的各种几何田亩计算问题。据考，杨辉书中的非规则几何田亩类型基本上均采自《台州量田图》，如牛角田、梭田、墙田、腰鼓田、箭筈田等，它们都是源自生产实际的现实问题。在杨辉之前，人们一般采用《五曹算经》算法来解决田亩丈量中所遇到的各种非规则几何形状问题。经过比较，杨辉发现《五曹算经》算法差误较大。例如，"《五曹》有牛角田，用角口乘角面，折半，即勾股田，势非牛角也。《台州量田图》有牛角田，用弧矢田法。此说方是"⑦。

---

①　（元）脱脱等：《宋史》卷61《五行志一上》，北京：中华书局，1985年版，第1337页。

②　（元）脱脱等：《宋史》卷173《食货志上一》，北京：中华书局，1985年版，第4184页。

③　（清）张海等修：乾隆《当涂县志》；当涂县志编纂委员会编纂：《当涂县志》，北京：中华书局，1996年版，第130页。

④　（元）脱脱等：《宋史》卷173《食货志上》，北京：中华书局，1985年版，第4186页。

⑤　（清）徐松辑：《宋会要辑稿》食货7之50。

⑥　详细内容参见葛金芳《南宋圩田的发展和管理制度考略》一文，参见邓小南、程民生、苗书梅主编：《宋史研究论文集（2012）》，开封：河南大学出版社，2014年版，第384—392页。

⑦　（宋）杨辉：《田亩比类乘除捷法》卷上，《中国科学技术典籍通汇·数学卷（一）》，郑州：河南教育出版社，1993年版，第1078页。

考《五曹算经》原题为：

　　今有田形如牛角，从五十步，口广二十步。问为田几何？答曰：二亩奇二十步。

　　术曰：列口广二十步，半之，得十步。以从五十步乘之，得五百步。以亩法除之，即得。[①]

用现代数学式表达，则为：[(20÷2)×50]÷240=2亩20步。

杨辉也例举了一道牛角田算题，其法与《五曹算法》异。杨辉云：

　　今有牛角田一段，角长一十六步，口阔六步。问田几何？答曰：五十七步。

　　草曰：半阔三步，以并角长十六步，得十九步，以阔乘之，折半而得五十七步，合问。[②]

用现代数学式表达，则为：{[(6÷2)+16]×6}÷2=57步。

如果采用杨辉算法，那么，同样是《五曹算经》的算题，其得数应当为：

{[(20÷2)+50]×20}÷2=600步=2亩120步。

二者相差100步，约为0.4宋亩。

杨辉又说："《五曹算法》有腰鼓田，两头各广三十步，中广十二步，从八十二步。问田？合计一千七百二十二步。《(五曹算)法》误作一千九百六十八步。"[③]

考《五曹算经》原题为：

　　今有腰鼓田，从八十二步，两头各广三十步，中央广十二步。问为田几何？答曰：八亩奇四十八步。

　　术曰：并三广，得七十二步，以三除之，得二十四步。以从八十二步乘之，得一千九百六十八步。以亩法除之，即得。[④]

用现代数学式表达，则为：

{[(30+30+12)÷3]×82}÷240=1968÷240=8亩48步。

杨辉指出《五曹算经》的方法"是作两段梯田取用"，不确，故"今立小问

---

　　① （北周）甄鸾：《五曹算经》卷1《田曹》，郭书春、刘钝校点：《算经十书》（二），沈阳：辽宁教育出版社，1998年版，第3页。

　　② （宋）杨辉：《田亩比类乘除捷法》卷上，《中国科学技术典籍通汇·数学卷（一）》，郑州：河南教育出版社，1993年版，第1078—1079页。

　　③ （宋）杨辉：《田亩比类乘除捷法》卷上，《中国科学技术典籍通汇·数学卷（一）》，郑州：河南教育出版社，1993年版，第1081页。

　　④ （北周）甄鸾：《五曹算经》卷1《田曹》，郭书春、刘钝校点：《算经十书》（二），沈阳：辽宁教育出版社，1998年版，第1—2页。

图证，免后人之惑也"。① 于是，他举例说：

今有腰鼓田，两头各广八步，中广四步。正从一十二步。问田几何？
答曰：七十二步。

《应用算法》：倍中阔作八步，并两阔一十六步，共二十四步，以正从
乘，得二百八十八步，以四除之。②

用现代数学式表达，则为：

$\{[(4\times2)+8+8]\times12\}\div4=72$ 步。

采用此法算得《五曹算经》那道"腰鼓田"的面积应为：

$\{[(12\times2)+30+30]\times82\}\div4=1722$ 步 $=7$ 亩 42 步。

二者相差约 1 宋亩。

可见，同样的田亩，采用不同算法，结果相差较大。由于南宋没有统一的非规则几何田亩算法，因此，各地所丈量田亩的数据与实际计算出来的亩积，必然会出现比较大的出入。而这种状况也就造成了南宋政府所报告的耕地面积与实际耕地面积之间在客观上存在一定误差，从而影响到南宋耕地面积的计量结果。

四、南宋对山区耕地面积统计的困境

南宋在相对狭小的地域空间内，能够创造出垦田规模丝毫不逊于北宋的历史佳绩，主要依靠两种途径：一是围垦湖滩草荡，二是大规模开垦广袤的南方山区。根据《中国统计年鉴》的统计数据，截止到 1989 年我国南方 12 省（略与南宋的疆域相当）的实际耕地面积约为 5.2 亿市亩③，亦即 5.7 亿宋亩。不过，有关专家明确表示：总体来看，此"实有耕地面积数字偏小，有待进一步核查"④。即使现在，人们也不得不承认"目前我国几乎所有的县（市、区）实有耕地数比统计数大，不能反映真正的生产水平和生产条件"。⑤ 这是因为无论过去还是

① （宋）杨辉：《田亩比类乘除捷法》卷上，《中国科学技术典籍通汇·数学卷（一）》，郑州：河南教育出版社，1993 年版，第 1081 页。

② （宋）杨辉：《田亩比类乘除捷法》卷上，《中国科学技术典籍通汇·数学卷（一）》，郑州：河南教育出版社，1993 年版，第 1081 页。

③ 其中：上海为 486 万亩，江苏为 6843.5 万亩，浙江为 2596.7 万亩，安徽为 6559.5 万亩，福建为 1857.7 万亩，江西为 3533.2 万亩，湖北为 5229.9 万亩，湖南为 4977.9 万亩，广东为 3787.0 万亩，广西为 3867.7 万亩，四川为 9460.8 万亩，贵州为 2781.0 万亩，总计 5.1980 亿亩。（参见张勇勤主编：《土地管理和使用手册》，北京：中国经济出版社，1992 年版，第 33 页）

④ 张勇勤主编：《土地管理和使用手册》，北京：中国经济出版社，1992 年版，第 33 页。

⑤ 《中国耕地资源及其开发利用》，北京：测绘出版社，1992 年版，第 8 页。

现在，人们对南北方山区①，耕地面积的统计在客观上都存在着比较大的难度。

自北宋以降，随着人口压力的不断增加，耕地垦殖始由平坦的地面开始转向榛莽荒芜，即从"河谷近水的滩地、平地，向高处坡地、台地、高原和山脚开拓，逐渐上山。最后，在人稠地少的区域，连陡峻的山坡也被开辟，成为'蓑衣田''鱼鳞田'"②。这种"鱼鳞田"亦称作"梯田"，而通过"梯田"这种新兴的土地利用方式，南宋在唐及北宋山区开发的基础上，重点对浙闽山区、南岭山区、川东丘陵山区、粤东山区等山地进行全面开发③，出现了"大田耕尽却耕山"④的生产场面，从而使南方土地利用率大为提高。

为了对南宋山地开发的规模与程度有一个相对直观的认识，我们有必要先把目前中国耕地的主要类型（按照耕地的质量与生产水平划分）及其分布特点简单罗列于此。据20世纪80年代统计，我国高产耕地面积总计4.28亿亩，占总耕地的21.5%⑤，主要分布在秦岭、淮河以南的大部分地区及四川盆地中部⑥；中产耕地面积总计7.40亿亩，占总耕地的37.2%；低产面积总计8.19亿亩，占总耕地的41.2%⑦；其中长江中下游地区（包括湘、鄂、赣、皖、苏、浙、沪）有中低产耕地1.92亿亩（包括中产耕地9451.9万亩，低产耕地9732.5万亩），华南区的广东、广西、海南和福建四省有中低产耕地6845.3万亩，西南地区的四川、云南和贵州有中低产耕地6845.3万亩⑧，除去云南省的5594.39万亩⑨，四川和贵州两省仅有1250.51万亩。这样，算上长江中下游地区和华南区的广东、广西、海南和福建以及西南地区的四川、贵州等地区，有中低产耕地总计2.7亿亩。如果把南方地区的高产耕地面积4.28亿亩计算在内，那么，南方目前现有

---

① 关于山地的概念，我们同意以下看法："广义的'山区'概念实际上包括了平原之外的全部地区，亦即将'南方地区'区分为平原与山区两大地理区域类型。实际上，历史时期人们观念中的'山区'比现代地理科学所界定的任何意义上的'山地'都可能要广泛得多，举凡地形崎岖、山岩遍布、可耕地较少的地区，均可称作'山地'或'山区'。"（参见鲁西奇：《长江中游的人地关系与地域社会》，厦门：厦门大学出版社，2016年版，第81页。）

② 石声汉：《中国农学遗产要略》，北京：农业出版社，1981年版，第77页。

③ 鲁西奇：《长江中游的人地关系与地域社会》，厦门：厦门大学出版社，2016年版，第97页。

④ （宋）杨万里：《杨万里集》，太原：三晋出版社，2008年版，第37页。

⑤ 农业部发展计划司主编：《中国农业资源区划30年》，北京：中国农业科学技术出版社，2011年版，第56页。

⑥ 韩荣青：《气候和土地变化下的中国粮食主产区生产力研究》，济南：山东大学出版社，2014年版，第247页。

⑦ 农业部发展计划司主编：《中国农业资源区划30年》，北京：中国农业科学技术出版社，2011年版，第56页。

⑧ 农业部发展计划司主编：《中国农业资源区划30年》，北京：中国农业科学技术出版社，2011年版，第53页。

⑨ 云南省土地管理局、云南省土地利用现状调查领导小组办公室编：《云南土地资源》，昆明：云南科学技术出版社，2000年版，第143页。

耕地面积将达到7亿亩。由于近年来我国耕地面积出现了逐年减少的趋势，因此，如果向前一直追溯到南宋，我们就完全可以想象，那时的耕地面积应当多于7亿亩。

从统计学的角度讲，坡耕地中的梯田面积最难计算，以至于宋人在统计四川梓州路的耕地面积时，只好据实道出"田为山崖，难计顷亩"①的苦衷。实际上，这种情形也同样出现在福建、江南东西、两浙等路。例如，《宋会要辑稿》载："闽地瘠狭，层山之巅，苟可置人力，未有寻丈之地不垦而为田。"②不仅"浙间无寸土不耕"③，而且"江东西（也）无旷土"④。现在的问题是，像徽州"大山之所落，深谷之所穷，民之田其间者，层累而上，指十数级不能为一亩"。⑤这样的梯田亩积，由于几何形状复杂多变，计算起来十分不便。在通常情况下，地方政府不会花费大量的人力和物力去清丈这些耕地。然而，由于梯田是一种在坡耕地上沿等高线筑埂、平地而建成足够宽的台阶形田块，因此，一座山坡在未修建梯田之前与已经修成梯田的面积相比较，差别很大。所以南宋"难计顷亩"对于其耕地总面积的统计是一个不可忽视的"环节"。

结　语

南宋人地关系的复杂性一直是制约其经济发展的一个瓶颈，相对于北宋，南宋所辖疆域仅为北宋之东南一隅。然而，人口总数却超过北宋中后期。⑥在这种历史环境之下，除了发展传统的商贸经济之外，大力垦辟各种可利用的土地资源，无疑是解决南宋人口生存问题的重要出路。《宋史·食货志上一》云：宋朝"南渡后水田之利，富于中原"。⑦对于"水田之利"与南宋耕地之间的关系，限于史料和方法的缺憾，我们一直不能给出合理的定量解释。因为南宋田亩总量的增加，在一定程度上同当时"与水争地"的农业实践直接相关。如宁宗时，户部尚书袁书友等奏称："今浙西乡落，围田相望，皆千百亩陂塘淹渍，悉为田畴。"⑧故有学者以南宋末年浙西太湖平原为例，总计其垦田面积为2500

---

① （元）马端临：《文献通考》卷4《田赋考四》，北京：中华书局，1999年版，第60页。

② （清）徐松辑：《宋会要辑稿》瑞异2之29。

③ （宋）黄震：《黄氏日钞》卷78《咸淳八年春劝农文》，《景印文渊阁四库全书》，台北：商务印书馆，1986年，第708册，第810页。

④ （宋）陆九渊：《象山先生全集》卷16《与章德茂第三书》，北京：中华书局，1980年版，第205页。

⑤ （宋）罗愿著：肖建新等校注：《新安志》卷2《贡赋叙》，黄山书社，2008年版，第62页。

⑥ 葛剑雄主编：《中国人口史》第3卷《辽宋金元时期》，上海：复旦大学出版社，2005年版，第369页。

⑦ （元）脱脱等：《宋史》卷173《食货志上一》，北京：中华书局，1985年版，第4182页。

⑧ （清）徐松辑：《宋会要辑稿》食货61之137。

万亩，与20世纪七八十年代的2665万亩较为接近。① 这个统计数据尽管尚有争议，但它至少表明在南宋时期，江浙一带的土地利用率已经接近或达到现代的水平。在此，我们不妨保守一点儿讲，即使南宋境内诸路的土地利用程度差距较大，但其总的耕地面积也不会少于7亿宋亩。

由于受到各种自然或社会因素的影响，南宋耕地面积在不同的历史阶段是有变化的，不可一概而论。按照前面分阶段计算出来的数据，南宋耕地面积的均数约为7.9亿宋亩，与葛金芳和方健两位先生的推算结果比较一致。毫无疑问，在以传统农业经济为主导的社会形态里，南宋经济的高速发展必然是建立在大规模垦田拓地的物质基础之上。对此，南宋后期的章如愚一言以蔽之："天下地利，古盛于北者，今皆盛于南"，而"今称浙江、太湖，甲于天下，河、渭无闻"。② 就整个南宋而言，曾经被视为"厥田为下下"③ 的江南地区，此时已经建立了比较完善的塘埔圩田体系，开创了治田与治水相结合的农田建设新模式，从而使江东逐渐成为全国粮食产地的中心。在南方的广大山区，人们则筑坝平土，将梯田推向高山陡坡。在南方广大水乡地区，人们还创造了架田这种水面耕地，由于它能"浮种浮耘"，所以《王祯农书》将其称为"活田"。④ 这种与山、水争地的扩耕方式，从长远来看确实弊大于利，但在南宋这个特定的历史时期，它对于有效缓解人地矛盾，促进南宋经济发展，却是十分必要的。

---

① 周生春：《宋代江南农业经济史论稿》，未刊稿。

② （宋）章如愚编撰：《山堂考索》续集卷46《东南财赋》，北京：中华书局，1992年版，第1186页。

③ 黄侃校点：《黄侃手批白文十三经》，上海：上海古籍出版社，1986年版，第10页。

④ （元）王祯：《农书译注》上，济南：齐鲁书社，2009年版，第410页。

朝鲜百科全书式学者李圭景的数学认知*

吴东铭

（南开大学历史学院；南开大学韩国研究中心）

提　要　李圭景是朝鲜王朝后期重要的实学家，所撰《五洲衍文长笺散稿》被称为朝鲜 19 世纪的一部百科全书，但鲜见对此书中数学内容的探讨。通过整理《五洲衍文长笺散稿》的数学篇章，分析李圭景对筹算、西方三角学与几何学知识以及数学层面"西学中源说"的认识，可以看到李圭景跳出彼时中国与朝鲜甚嚣尘上的数学"西学中源"论，不汲汲于主次之辨，广泛阅读东西方数学著述，他主张实事求是地融通传统算学与西方数学，以达到求用的目的。这卓异于同时代的知识精英，开时代之先。李圭景的数学主张也对朝鲜数学在近世期的融通发展大有裨益。但同时，他没能摆脱时代的局限，在思想上仍旧主张数学乃体悟儒学和修身养性的途径，数学还是没能从他的性理学框架中分离出来。

关键词　李圭景　实学　朝鲜数学　《五洲衍文长笺散稿》

引　言

李圭景（1788—1856 年），字伯揆，号五洲，又号啸云居士，籍贯全州，朝鲜王室远支宗亲，系朝鲜时代后期实学派思想家、实学派四大家之一李德懋之孙，是朝鲜后期实学之集大成者和北学派实学代表人物，历经朝鲜正祖（1776—1800 年）、纯祖（1800—1834 年）、宪宗（1834—1849 年）、哲宗（1849—1863 年）四朝（时值中国清朝乾隆四十一年至咸丰六年），其代表性作品《五洲衍文长笺散稿》60 卷，内容涉及天地、人事、经史、万物、诗文，广泛采录

---

*　基金项目：国家社会科学基金青年项目"中国三角学典籍在日本和朝鲜半岛的流传与影响研究"（课题编号：17CZS052）。

天文、历学、数学、历史，地理、政治、经济、宗教、艺术、风俗、军事、制度、动植物、衣、食、住以及工匠技术等各方面资料。在寻章摘录、汇纂此书的同时，李圭景也对产生的疑问和记述有误的内容加以考校、订正，并频频在文中发出评论，表达自己的观点。《五洲衍文长笺散稿》堪称朝鲜19世纪的一部百科全书，是研究朝鲜乃至东亚科学技术史的宝贵资料。

关于李圭景及《五洲衍文长笺散稿》的研究，成果相对丰富，但遗憾的是，鲜有涉及数学层面的探讨。[①] 本文在整理《五洲衍文长笺散稿》所载数学内容的基础上，试图讨论其对数学的认知情况，说明李圭景对数学的掌握程度，以冀更深入地理解李圭景的数学观。

一、李圭景对数学的了解与《五洲衍文长笺散稿》的数学内容

李圭景所处时代，即18世纪末至19世纪中叶，正值明末清初第一次西学东渐之成果，业已为东方学界所接受，而第二次西学东渐方兴未艾之过渡时期。郭世荣指出："经过17至18世纪初的引进、学习与研究，朝鲜数学对中国传统数学的了解比以前深刻了许多，更为重要的是，朝鲜学者（如黄胤锡、洪大容）撰写了一些有见解的数学著作。"[②] "18世纪的朝鲜数学研究，以中国宋元明数学著作作为主要研究对象，同时兼及《同文算指》《数理精蕴》等具有西方数学性质的著作。"[③] 该时期，朝鲜学者的数学工作依然以研究中国算学为主，但数学研究的重点有所转变。一方面，经中国传入的西方数学知识在研究中所使用的比重明显增多；另一方面，乾嘉时期，中国学者整理的中国古算书在朝鲜

[①] 就笔者目力所及，关于李圭景与《五洲衍文长笺散稿》，既有文献与代表性研究成果大致如下：韩国学中央研究院负责运营的数据库"韩国历代人物综合信息系统"（网址：http://people.aks.ac.kr/index.aks）之"李圭景（이규경）"词条，对李圭景的自然情况进行了较为完整的介绍；顾铭学、贲贵春、宋祯焕主编《朝鲜知识手册》（沈阳：辽宁民族出版社，1985年版，第755页）简明扼要地对《五洲衍文长笺散稿》做了解题性介绍；葛荣晋主编《韩国实学思想史》（北京：首都师范大学出版社，2002年版，第41页）讨论朝鲜王朝实学发展分期问题时，援引朝鲜社会科学院的说法，将李圭景作为朝鲜王朝后期实学的代表人物；詹杭伦《论朝鲜王朝学者李圭景的佛学与诗学》（《安徽师范大学学报（人文社会科学版）》2016年第1期，第36页）充分运用《五洲衍文长笺散稿》当中关涉佛教的篇章，揭示李圭景佛学与诗学互证的研究方法，阐释了李圭景"兼收并蓄、归宿于儒"的宗教立场；罗乐然《开港前朝鲜知识分子对西洋地理的认知与考辨》（《东西人文》〔韩国〕2014年第2辑，第105—130页）一文，以李圭景及其《五洲衍文长笺散稿》为研究中心，从阅读史的角度，分析李氏对西洋地理知识的理解及其阅读过程，以点带面地说明彼时西学在朝鲜的传播过程及情况。以上研究，并未涉及李圭景的数学认知以及《五洲衍文长笺散稿》的数学内容，因此有必要就这一问题做进一步的探讨。

[②] 郭世荣：《中国数学典籍在朝鲜半岛的流传与影响》，济南：山东教育出版社，2009年版，第46页。

[③] 郭世荣：《中国数学典籍在朝鲜半岛的流传与影响》，济南：山东教育出版社，2009年版，第63页。

逐渐流传，朝鲜学者亦对此展开研究。

众所周知，李圭景是朝鲜后期重要的实学家，更是北学派的重要代表，并不是一位专门从事数学研究的算学家，但仅就其在《五洲衍文长笺散稿》中的相关论述就可以发现，其算学著作的涉猎广度与阅读数量颇为可观。

不完全统计，在中国传统算学典籍及相关论述方面，李圭景阅读过"算经十书"中之《周髀算经》、《九章算经》、《孙子算经》、《五曹算经》、明人程大位（1533—1606年）《算学统宗》、清人朱彝尊（1629—1709年）《九章算经跋》和《五曹算经跋》及清人戴震（1724—1777年）《九章算术序》等著述；在西方数学的汉译本及相关论述方面，其阅读过意大利传教士利玛窦（Matteo Ricci，1552—1610年）与明人徐光启（1562—1633年）合译《几何原本》、利玛窦与明人李之藻（1565—1630年）合译《同文算指》、利玛窦《译几何原本引》《几何术·规髀图说》和徐光启《几何原本杂议》等著述。在中西汇通的数学著述方面，其阅读过明人徐光启《勾股义》、意大利传教士艾儒略（Giulio Aleni，1582—1649年）《几何要法》、意大利传教士罗雅谷（1593—1638年）《珠算法》及德国传教士汤若望（Johann Adam Schall von Bell，1592—1666年）、邓玉函（Johann Schreck，1576—1630年）、徐光启等合著《新法算书》以及清人方中通（1634—1698年）《数度衍》、方中履（1638—？年）《九章皆勾股》、李光地（1642—1718年）《算法论》、清圣祖康熙帝（1654—1722年）《（御制）数理精蕴》、沈大成（1700—1771年）《勾股算器图说》《勾股小述》和戴震《策算》《勾股割圜记》等著述。在朝鲜人著述的数学著作方面，其阅读过安讷（生卒年不详）《详明算法》（1373年）、徐氏佚名（笔者注：疑为徐敬德，1489—1546年）《算学启蒙集传》、南九万（1629—1711年）或崔锡鼎（1646—1715年）《九数略》[①]、李漵（1681—1763年）《算学启蒙跋》《算术》《期三百注解图说》、沈埞（生卒年不详）《数书》和僧善征（生卒年不详）《数法》等著作[②]，这不可谓不广博。在广泛阅读算学典籍和数学著述的基础上，李圭景也撰写了大量的数学著述，收于《五洲衍文长笺散稿》中，大概如下：

《数别名辨证说》　介绍朝鲜和中国不同地区数字发音的不同和数字本身名称的差异。[③]

---

① 就笔者目力所及，除李圭景著述外，未见有南九万撰述《九数略》一书的记载，通常认为《九数略》的作者为崔锡鼎，另参见"韩国民族文化大百科事典"中也仅介绍《九数略》是朝鲜后期文士崔锡鼎编著的算学书（조선 후기의 문신 최석정이 지은 수학책）"（网址：http://encykorea.aks.ac.kr/）。笔者推测南氏与崔氏生活年代大致相同，也许是李圭景对《九数略》的作者考述有误。因此，采纳《九数略》为崔锡鼎所著的说法。

② 李圭景所涉猎算学书目，参见其撰《数原辨证说》一文（载《五洲衍文长笺散稿》卷44，汉城：东国文化社，1959年版，下册，第420页）。

③ ［朝鲜王朝］李圭景：《五洲衍文长笺散稿》卷7，汉城：东国文化社，1959年版，上册，第231页。

《〈几何原本〉辨证说》　推溯几何由来，对《几何原本》的版本、《几何原本》传入朝鲜的情况进行概述；引述利玛窦撰《几何原本·译几何原本引》，徐光启撰《几何原本·几何原本杂议》和《读几何原本杂志》的内容对《几何原本》的内容、体例、重要性进行介绍；阐明李圭景本人对《几何原本》的收藏情况和看法。①

《测量天地辨证说》　介绍中国、西方和朝鲜半岛测量天围、地围以及地距九重天距离的方法及结果；介绍测量天地的书籍并摘录《天经或问》及《和汉三才图会》相关内容；引述清代数学家梅文鼎（1633—1721年）的话，借以阐释测量各地纬度的道理；同时，列述中国和朝鲜半岛代表性地域的纬度和日本、越南的大致纬度。②

《测量高深远近辨证说》　援引明人李之藻撰《浑盖通宪图说》，采用西法，即运用相似三角形的基本属性和原理，以镜测、表测和筒测三法测量山高与井深。与此同时，李氏认为矩股割圆之理可以类比为削瓜，并找出依据，即引宋人赵友钦（生卒年不详）"说北极。亦犹车轮之轴、瓜瓣之攒顶"及其后继者清人方以智"取瓜以喻天体，蒂脐比两极"进行类证。③

《数理辨证说》　引述宋人罗大经（1196—约1252年）《玉露》中论述数理关系的内容进行佐证，认为数与理"相为表里，同出一原"。同时对清修《四库全书》，将宋儒邵雍（1011—1077年）的《皇极经世书》归于术数类，表示批评。④

《一钱加倍数辨证说》　介绍"同底连续多次幂加和"的具体运算过程。⑤

《数目俱画辨证说》　结合宋人边实（生卒年不详）等撰《昆山志》、顾炎武（1613—1682年）撰《金石文字记》、程大昌（1123—1195年）撰《演繁露》等相关文献资料，对"壹、贰、参、肆、伍、陆、漆（柒）、捌、玖、拾、阡、陌"等字表述数字的历史进行详细的考订，并将"一、二、三、四、五、六、七、八、九、十、卄、卅、卌、佰、皕、仟、万"诸字的读音、释义分述于文中，并且认为"官簿数目字俱画，亦有所本"⑥。

《数原辨证说》　开篇提出数原起于河、洛，继而对中国和朝鲜的数学发展轨迹纵向进行了宏观的梳理，其间阐释"西学中原"的观点，并认为中法、西

① ［朝鲜王朝］李圭景：《五洲衍文长笺散稿》卷15，汉城：东国文化社，1959年版，上册，第478—481页。
② ［朝鲜王朝］李圭景：《五洲衍文长笺散稿》卷28，汉城：东国文化社，1959年版，上册，第788—792页。
③ ［朝鲜王朝］李圭景：《五洲衍文长笺散稿》卷28，汉城：东国文化社，1959年版，上册，第798—799页。
④ ［朝鲜王朝］李圭景：《五洲衍文长笺散稿》卷40，汉城：东国文化社，1959年版，下册，第280—284页。
⑤ ［朝鲜王朝］李圭景：《五洲衍文长笺散稿》卷43，汉城：东国文化社，1959年版，下册，第397—398页。
⑥ ［朝鲜王朝］李圭景：《五洲衍文长笺散稿》卷44，汉城：东国文化社，1959年版，下册，第413—414页。

法相辅相成，"无古今之异、中外之别"，展现其"数原本为一"的数学思想。[1]

《算数辨证说》　引述戴震撰《戴东原集》卷7《刊九章算术序》阐释策算之法；分述传统数学中乘、除、定位、开方诸法；引述李瀷撰《星湖全集》卷36《跋算学启蒙》的内容，为开方法举出两条具体例证。[2]

《漕船量米捷法辨证说》　引述阮元的《研经室集》中关于"漕船量米捷法"的内容。通过推演，李圭景认为此法从理论上可行。[3]

此外，李圭景对历法也颇有研究，而这些历法也与数学知识密切相关。《五洲衍文长笺散稿》中含有多篇与历法相关的内容，仅撷其精要，略加以介绍。《历二十四气辨证说》简要介绍历法的发展，同时对二十四节气的特征与含义逐一进行介绍，并且参考《诗经》中相关内容的记载，认为"昔周盛时历中，无二十四气"[4]；《古干支辨证说》介绍干支纪岁、干支纪月的古时称谓并分析其由干支纪年、纪日所取代的原因和阐释其发展历程[5]；《治历节度定纪辨证说》认为古今关于"度"的概念存在分歧，有本质的区别，因而影响了古今的历算推演的准确度[6]；《修历辨证说》介绍"二十四节气推步之术"，并以清咸丰二年（壬子年，1852 年）为例，推算当年的二十四节气[7]；《周天度分辨证说》阐明周天分为三百六十度的原因，并介绍刻法计时[8]；《历代甲子辨证说》引述文献，并结合李氏自己的研究对历代定甲子之事进行分析[9]；《历代用历辨证说》对中国古代历法的使用情况做了一个纵向梳理并提出兼具"气、象、数"是一个好的历法的评判标准，同时认为推定历法应当立"岁差"[10]；《太初历元辨证说》引述文献考释《太初历》的历元[11]；《〈百中〉、〈万年〉、〈千岁〉等历辨证说》对题目中诸历法进行介绍，并表达出历法应当"推陈出新、与时俱进"的观点。[12]

---

① ［朝鲜王朝］李圭景：《五洲衍文长笺散稿》卷44，汉城：东国文化社，1959年版，下册，第420—425页。
② ［朝鲜王朝］李圭景：《五洲衍文长笺散稿》卷54，汉城：东国文化社，1959年版，下册，第743—745页。
③ ［朝鲜王朝］李圭景：《五洲衍文长笺散稿》卷59，汉城：东国文化社，1959年版，下册，第926—927页。
④ ［朝鲜王朝］李圭景：《五洲衍文长笺散稿》卷3，汉城：东国文化社，1959年版，上册，第63—64页。
⑤ ［朝鲜王朝］李圭景：《五洲衍文长笺散稿》卷3，汉城：东国文化社，1959年版，上册，第72—73页。
⑥ ［朝鲜王朝］李圭景：《五洲衍文长笺散稿》卷7，汉城：东国文化社，1959年版，上册，第220—221页。
⑦ ［朝鲜王朝］李圭景：《五洲衍文长笺散稿》卷10，汉城：东国文化社，1959年版，上册，第348页。
⑧ ［朝鲜王朝］李圭景：《五洲衍文长笺散稿》卷14，汉城：东国文化社，1959年版，上册，第454—455页。
⑨ ［朝鲜王朝］李圭景：《五洲衍文长笺散稿》卷15，汉城：东国文化社，1959年版，上册，第476—477页。
⑩ ［朝鲜王朝］李圭景：《五洲衍文长笺散稿》卷30，汉城：东国文化社，1959年版，上册，第866页。
⑪ ［朝鲜王朝］李圭景：《五洲衍文长笺散稿》卷46，汉城：东国文化社，1959年版，下册，第474—475页。
⑫ ［朝鲜王朝］李圭景：《五洲衍文长笺散稿》卷51，汉城：东国文化社，1959年版，下册，第662—663页。

二、李圭景对东西方数学的认知

李圭景在研究东西方数学与历法等方面具体问题的同时，也侧重对东西方数学史进行梳理，从中可揭示其独到的数学认知。李圭景在《数原辨证说》与《〈几何原本〉辨证说》诸篇章有直接的阐发，并有"中法则《周髀算经》为祖，西法则《几何原本》为宗，通中西以为法"[①]的论断。

在《数原辨证说》一文中，李圭景首先谈到东方传统数学的起源，曰："数原于河、洛，而太极又为其本焉。"并且"九数出于勾股，出于《河图》。……加减乘除法，出于《洛书》"[②]。"古者六艺之教……数有九数，即《九章》，而世罕其书，然最古者，惟《周髀算经》是也。"且"数学之失真久矣。汉、晋以来，所存者几如一线"，对中国古代传统历算的长期式微乃至湮没不传深感痛惜。在李圭景看来，汉晋至宋元时期的中国数学家，诸如"洛下闳、张衡、刘焯、祖冲之、郭守敬辈"，他们未能达到先秦时期周公、商高的高度，只是在"殚心象数，立密率消长之法，以为习算入门之规"。李圭景对中国传统数学家所采用的割圆术提出异议，认为他们"以有尽度无尽，止言天行，未及地体，是以测之有变更，度之多盈缩"，难以求得精确的数学结果。[③]

至于如何解决这个问题，李圭景认为应当从两方面着手。一方面，他引述戴震四处寻访古代算书的故事，赞同戴震的做法，即在《九章算术》《孙子算经》《五曹算经》《张丘建算经》《夏侯阳算经》《周髀算经》《缉古算经》等古算书的基础上，"尽心纂次，订其讹舛"[④]，以期弥补当下无法求得精确数值的弊病；另一方面，李圭景认为应当引入西方数学，借以弥补中算的缺漏。同时，他也认识到西方数学传入中土也是一个渐趋完备的过程，他说："皇明万历间，西洋人始入中土，其中一二习算数者，如利玛窦、穆尼阁等，著为《几何原本》《同文算指》诸书，大体虽具，实未阐明理数之精微矣。清朝，西人至者甚众，有汤若望、南怀仁、安多、闵明我，间明算学，而度数之理，渐加详备。"[⑤]

在对待中西方数学的态度上，李圭景认为："《数理精蕴》为其纲领，其它《九章算经》、《孙子算经》、《五经宗》、《算学统宗》、《同文算指》、《数度衍》等

① ［朝鲜王朝］李圭景：《五洲衍文长笺散稿》卷44，汉城：东国文化社，1959年版，下册，第422页。

② ［朝鲜王朝］李圭景：《五洲衍文长笺散稿》卷44，汉城：东国文化社，1959年版，下册，第420—421页。（宋）秦九韶《数书九章·序》载："今数术之书尚三十余家，天象、历度谓之缀术；太乙、壬甲谓之三式，皆曰内算。言其秘也。"（见氏著《数书九章》，收入《古今算学丛书》第三，上海：上海算学书局，1898年版，第1b页）河洛之学，玄妙深奥，属"缀术内算"范畴，遂不做深入探讨。

③ ［朝鲜王朝］李圭景：《五洲衍文长笺散稿》卷44，汉城：东国文化社，1959年版，下册，第420页。

④ ［朝鲜王朝］李圭景：《五洲衍文长笺散稿》卷44，汉城：东国文化社，1959年版，下册，第421页。

⑤ ［朝鲜王朝］李圭景：《五洲衍文长笺散稿》卷44，汉城：东国文化社，1959年版，下册，第421—422页。

书为其羽翼也。"[1] 在他看来，如果习算者能够做到上述内容，"则大而测量天地，小而度物计数，无所求而不得矣"[2]。这是李圭景在数学认知上的创举，在西学东渐影响下的中国与朝鲜学者的论述当中，鲜有如此精辟独到之见解，他做到了发前人之所未发。可见，李圭景不仅对中国和朝鲜算学有鞭辟入里的认识，并对西方数学也有一定的了解，特别是对与推步相关的数学计算颇有认识。

"西学中源"说是明末清初兴起的一种认为西方学术文化源于中学的观点。其最初的主要倡导者是清代数学家梅文鼎等人。其核心观点是：西方的科学技术，是从中国传过去的，因此，中国向西方学习，并不是"用夷变夏"，而是"以中国本有之学还之于中国"。"'西学中源'的思想在18世纪已经成为中国学界的共识。"[3] 虽然从西学东传、阻力重重的特殊历史背景看，"西学源于中国"说，给西学披上中学的外衣，便于西学输入东方，减轻了不少文化阻力，但这毕竟有违事实。对此，李圭景的态度是温和的，但实际是反对的。在《数原辨证说》一文中，由于撰文需要，李圭景引述清士李光地的相关论述，"今三角法，即勾股也。……三率之法，即古者异乘同除之法，而其立法加妙、用之加广，则非古人所及也"[4]。李光地认为西方三角学是在中国传统数学的基础上有所发展和创新的，较之于传统的西学中源说有一定进步意义，但李圭景对此未置可否；在《一日百刻辨证说》中，言及"尧时玑衡之法，西洋得之"，是一个鲜明的西学中源的例证，但李圭景认为："其说当存而不论。"[5] 又，在《测量高深远近辨证说》一文中，言及测量方法的源流问题，李圭景说道："西泰之测量高深，有以镜、以表、以筒数法，其法流为望海岛术。世以望海岛术反为矩股之原，宁不可哂者乎？"[6] 再次以具体事例对西学中源说予以有力驳斥。在他看来，想要探求真正的数学，则需要"通中西之书，取《周髀》而兼取《几何》，相为表里。数学至此，更无余蕴矣。"[7] 统合观之，李圭景较之于同时代的一些中国数学家，在"西学中源"的认识方面，采取实事求是的态度，敢言同时代之人所不敢言者，有一定的前瞻性和进步意义。

① ［朝鲜王朝］李圭景：《五洲衍文长笺散稿》卷44，汉城：东国文化社，1959年版，下册，第422页。
② ［朝鲜王朝］李圭景：《五洲衍文长笺散稿》卷44，汉城：东国文化社，1959年版，下册，第422页。
③ ［荷］安国风著，纪志刚、郑诚、郑方磊译：《欧几里得在中国：汉译〈几何原本〉的源流与影响》，南京：江苏人民出版社，2008年版，第463页。
④ ［朝鲜王朝］李圭景：《五洲衍文长笺散稿》卷44，汉城：东国文化社，1959年版，下册，第422页。
⑤ ［朝鲜王朝］李圭景：《五洲衍文长笺散稿》卷38，汉城：东国文化社，1959年版，下册，第151页。
⑥ ［朝鲜王朝］李圭景：《五洲衍文长笺散稿》卷28，汉城：东国文化社，1959年版，上册，第798页。
⑦ ［朝鲜王朝］李圭景：《五洲衍文长笺散稿》卷44，汉城：东国文化社，1959年版，下册，第422页。

三、李圭景所讨论的数学问题二则

（一）李圭景对筹算的认识

苏格兰人纳贝尔（J. Napier，1550—1617年）发明了后来被称作纳贝尔筹（Napier's Bones，又称Napier's Rods）的计算工具，他于1617年用拉丁文出版专书介绍了这种工具。纳贝尔筹一问世便在欧洲流行了起来。1628年，意大利传教士罗雅谷（Jacques Rho，1593—1638年）用中文撰写了《筹算》一书（此书后被编入《西洋新法历书》），首次向中国人介绍了纳贝尔筹。这种筹引起了中国数学家的重视，清代数学著作中涉及筹算的相当多，其中较为重要的是梅文鼎对纳贝尔筹的修改，这正是纳贝尔筹中国化的过程。纳贝尔筹原来的形制是方形的，有四个面，罗雅谷《筹算》中只用两个面，改方形筹为薄片筹，梅文鼎又根据中文竖书的特点改竖式筹为横书式筹，并将原来筹面上的三角格改为方半圆形。其后，戴震曾著有《策算》（1774年）一书，亦介绍纳贝尔筹。[①]

罗雅谷的《筹算》随着《西洋新法历书》传到了朝鲜，朝鲜算学家对此亦有研究。崔汉绮著《九数略》丁集附录有"文算、珠算、筹算"三种计算工具，其中的筹算，即是纳贝尔筹算。在介绍了这种筹的形制、结构、制作方法、使用方法之后，他写道：

> 今按：筹算一法，即西洋国算法也。极西耶稣会士罗雅谷作一书，论筹算，成于崇祯戊辰（1628年）。细考此法，与文算一法同其指归，而文算通而巧，筹算局而拙，剟其大都，存之于此，以备游艺者之采。[②]

所谓"文算"，就是《算法统宗》等书中介绍的"铺地锦"算法。崔锡鼎把纳贝尔筹算法和"铺地锦"算法做了比较。他认为纳贝尔筹算不如文算，虽然二者"同其指归"，但"文算通而巧，筹算局而拙"，见图1。

图1　崔锡鼎的筹算图

图片来源：[朝鲜王朝]崔锡鼎：《九数略》，韩国科学史学会编：《韩国科学古典丛书》第3辑，

汉城：诚信女子大学校出版部，1983年版，第292—293页。

---

① 参见郭世荣：《纳贝尔筹在中国的传播与发展》，《中国科技史料》1997年第1期，第12—20页。

② [朝鲜王朝]崔锡鼎：《九数略》，韩国科学史学会编：《韩国科学古典丛书》第3辑，汉城：诚信女子大学校出版部，1983年版，第297—298页。

边彦廷在《筹学实用》之末附有20页专讲西方筹算的内容。其载：

> 筹数法，泰西人罗雅谷所作，其书成于崇祯戊辰，凡竖十筹。两筹相并，平行线斜方形合成一位。其后梅文鼎改制筹数，定竖为横，自谓有六便。今从梅法。[①]

从中可见，他对于罗雅谷的《筹算》和梅文鼎的《筹算》皆有了解与研究。梅文鼎在《筹算·自序》开篇讲道：

> 唐有《九执历》不用布算，唯以笔纪。史谓其繁重，其法不传，今西儒笔算或有遗意欤。笔算之法详见《同文算指》。中历书出乃有筹算，其法与旧传铺地锦相似，而加便捷。又，昔但以乘者，今兼以除，且益之开方诸率，可谓尽变矣。但本法横书，仿佛于珠算之位；至于除法，则实横而商，数纵颇难定位。愚谓既用笔书，宜一行直下为便，辄以鄙意，改用横筹直写，而于定位之法，尤加详焉。俾用者，无复讝疑，即不敢谓兼中西两家之长，而于筹算庶几无憾矣。[②]

为了适合中文竖书的特点，梅文鼎将原来罗雅谷《筹算》中的直筹改为竖筹，并论述了这样"易直为横"的便利之处。同时，梅氏也论证了使用筹算比用当时流行的算盘的"六便"，即六个方便之处。边彦廷认为梅文鼎"易直为横"是有道理的。所以他也采用梅文鼎的筹式：用横筹和半圆格代替罗雅谷的直筹和方斜格（图2）。他讲述了筹的制作和使用方法，给出了乘法、除法、开平方、开立方的算例。[③]

崔锡鼎和边彦廷的论述及给出的图示，表明罗雅谷的《筹算》中所介绍的纳贝尔筹以及梅文鼎改编的纳氏筹，在朝鲜皆得到过关注。对于策算（或称纳贝尔筹算），《五洲衍文长笺散稿》中亦有所涉猎。李圭景言：

> 尝著《九章经纬表轨》，最后阅清士东原戴氏震遗书，则有《策算》，其范围与我《经纬表》，不谋而同。此《易》所谓同声相应者欤，甚可异也！不可略之，故取以钞其指归而藏。有时与我所著者相较，然恨不与并世商确，证其优劣也。[④]

①　[朝鲜王朝]边彦廷：《筹学实用》，[韩]金容云编：《韩国科学技术史资料大系·数学篇》第9册，汉城：骊江出版社，1985年版，第337页。
②　（清）梅文鼎：《梅氏丛书辑要》卷6，上海：上海龙文书局，1888年石印本，第1a页。
③　[朝鲜王朝]边彦廷：《筹学实用》，[韩]金容云编：《韩国科学技术史资料大系·数学篇》第9册，汉城：骊江出版社，1985年版，第337—357页。
④　[朝鲜王朝]李圭景：《五洲衍文长笺散稿》卷54，汉城：东国文化社，1959年版，下册，第743页。

下視第九竹横製除實洽盡此後開方位置皆放此　次商自乘爲隅法次商九故以算九算置算二算之　算算第九竹積報一百八十差少於實作次商九　倍方爲廉法初商十爲方法爲之爲二十作廉法較

图2　边彦廷的筹算图

图片来源：［朝鲜王朝］边彦廷：《筹学实用》，［韩］金容云编：《韩国科学技术史资料大系·数学篇》
第9册，汉城：骊江出版社，1985年版，第337页。

可知，李圭景曾撰写名为《九章经纬表轨》的算学著作，但此书现已亡佚不传，书中具体内容已经不得而知。但李圭景认为，其著作与清代名士戴震所著《策算》的研究范围不谋而同，并用"同声相应"来描述其与戴震二者研究之中的巧合。因此，可以转阅戴震的《策算》来类观李氏所著《九章经纬表轨》。

在《策算·序》中，戴震"以九九书于策，则尽乘除之用，是为策算。策取可书，不曰筹而曰策，以别于古筹算，不使名称相乱也"[1]。他解释使用"策算"的原因在于区别于古筹，不至于"名称相乱"。与此同时，戴震将所要使用的策算工具做了一个简要的描述（图3）：

　　策列九位，位有上下。凡策，或木或竹皆两面。一与九、二与八、三与七、四与六共策，五之一面空之，为空策。合五策而九九备。如是者十，各得十策。别用策一列，始一至九，各自乘得方幂之数，为开平方策。算法虽多，乘除尽之矣。开方，亦除也。平方用广，立方罕用。故策算专为乘、除、开平方。[2]

---

① （清）戴震撰，胡炳生整理，何绍庚审订：《策算》，张岱年主编：《戴震全书》第5册，合肥：黄山书社，1995年版，第5页。
② （清）戴震撰，胡炳生整理，何绍庚审订：《策算》，张岱年主编：《戴震全书》第5册，合肥：黄山书社，1995年版，第5页。

图3　戴震的策算示意图

图片来源：（清）戴震撰，胡炳生整理，何绍庚审订：《策算》，张岱年主编：《戴震全书》第5册，
合肥：黄山书社，1995年版，第6页。

　　在具体实践层面，李圭景在《算数辨证说》中，继续引述戴震关于策算运用于乘、除、开平方的内容，并抄录李潩《算学启蒙跋》中的两道题，即开4096和85 849两数的平方。并附记李潩解上述两题的术文（即解题过程），指出"星湖（李潩）论算书，未得其全，如是零星，可叹！"从中可以看出，李圭景认为李潩的实际运算过程与戴震开平方法理论存在一定的暗合，但在具体操作步骤上，认为李潩的术文"未得其全"，存在缺陷。借此甄鉴举动，也可窥见李圭景的算学水平。

　　因此，《九章经纬表轨》虽不详其具体内容，但通过相关论述可以推测，其著作的具体内容无外乎是探求乘、除、开平方的简便算法（即捷法），这与运用筹算解题的目的大抵一致。"凡为算者，每厌其烦，始学旋撒，予尝病之，遍求捷法。"[①]这恰如其分地表达了李圭景著述的初衷。与此同时，李圭景介绍《李家图书约》中所载《顿悟数法》《九章经轨》《九章纬轨》《九畴正轨》《直指算轨》等关于运算捷法的著述，直观著述名称，似乎与李氏所著有所关联，因而可以推测上述五书之内容，仍无外乎乘、除、开方诸运算。与此同时，应该注意到，开方术是中国传统数学历来重视的一个问题，主要的数学著作大多对开

----

　　① ［朝鲜王朝］李圭景：《五洲衍文长笺散稿》卷44，汉城：东国文化社，1959年版，下册，第425页。

平方问题有所论述①，而李圭景引述在清代中后期集传统数学之大成的名士戴震的筹算方法，表现出较为独到的眼光，亦呼应前文所述其对东方传统算学和西方数学广泛涉猎这一史实，也印证李氏具备一定的数学知识储备和研究基础。

（二）对西方三角学和几何学的认知

在大量阅读东、西方数学著述的基础上，李圭景研究与三角学、几何学和测量相关的数学问题，并在《测量高深远近辨证说》中给出了具体案例。该篇融汇几何学与三角学的知识，介绍运用相似三角形的特性来测量山高与井深的方法。不止于此，李圭景更把"测量作为几何学的目标"。②《测量高深远近辨证说》开篇即运用球面三角学的知识，对天体大小、距离、运行速度进行直观的数据分析。李圭景引述利玛窦撰《乾坤体义·地球比九重天之星远且大几何》的内容。利氏之文，一方面列述宗动天、诸星列宿天、土曜天、木曜天、火曜天、日天、金曜天和月天距地心之远近；另一方面，又描述了地球的大小，即"地周九万里，径二万八千六百三十六里零三十六丈"③，以及日星、木星、土星、金星、月星、土星以及诸经星的直径长度。该文对于在西方久居宇宙观统治地位的地心说，进行了相对完备的数据论述。而通览《测量天地辨证说》的内容可知，李圭景论述的实质，即是运用西方三角学的相关知识及在西方三角学影响下形成的中国化数学方法，辅之以精于三角学运算的西方传教士和受三角学知识影响的中国算学家的论述及著作，对天地的大小、距离远近和运行速度进行周密且细致的计算，并借以列述诸天体的相关数据。李圭景还提到其所知当时已刊行于世的三角学著作，有《测量法义》《勾股义》《浑盖通宪》《几何要法》《测量全义》《天学初函》《天问略》《简平仪度说》《几何原本》《律历渊源》《数理精蕴》等书存焉。另外，李圭景还提到朝鲜所著的此类著作，"我东则洪湛轩大容有《仪器图说》"④。此句话亦可表明，迟至18世纪，西方的三角学知识已经传入朝鲜，并已经有朝鲜人自撰的相关研究著作刊行于世，

---

① 开方术是指中国古代数学家求方根或解二次以上方程的方法。开方术自先秦至宋元，一直处于发展之中。《九章算术》单设少广章，介绍了开平方、开立方的方法；南朝时，祖冲之进一步推广开平方和开立方的算法，能够求出一般的二次方程与三次方程的正根；北宋时，贾宪在他的《黄帝九章算法细草》中提出一种开方的新方法，即"增乘开方法"，用所拟定的根数，边乘边加，变换原方程式的系数，贾宪还提出"开方作法本源图"，此即指数为正整数的二项式定理的系数表；俟后，北宋的刘益首先突破首项系数为正一的限制，把开方术进一步推广，使之成为高次方程的普适解法，即南宋数学家杨辉所说的"带从开方正负损益法"；南宋数学家秦九韶在他的《数书九章》中提到所录问题有需求解高至十次方程者，其中的正负开方术与现今所用的高次方程数值解法相似。遂有此说。

② ［韩］金容云：《泛范式与李朝数学》，刘钝等编：《科史薪传：庆祝杜石然先生从事科学史研究40周年学术论文集》，沈阳：辽宁教育出版社，1997年版，第196—197页。

③ ［朝鲜王朝］李圭景：《五洲衍文长笺散稿》卷28，汉城：东国文化社，1959年版，上册，第788页。

④ ［朝鲜王朝］李圭景：《五洲衍文长笺散稿》卷28，汉城：东国文化社，1959年版，上册，第788页。

如洪大容（1731—1783年）撰《仪器图说》，并为李圭景所认知。

在《五洲衍文长笺散稿》中涉及西方几何学的篇章，凡《〈几何原本〉辨证说》、《数原辨证说》和《测量高深远近辨证说》三篇。在文中，李圭景就《几何原本》的内容与实践揭示了西方几何学的端倪。在内容介绍方面，文中引述利玛窦撰《几何原本·译几何原本引》的记载："西庠特出一闻士，名欧几里得，修几何之学……其《几何原本》一书，尤确而当。曰《原本》者，明几何之所以然。凡为其说者，无不由此出也。……题论之首先标界说，次设公论，题论所据，次乃具题，题有本解、有作法、有推论。先之所征，必后之所恃。十三卷中，五百余题，一脉贯通。卷与卷，题与题，相结倚。一先不可后，一后不可先，累累交承，至终不绝也。初言实理，至易至明，渐次积累，终竟乃发奥征之义。若暂观后来一二题旨，即其所言，人所难测，亦所难信。及以前题为据，层层印证，重重开发，则义如列眉，往往释然而失笑矣。"[1]《几何原本》采用了分析与综合的方法，将所有几何命题联结成的欧氏几何公理层递、渐进式地汇编成一个网络。

在运用几何学解题的实际操作方面，李圭景则在文中给出了如下三题："西泰之测量高深，有以镜、以表、以筒数法。"[2]而所谓上述三法，无外乎利用相似三角形原理，成比例求山高与井深，现试以现代数学演绎分析于下。

（1）"其曰镜测之法。以镜量高……目至足为小股几何尺（线段DE）。自镜心至所求之足为大勾几何尺（线段BC）。两数相乘，而以吾足至镜心（线段CE）为小勾之数以分之，其分得之数即其所望之数。或以水盂代镜。亦同。"[3]

此法意即，已知Rt△CDE∽Rt△CAB，即满足$\dfrac{DE}{AB}=\dfrac{CE}{CB}$，已知线段DE、BC、CE的长度，自然可求山高即线段AB的长度，详见图4。

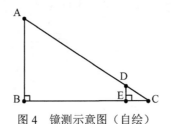

图4　镜测示意图（自绘）

（2）"其曰表测。又法，立表求高。先对望立一长表（线段DE）。次依直线退行若干步。直立一短表，或不用短表，即以己身自目至足数代之，尤便也。

① ［朝鲜王朝］李圭景：《五洲衍文长笺散稿》卷15，汉城：东国文化社，1959年版，上册，第479页。
② ［朝鲜王朝］李圭景：《五洲衍文长笺散稿》卷28，汉城：东国文化社，1959年版，上册，第798页。
③ ［朝鲜王朝］李圭景：《五洲衍文长笺散稿》卷28，汉城：东国文化社，1959年版，上册，第798页。

（即线段 GK）。以目自短表际（或即吾目处，点 G）望长表际（点 D）及所望最高之际（点 A）相齐。以所望为大股（线段 BG），而取前表较后表高差几何为小股（线段 GF）。又自后表至所望最高之址几何尺为大勾（线段 AB）。以小股与大勾相乘。而以前后表相距之尺寸（线段 GF）为法分之。加短表颠至地之数（线段 GK），即知大股之高。"[1] 此法意即，已知 Rt△GDF∽Rt△GAB，即满足 $\dfrac{GF}{GB}=\dfrac{DF}{AB}$，已知线段 GF、DF、GB 的长度，则可求线段 AB 的长度，又已知四边形 BCKG、四边形 BCEF、四边形 FEKG 俱为矩形，且 BC=EF=GK，则山高即线段 AC 的长度可求，详见图 5。

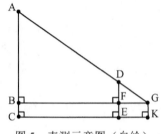

图 5　表测示意图（自绘）

（3）"其曰筒测。凡以筒测深者，以所望之深（线段 CE）为大股，以水径为大勾（线段 BE），以仪中度（线段 CD）为小勾数，以叁伍于仪度以准之（量得∠ACD 的度数）。先以筒窥自此对射水际，审值何度。如在勾度，则以仪度乘水径数，而以小勾所值度分之。"[2] 此法意即，通过几何学知识已知 Rt△ACD∽Rt△CBE，即满足∠ACD=∠CBE，则井深即线段 CE=BE·tan∠CBE，详见图 6。

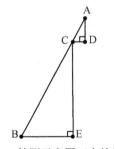

图 6　筒测示意图（自绘）

---

① ［朝鲜王朝］李圭景：《五洲衍文长笺散稿》卷28，汉城：东国文化社，1959年版，上册，第798页。
② ［朝鲜王朝］李圭景：《五洲衍文长笺散稿》卷28，汉城：东国文化社，1959年版，上册，第798页。

结　语

通过对李圭景《五洲衍文长笺散稿》所涉数学篇章的探讨，可以得到如下三点结论。

其一，分析李圭景的数学涉猎范围，有助于夯实并加深对东亚数学文化圈的整体认识。李圭景《五洲衍文长笺散稿》兼具百科全书的性质，李圭景在该书行文中大量摘录、附记、引述中国数学家和西方传教士的论述及著作，作为其论据或介绍内容。通过对李著的分析整理，在一定程度上也可以了解截至李圭景所处时代，中国算学典籍和西方汉译数学文本东传朝鲜的具体情况，进一步以史实论证"中国数学典籍在朝鲜的流传与影响，与朝鲜数学史本身密不可分，是朝鲜数学史的一个极为重要的组成部分"[①]。

其二，探究李圭景数学认知，有利于管窥并蠡测朝鲜实学家这一特殊群体，处于两次西学东渐交汇期，对于中西方数学的认知情况。李圭景跳脱中国与朝鲜算学领域此前众口铄金的"西学中源"的窠臼，会通中西数学的观点认识，一如其所属的实学阵营，开时代之先，有益于朝鲜算学的发展。对其后的朝鲜算学家，如南秉吉（1820—1869 年）[②]等在近世期向着融通的方向发展奠定理论基础，有肇基之功。

其三，考察李圭景等朝鲜学者的数学认知，有益于深刻理解和把握朝鲜算学所展现出的特质。李圭景，作为朝鲜王朝后期最开明的群体——实学家当中的一员[③]，终究还是没能脱离时代的局限，传统算学乃至西方算学最终思想属性还是归附于王朝统治思想程朱理学（性理学）之下。其数学认知与儒学提倡的"修齐治平"二者之间的互动，也成为其研究与体悟数学的应有之义。李圭景认为："算数之学，岂可忽哉？非专精研究，则不可得矣。"[④]"数，实格物致知之一大端也。"[⑤]从而在理学的高度上将数学认定为感受和认知外部世界的一种途径和方式；在诠释数学功能方面，李圭景认为阅读《几何原本》"则杂念不生，心细如发，客气自消。然则可作世间全人。此书之功用，岂特以数学看哉，可为治心之良药也"[⑥]，更是将研究数学提升到一个前所未有的高度，将修身、养性、静心纳入到研究数学的作用范畴，这无疑也是理学外化于数学研究的一个表现。

① 郭世荣：《中国数学典籍在朝鲜半岛的流传与影响》，济南：山东教育出版社，2009年版，第339页。
② 参见英家铭：《南秉吉（1820—1869）对古典算学的重新诠释》，台湾师范大学博士学位论文，2010年。
③ 徐万民：《中韩关系史·近代卷》2版，北京：社会科学文献出版社，2014年版，第32页。
④ [朝鲜王朝]李圭景：《五洲衍文长笺散稿》卷44，汉城：东国文化社，1959年版，下册，第422页。
⑤ [朝鲜王朝]李圭景：《五洲衍文长笺散稿》卷44，汉城：东国文化社，1959年版，下册，第420页。
⑥ [朝鲜王朝]李圭景：《五洲衍文长笺散稿》卷15，汉城：东国文化社，1959年版，上册，第481页。

　　作为朝鲜实学的重要代表，李圭景的数学认知没有身陷"西学中源"的论争之中，反而能够以客观、公允的态度来论述东方算学与西方数学之间的关系，以一种开化的态度来看待数学，这一点难能可贵。但是，他又不免陷入理学思维模式的桎梏，没有超脱时代的局限，将数学归诸修习儒学的一种门径。总的看来，用"实事求是"来描述李圭景的数学认知应是一种中肯的表达。一定意义上，这也是其倡导的实学理念在数学层面的延伸与拓展。

医 学 史

南宋类书《事林广记·医学类》中
"炮制方法"的发现、内容及其意义*

韩 毅

（中国科学院自然科学史研究所）

提 要 南宋晚期陈元靓撰《事林广记》是中国现存较早的一部民间日用类书。其《医学类》所载"炮制方法"，是研究中国古代药物炮制学的珍贵资料，具有极高的医学文献史料价值。其中"炮制十七法"，可能来源于南朝名医雷敦原著《雷公炮炙论》，由于此书已散佚，现知此十七法最早见于《事林广记》一书；"炮制方法"收载玉石部、草药部、木实部、果菜部、鱼虫部、龙兽部药物192种，详细介绍了每种药物的炮制方法和用药禁忌。研究发现，"炮制方法"系《事林广记》征引自南宋官修医学方书《增广太平惠民和剂局方诸品药石炮制总论》的内容。这是自南宋嘉定元年（1208年）许洪奉宋宁宗诏旨修撰《太平惠民和剂局方》时新撰并补入《增广太平惠民和剂局方诸品药石炮制总论》以来，首次在宋元时期著作中发现的最完整的药物炮制专著，弥补了以往学界从未在宋元时期著作中发现此书的缺憾，早于现存日本享保十五年（1730年）橘亲显等校刊《增广太平惠民和剂局方》一书390多年，成为研究《太平惠民和剂局方》药物炮制史和知识传播史的珍贵资料。

关键词 《事林广记》 炮制方法 炮制十七法 《增广太平惠民和剂局方诸品药石炮制总论》

《新编纂图增类群书类要事林广记》，简称《事林广记》，南宋陈元靓编，是中国较早的"日用百科全书型的古代民间类书"[①]。《事林广记》之道教类、医

---

* 基金项目：中国科学院自然科学史研究所"十四五"重大突破项目"全球科技史视野下的中国与世界"（课题编号：E055010701）。

① 胡道静：《前言》，（宋）陈元靓：《事林广记》卷首，北京：中华书局，1999年版，第1页。又见门岿主编：《二十六史精要辞典》，北京：人民日报出版社，1993年版，第2470页。

学类、兽畜类等门，收载了大量民间常用医学知识，包括普通疾病、病因病症、诊断技术、医药方剂、炮制方法、用药禁忌、收藏要法、解救药毒、畜禽药物、医疗养生等方面的医药学知识。其《医学类》所载"炮制方法"，收载玉石部、草药部、木实部、果菜部、鱼虫部、龙兽部药物192种，系《事林广记》全文征引自南宋官修医学方书《增广太平惠民和剂局方诸品药石炮制总论》（以下简称《诸品药石炮制总论》）一书的内容，这是自南宋嘉定元年（1208年）许洪奉宋宁宗诏旨修撰《太平惠民和剂局方》时新撰并补入《诸品药石炮制总论》以来，首次在宋元时期著作中发现的最完整的药物炮制学专著，弥补了以往学界从未在宋元时期著作中发现此书的缺憾，早于现存日本享保十五年（1730年）橘亲显等刊刻《增广太平惠民和剂局方》一书390多年，因而具有极高的医学文献学和史料学价值，成为研究《太平惠民和剂局方》药物炮制史和知识传播史的珍贵资料。同时，《事林广记》还在"炮制方法"中增补了几种新的药物炮制方法，也具有重要的医学价值。

学术界关于《事林广记·医学类》中"炮制方法"，尚无专文进行研究。现存元代三种《事林广记》刊本中，唯有至元庚辰六年（1340年）建阳郑氏积诚堂刊本载有"炮制方法"，而泰定二年（1325年）增补刊本和至顺年间（1330—1333年）建安椿庄书院刊本均未收载。本文以1999年中华书局影印北京大学图书馆藏元顺帝至元庚辰六年（1340年）建阳郑氏积诚堂刊本为主，全面系统地探究《事林广记·医学类》中"炮制方法"的主要内容、史料来源和传播影响，梳理《事林广记》中"炮制方法"与《诸品药石炮制总论》的密切关系，进而揭示宋代民间类书《事林广记》中"炮制方法"的影响与传播等。

一、《事林广记》的编撰情况、编辑体例与版本流变

（一）《事林广记》的编撰情况与编辑体例

陈元靓，南宋末年人，福建崇安人，也有认为是福建建阳人[①]，自称广寒仙裔，撰《岁时广记》4卷、《博闻录》10卷、《事林广记》20卷（有些版本作10卷、12卷、40卷、42卷）等，《宋史》无传。从南宋史铸撰《百菊集谱》引陈元靓撰《岁时广记》和元代至元十年（1273年）司农司修撰《农桑辑要》引用《博闻录》来看，陈元靓大约生活在南宋理宗至元世祖初年。其所编撰《事林广记》一书，约成书于南宋理宗、度宗年间，收载了大量宋代尤其是南宋时期民间日常生活的资料，首创类书附载插图的体例。该书元明时期多次增补，刊本

---

① 王珂：《陈元靓家世生平新证》，《图书馆理论与实践》2011年第3期，第58—61页。

较多，流传颇广。

《事林广记》的宋刊本目录和卷数，今已不详。现存元顺帝至元庚辰六年（1340年）建阳郑氏积诚堂刊本，题书名为《新编纂图增类群书类要事林广记》，共10集、20卷，分54类。全书内容分天象、历候、节序、农桑、花品、果实、竹木、人纪、人事、家礼、仪礼、翰墨、帝系、纪年、历代、圣贤、先贤、儒教、幼学、文房、佛教、道教、修真、官制、俸给、刑法、公理、贷宝、医学、文籍、辞章、卜史、选择、器用、音乐、文艺　武艺、音谱、算法、杂咏、伎术、闺妆、茶果、酒曲、麦食、饮馔、禽兽、牧养、地舆、郡邑、方国、胜迹、仙境、拾遗等。《事林广记》刊行后，受到元、明学者的高度重视，如元陶宗仪《说郛》中大量引用了书中的内容。

（二）《事林广记》的刊刻情况与版本流变

《事林广记》的宋刻本原书，今已散佚不存。今流传者大多为元代以后出现的版本，包括刻本和钞本两种。其中《事林广记》的刻本，有元泰定二年（1325年）增补刻本，元至顺年间（1330—1333年）建安椿庄书院刻本，元至元六年（1340年）建阳郑氏积诚堂刻本，明洪武二十五年（1392年）梅溪书院刻本，明永乐十六年（1418年）建阳翠岩精舍刻本，明成化十四年（1478年）福建刘廷宾等刻本，明弘治辛亥四年（1491年）云衢菊庄刻本，明弘治九年（1496年）詹氏进德精舍刻本，明嘉靖二十年（1541年）余氏敬贤堂刻本，明江西临江府刻本等。《事林广记》的钞本，主要为明钞本，包括《纂图增新群书类要事林广记》外集2卷、别集2卷和《纂图类聚天下至宝全补事林广记》□□卷，宋陈元靓辑。

《事林广记》传入日本后，有元禄十二年（1699年）京都今井七郎兵卫等翻刻元泰定二年（1325年）增补刊本。昭和四十五年（1970年），据东京内阁文库藏元西园精舍刻本影印本，包括陈元靓撰《新编纂图增类群书类要士林广记》前集13卷、后集13卷、续集13卷、别集11卷。[1] 1990年，上海古籍出版社出版日本长泽规矩也编《和刻本类书集成》第1辑，收载了元禄十二年《新编群书类要事林广记》刊本。[2]

（三）《事林广记》中的医学内容

现存元代至元庚辰六年（1340年）建阳郑氏积诚堂《事林广记》刊本中，收载了大量民间常用医学知识，包括普通疾病、病因病症、诊断技术、医药方

---

① ［日］京都大学人文科学研究所编：《京都大学人文科学研究所汉籍目录·子部·类书类》，京都：株式会社同朋舍，1981年版，第381页。

② ［日］长泽规矩也编：《和刻本类书集成》第1辑，上海：上海古籍出版社，1990年版，第173—467页。

剂、炮制方法、用药禁忌、收藏要法、解救药毒、畜禽药物、医疗养生等方面的医学知识及其文献资料。其中《事林广记》丁集卷下《道教类》收载"辟谷服饵"方15首，戊集卷下《医学类》收载医学发明、用药效验、炮制方法、收藏要法、药性反忌、药八数种和解救药毒等内容，辛集卷下《兽畜类》"医疗须知"收载治牛瘴疫方、牛定血方、牛咳嗽方等59首。这些民间常用的医学知识，大多来源于宋朝官修医学本草、方书和民间医家撰写的方书著作，内容通俗易懂，方剂组成简便，药材低廉易得，切于临床，实用性较强。尤其是《事林广记》"医学类"所载内容，是研究宋代民间医学知识的重要文本资料。

二、《事林广记·医学类》中"炮制方法"的主要内容

《事林广记》戊集卷下《医学类》所载"炮制方法"，收载了药物炮制十七法和192种药物炮制方法。

（一）药物炮制十七法

关于药物炮制十七法，《事林广记》戊集卷下《医学类》引《雷公药性论》载：

> 药之有方，犹乐之有调也。乐备众调，始和其音；药备众方，始和其剂。乐调十七，方亦如之，曰炮、曰爁、曰炙、曰煿、曰煨、曰炒、曰煅、曰炼、曰制、曰度、曰飞、曰伏、曰镑、曰搬、曰晒、曰爆、曰露是也，然用则各有宜焉。①

"炮制十七法"介绍了炮、爁、炙等制药法十七种，可能来源于南朝名医雷敩原著《雷公炮炙论》，由于该书已散佚，现知此十七法最早见于《事林广记》一书。后被明寇平《全幼心鉴》、徐春甫《古今医统大全》、罗周彦《医宗粹言》、缪希雍《炮炙大法》、清张骥辑《雷公炮炙论》等所征引和发挥。

（二）药品炮制内容

关于192种药物炮制方法及其用药禁忌，《事林广记》分玉石部、草药部、木实部、果菜部、鱼虫部、龙兽部六大类，实际上是一部简要药物炮制学专著。

《事林广记》"玉石部"所载药物，包括丹砂、雌黄、雄黄、硫黄、白矾、黑铅、赤石脂、硝石、滑石、磁石、阳起石、禹余粮、紫石英、石膏、寒水

---

① （宋）陈元靓：《事林广记》戊集卷下《医学类》，北京：中华书局，1999年版，第136页。

石、代赭石、石燕、白垩、石钟乳、黄丹、自然铜、食盐、云母石、花蕊石，
共24种。其中丹砂、雌黄、雄黄，"先打碎研细，水飞过，灰碗内铺纸渗干，
入药用。别有煅炼，各依本方"。硫黄，"凡使，先细研，水飞过，以皮纸澄去
水令干，为末，始入药用。别有煅炼，各依本方"。白矾，"要光明者，先于铁
铫子内或刀上火中煅过，研细入药用。如生用者，则依本方"。黑铅，"以铁铫
炭火镕开，泻出新瓦上，滤去滓脚，一两番，取净铅用。或结砂子，依本方"。
赤石脂、白石脂，"炭火煅通赤，取出候冷，研细，水飞过用。缓急，则研令极
细，不飞亦得"。硝石，"研令极细，以瓷瓶子盛于炭火中，煅令通赤，方用。
如缓急，只炒过，研细使亦得"。滑石，"以刀刮下，牡丹皮同煮伏时，取出，
用东流水研，飞过，日干。如急用，只细研亦得"。磁石，"以炭火烧赤，酽醋
淬丸过捣碎，细研，水飞过用。入汤剂，即杵，水淘去，用汁亦得"。阳起石，
"凡使，先以炭火烧通赤，好酒内淬七遍，如只以好酒煮半日，亦得。并研细，
水飞过，入药用"。禹余粮、紫石英、石膏、寒水石、代赭石、石燕，"凡使，
并用火煅，醋淬七遍，捣研，令极细，水飞过，入药用"。白垩，"即白墡土，
每一两用盐一分，投于斗水中，用铜器煮十余沸，然后用此沸了水飞过，入药
用"。石钟乳，"依法煮，候日足，入水研细，不碜，入药用"。黄丹，"先须
炒，令色变，研令极细，再罗过，入药用"。自然铜，"火烧通赤，醋淬九遍，
细研，罗过，入药用"。食盐，"凡使，须炒过，研细。一法，火烧研细，入药
用"。云母石，"用益母草捣汁，浸一宿，研易细，方可用"。花蕊石，"凡使，
以大火煅过。如缓急，不煅亦可用"。[①]

《事林广记》"草药部"所载药物，包括菖蒲、人参、甘草、天门冬、麦门
冬、苍术、熟地黄、菟丝子、半夏、当归、肉苁蓉、麻黄、蒲黄、大黄、川牛
膝、骨碎补、乌头、黄耆、牛蒡子、蒺藜子、补骨脂、远志、苦参、木香、石
斛、防风、草龙胆、巴戟天、断续、狗脊、旋覆花、京三棱、蓬莪术、茴香、
石苇、车前子、柴胡、前胡、白薇、阿魏、高良姜、百部根、缩砂仁、附子、
天雄、史君子、桔梗、大戟、延胡索、葶苈子、牵牛子、牡丹皮、黄连、天
麻、王不留行、瞿麦、仙灵脾、肉豆蔻、蓬莪茂、通草、熟艾、泽泻、天南
星、黑附子、五味子、山茵陈、灯心末、白术、独活、羌活、蛇床子、常山、
干姜、芍药、川芎、白芷、菊花、山药、薏苡仁、秦艽、漏芦、细辛、葫芦
巴、破故纸、马兜苓、紫苑、黄芩、木通，共88种。如菖蒲，"用去土，生节
密者佳。凡使，须用锉碎，微炒用。或焙干亦得"。人参，"凡使，须去芦头，
锉，焙干秤，方入药用。不去芦，令人吐，谨之"。甘草，"微炙赤色，欲用捣
末，水中蘸过，炙令透，即无滓，或只生用"。天门冬、麦门冬，"水浸润，抽

① （宋）陈元靓：《事林广记》戊集卷下《医学类》，北京：中华书局，1999年版，第136页。

去心，火上焙热，即当风凉三四次，即干"。苍术，"凡使，先以米泔浸，春五日，夏三日，秋七日，冬十日，逐日换水，日足，刮去皮，焙干，方入药用。如缓急，不浸亦得，但稍燥"。熟地黄，"凡使，须净洗过，以酒浸三日夜，漉出，蒸三、两炊，焙干，方入药用。如急用，只以酒洒蒸过使，不蒸亦得，不若酒浸蒸过为佳。生干者，只生用，不用酒浸"。菟丝子，"洗去沙土，酒浸一昼夜，漉出，蒸过，乘热杵为粗末，焙干捣。捣之不尽者，再以酒渍，取出焙干，捣之。一法，默念老鹰不辍即易细。一法，用盐拌，碾则易碎"。半夏，"软白者封齐所产，先以沸汤浸，候温洗去滑，如此七遍，薄切，焙干。用如作曲，以事持了半夏为末，生姜自然汁和作饼子，焙干，再为末，再以姜汁和再焙"。当归，"洗去泥土并芦头尖硬处无灰，酒浸一宿，漉出，焙干方用。或微炒用，各依本方。要补血，即使头一节；若止痛破血，即用尾；若都用，不如不使，服食无效也"。肉苁蓉，"凡使，先须以温汤洗，刮去上粗鳞皮，切碎，以酒浸一日夜，漉出，焙干使。如缓急要用，即酒浸煮过，研如膏或焙干便亦得"。麻黄，"凡使，先去根、节，寸锉令理通，别煮十数沸，掠去其沫，却取出，碎锉，焙干用。不尽去之，令人烦闷。如用急，只去根、节亦得"。蒲黄，"即蒲上黄花，须子细认，勿误用松黄。凡使，须用隔三重纸，焙令黄色，蒸半日，焙干用。消肿破血，即生用。补血止血，即炒"。大黄，"或蒸过用，或塘灰中炮热用。若取猛利，即焙干用。蒸法，以湿纸裹三斗米下蒸，薄切，焙干，入汤即切如棋子，先以酒洗"。川牛膝，"凡使，先洗，去芦头，锉碎，以酒浸透软，焙干方用。如急，切，用酒浸蒸过便使，不蒸亦得"。骨碎补，"用刀刮去上黄皮、毛，令尽，细锉，用酒拌，蒸一日，取出晒干。缓急，只焙干，不蒸亦得"。乌头，"要炮裂令熟，去皮、脐，入药用。或阴制，以东流水浸七日夜，去皮、脐、尖，切片焙干用亦得"。黄耆，"蜜炙了，大头写官字，小头写人字，碾即易碎。一法，纸包席下卧一夜，次日用，即不成滓"。牛蒡子，"凡使，要净拣，勿令有杂子，然后用好酒拌，蒸一伏时，取出焙干，别捣如粉，方入药用"。蒺藜子，"凡使，须净拣择，蒸一伏时，晒干，于木臼中舂，令刺尽，用好酒拌再蒸，取出曝干方用"。补骨脂，"酒浸一宿，漉出，却用东流水浸三日夜，再蒸，曝干用。如缓急，以盐同炒令香，去盐用"。远志，"须去心，焙干，方入药用。如不去心，令人烦闷。更能以甘草汤浸一宿，漉出，焙干用尤好"。苦参，"凡使，不拘多少，先须用浓糯米泔浸一宿，漉出，蒸一伏时，取出，却细锉，焙干，用之为妙"。木香，"凡使，不见火，须细锉，日干用。如为细末，薄切，微火焙干使，亦不妨，然不若晒干之为愈"。石斛，"洗去根土，用酒浸一宿，漉出，蒸过，曝干方用。如急用，不蒸亦得。如别有炮制，各依本方"。防风，"择去芦头及叉头、叉尾者，洗，锉，焙干用。

叉头者令人发狂,叉尾者令人发痼疾,宜慎之"。草龙胆,"去芦头,锉,用甘草浸一宿,曝干用。急用,不浸亦得"。巴戟天,"去心,草薜酒浸一夜,锉碎,焙干用。急用,不浸亦得"。断续,"锉碎,以酒浸一伏时,漉出,焙干方用。急用,不浸亦得"。狗脊,"火燎去毛,令净,酒浸一宿,蒸过,焙干。急用,不浸亦得"。旋覆花,"一名金沸草,用蒸过,方入药用。如急用,不蒸亦得"。京三棱、蓬莪术,"醋煮,锉碎,焙干,用塘灰中炮熟用之,亦得"。茴香,"净洗,酒浸一宿,漉去,曝干,炒过用。急用,只炒过亦得"。石苇,"以粗布拭去黄毛,用羊脂炒干用。缓急,微炙使亦得"。车前子,"凡使,须是微微炒燥,方入药用。如只焙干用亦得"。柴胡、前胡,"二味凡使,须先去芦头,洗,锉碎,焙令干,入药用"。白薇,"凡使,先去苗,用秫米泔浸一宿,漉出,蒸过,入药内用"。阿魏,"先于净钵中研如粉了,却于热酒器上蒸过,入药用"。高良姜,"凡使,须先锉碎,以真麻油少许拌匀,炒过入药用"。百部根,"以竹刀劈开,去心,酒浸一宿,漉出,锉,焙过,入药用"。缩砂仁,"凡使,须和皮慢火炒,令热透,去皮梗,取仁入药用"。附子、天雄,"二味凡使,先炮裂令熟,去皮脐、尖,焙干,入药用"。史君子,"凡使,热灰中和皮炮,却去了皮,取仁焙干,入药用"。桔梗、大戟、延胡索、葶苈子、牵牛子,"五味并微炒过,入药用"。牡丹皮,"凡使,须去心,净拣,酒拌蒸过,细锉,曝令干,入药用"。黄连,"凡使,先净去须,锉碎,用蜜拌,慢火内炒令干,入药用"。天麻,"纸包,水浸湿,热灰中煨熟,取出,以酒浸一宿,焙干用"。王不留行,"先浑蒸一时久,却下浆水浸一宿,漉出,焙干用"。瞿麦,"只用药壳,不用茎叶,都使即令人气咽,及小便不禁"。仙灵脾,"用羊脂拌炒,候羊脂尽为度,每一斤用羊脂四两"。肉豆蔻,"以曲裹塘灰中炮,以曲熟为度,去曲,锉,焙令干用"。蓬莪戌,"最难,末以湿纸裹熟,煨,取出急捣,应手如粉用之"。通草,"欲为末,拌以秫米粥焙干,研之,即成细末。灯心同法"。熟艾,"欲成末,当入茯苓少许同研,以糯米饮搜焙亦成末"。泽泻,"酒浸一宿,漉出,焙干用,不浸亦得。别有炮制,依本方"。天南星、黑附子,"热灰中炮裂,方入药用。别有炮制,依本方"。五味子,"凡使,须净拣,去枝梗,方用。如入汤剂用,槌碎使之"。山茵陈,"凡使,须择去根土,细锉,曝干入药用,勿令犯火气"。灯心末,"以瓷器拌,碾令细,以水淘,灯心浮上瓷,末自沉下"。白术、独活、羌活,"凡使,须锉,焙干用"。蛇床子,"先须慢火微炒过,冷香用"。常山,"须锉碎,酒浸一昼夜,蒸过用"。干姜,"凡使,须炮令裂,以去湿气用"。芍药,"凡使,先须锉碎,却焙,令干用"。川芎、白芷等,"并剉碎,焙干用"。菊花,"凡使,须去枝梗,焙干用"。山药,"凡使,先须锉碎,焙干用"。薏苡仁,"须以糯米同焙干用"。秦艽、漏芦,"破开,净洗,焙干用"。细辛，"先洗去土，并苗焙干用"。葫芦巴、破故纸、马兜苓，"炒用"。紫苑，"取茸，洗去土，微炒过用"。黄芩，"凡使，须剉碎，微炒过用"。木通，"凡使，须锉，去节去皮用"。①

《事林广记》"木实部"所载药物，包括肉桂、巴豆、槟榔、蜀椒、楝实、皂角、诃梨勒、吴茱萸、杜仲、厚朴、枳壳、枳实、干漆、茯神、栀子、大腹皮、龙脑、麒麟竭、乳香、松脂、酸枣仁、黄檗、沉香、檀香、芜荑、茯苓、猪苓、蔓荆子、山茱萸，共29种。如肉桂，"愈嫩即愈厚，愈老即愈薄，仍用紧卷紫色者佳。凡使不见火，先去粗皮，至有油有味处方用。妇人妊娠药，须微炒过用"。巴豆，"去壳并心、膜，烂捣，纸裹，压去油，取霜用。又法，去壳、心、膜了，水煮，五度换水，再煮一沸，研。不尔，令人闷。又法，煮了，炒赤用"。槟榔，"要存坐端正坚实者，以刀刮去底，细切，勿经火，恐无力。若熟使，不如勿用"。蜀椒，"去枝梗并目及闭口者，微炒过，净地上，以新盆盖定，土围盆，四周去汗用"。楝实，"酒浸润，待皮软，剥去虚皮，焙干，以曲炒，入木臼内杵，为粗末，罗过，去核用"。皂角，"凡使，要拣肥厚长大不蛀者，削去皮，弦并子涂酥，慢火炙，令焦黄，入药用"。诃梨勒，"凡使，先于煻灰中炮去核，取肉，酒浸蒸一伏时久，取出，焙干，方入药用"。吴茱萸，"先以沸汤浸洗七次，焙干，微炒过，方入药。若治外病，不入口，不洗亦得"。杜仲，"去粗皮令尽，生姜汁炙，令香熟，无丝为度。或锉碎，如豆大，姜汁炒丝绝用"。厚朴，"刮去粗皮，令见心，生姜汁炙三次，令香熟为度。或只剉碎，使姜汁炒，亦得"。枳壳、枳实，"要陈者，汤浸，磨刮去瓤，细切，用曲拌，炒令焦黄，香熟为度，方入药用"。干漆，"凡使，须捣碎，炒至大烟出方用。不尔，损人肠胃"。茯神，"凡使，去粗皮，并中心所抱木，锉碎，焙干，入药用"。栀子，"先去皮，须用甘草水浸一宿，漉出，焙干，入药用"。大腹皮，"先以酒浸洗，再以大豆汁洗过，锉，焙，入药用"。龙脑、麒麟竭、乳香、松脂，"凡使，并须别研令细，入药用"。酸枣仁，"凡使，先以慢火炒令十分香熟，研碎，入药用"。黄檗，"去粗皮，蜜涂炙，入药用"。沉香、檀香，"须别锉，捣，入药用"。芜荑，"拣净，慢火微炒，入药用"。茯苓、猪苓，"去黑皮，锉，焙干用"。蔓荆子，"酒浸蒸一伏时，焙用"。山茱萸，"捣，焙用。或和核，亦得"。②

《事林广记》"果菜部"所载药物，包括草豆蔻、黑豆、赤小豆、大豆黄卷、麦蘗、神曲、白扁豆、绿豆、陈皮、青皮、胡麻、杏仁、桃仁、木瓜、乌梅、胡桃、韭子，共17种。如草豆蔻，"去皮，取仁，焙干用。或和皮煻灰中

---

① （宋）陈元靓：《事林广记》戊集卷下《医学类》，北京：中华书局，1999年版，第136—138页。
② （宋）陈元靓：《事林广记》戊集卷下《医学类》，北京：中华书局，1999年版，第138页。

炮熟，去皮用亦得"。黑豆、赤小豆、大豆、黄卷、麦蘖、神曲、白扁豆、绿豆等，"并炒过用"。陈皮、青皮，"汤浸磨去穰，曝干，曲炒用。或急用，只焙干入药用"。胡麻，"即黑色油麻也，凡使，须先炒过用。或九蒸九曝用，亦得"。杏仁、桃仁，"汤浸去皮、尖及双仁者，曲炒黄用"。木瓜，"汤浸去穰，并子锉碎，焙令干，方入药用"。乌梅，"先净洗，槌碎，去核，取净肉，微炒，入药用"。胡桃，"去壳，以汤浸，去了皮膜，却研碎，入药用"。韭子，"先须微炒过用之。亦有生用，各依本方"。①

《事林广记》"鱼虫部"所载药物，包括真珠、鳖甲、龟甲、乌蛇、白花蛇、虾蟆、白蜜、班蝥、芫青、白僵蚕、蛇蜕、五灵脂、牡蛎、蝉蜕、原蚕蛾、蛇黄、桑螵蛸、天浆子、夜明砂、水蛭、蜈蚣、蜣螂、穿山甲、鼋甲、露蜂房、地龙，共26种。如真珠，"要取新净，未曾伤破及钻透者，臼中捣碎，绢罗重重筛过，却更研一、二万下，任用"。鳖甲、龟甲，"用醋浸三日，去裙，慢火中反复炙，令黄赤色。急用，只蘸醋炙，候黄色，便可用"。乌蛇、白花蛇，"凡使，先以酒浸三日夜，慢火上反复炙，令黄赤干燥，去皮、骨，取肉入药用"。虾蟆，"以酥涂，或酒浸，慢火中反复炙，令焦黄为度，或烧灰存性用。他有炮制，各依本方"。白蜜，"凡使，须先以慢火煎，掠去沫，令色微黄，则经久不坏。掠之多少，则随蜜之精粗也"。班蝥、芫青，"去头、翅、足，用秫米同炒熟，方可入药，生即吐泻"。白僵蚕，"要白色条直者，去丝、觜，微炒用。或生用，各依本方"。蛇蜕，"洗去土，炙过，方可用。或烧灰存性入药用，各依本方"。五灵脂，"入麻油三五滴，即易成末，酒研，飞，淘去砂土方用"。牡蛎，"以稻藁包之虾。一法，以京墨末涂之，煅，细研用"。蝉蜕，"去觜、足，以汤浸润，洗去泥土，却曝干，微炒过用"。原蚕蛾，"凡使，去翅、足，微炒过，方入药用。蚕沙亦炒用"。蛇黄，"火烧通赤，以酽醋淬三、五度，候冷，研末，入药用"。桑螵蛸，"炙过，或蒸过亦得。一云涂酥，慢火炙香熟用"。天浆子、夜明砂，"并微炒过用"。水蛭，"凡使，须是炒焦用"。蜈蚣、蜣螂，"去头、翅、足，炙过用"。穿山甲、龟甲，"须炙焦用"。露蜂房，"炙过用，或炒过亦得"。地龙，"搓去土，微炒过用"。②

《事林广记》"龙兽部"所载药物，包括龙骨、鹿茸、虎骨、阿胶、诸胶、腽肭脐、犀角、麝香，共8种。如龙骨，"要粘舌者，酒浸一宿，焙干，细捣罗，研如粉，以水飞过三度，日中晒干用。如缓急，只以酒煮，焙干用。他有炮制，各依本方"。鹿茸，"凡使，用茄茸连顶骨者，火燎去毛，令净，约三寸已来截断，酒浸一日，慢火炙，令脆用。或用酥涂炙亦好，炮制各依本方"。虎

① （宋）陈元靓：《事林广记》戊集卷下《医学类》，北京：中华书局，1999年版，第138—139页。
② （宋）陈元靓：《事林广记》戊集卷下《医学类》，北京：中华书局，1999年版，第139页。

骨，"斫开，去髓，涂酒及酥或醋，反复炙，黄赤色用，各依本方"。阿胶及诸胶，"锉碎，炒，候沸，燥如珠子，入药用"。腽肭脐，"用酒浸，慢火反复炙，令熟，方入药用"。犀角，"须用人肉暖之，久之捣，则成末，入药用"。麝香，"欲研为末，须著少水，自然细，不必罗也"。①

可见，《事林广记》中所载"炮制方法"，不仅详细地介绍了成药及其他药物制剂技术的标准，而且对于正确认识和规范药物药性、配伍原则、炮制方法、服药禁忌等具有重要的临床指导意义。

三、《事林广记·医学类》中"炮制方法"的主要来源

经笔者考证，《事林广记·戊集·医学类》中"炮制方法"，其"炮制十七法"可能来源于《雷公药性论》，由于该书已散佚，现知此十七法最早见于《事林广记》一书；其192种药物炮制方法，主要来源于南宋医学家许洪撰《增广太平惠民和剂局方诸品药石炮制总论》一书，是南宋官修医学方书《增广太平惠民和剂局方》的附录部分。南宋宁宗嘉定元年（1208年），许洪奉诏修撰《太平惠民和剂局方》时增补了三个附录，分别是《增广太平和剂图经本草药性总论》、《增广太平惠民和剂局方指南总论》和《增广太平惠民和剂局方诸品药石炮制总论》。其中《增广太平惠民和剂局方诸品药石炮制总论》1卷，简称《诸品药石炮制总论》《药石炮制总论》《炮制总论》《局方炮制》等，许洪撰，系南宋嘉定本《太平惠民和剂局方》的重要组成部分。② 全书仿掌禹锡等撰《嘉祐补注神农本草》体例，分为玉石部、草部、木部、禽兽部、鱼虫部、果菜部等六部分。③ 从《事林广记》"炮制方法"中"别有煅炼，各依本方""如生用者，各依本方""他有炮制，各依本方"等字样来看，《诸品药石炮制总论》是南宋政府颁布的法定药物炮制标准，不仅对规范官修医学方书《太平惠民和剂局方》中药物炮制及官府药局药品生产具有积极意义，而且也对民间药品生产产生了深刻影响。

下面，以陈元靓撰《事林广记·医学类·炮制方法》中所载药品，与南宋官修方书《增广太平惠民和剂局方诸品药石炮制总论》中药品种类进行比较，

---

① （宋）陈元靓：《事林广记》戊集卷下《医学类》，北京：中华书局，1999年版，第139页。

② （宋）许洪：《增广太平惠民和剂局方诸品药石炮制总论》，（宋）陈承、裴宗元、陈师文原撰，（宋）许洪增广，[日]橘亲显、细川桃庵、望月三英等校正，任廷苏、李云、张镝京等点校：《增广太平惠民和剂局方》附录三，海口：海南出版社，2012年版，第493—505页。

③ （宋）掌禹锡等撰，尚志钧辑复：《嘉祐本草辑复本》卷2《序例下》，北京：中医古籍出版社，2009年版，第55—79页。

分析两书所载内容的异同，揭示类书在保存医学文献史料和传播医学知识方面的独特价值。参见表1。

表1 《事林广记·医学类·炮制方法》与《增广太平惠民和剂局方诸品药石炮制总论》药品种类比较表

序号	种类	《事林广记·医学类·炮制方法》		《增广太平惠民和剂局方诸品药石炮制总论》		《事林广记》增减情况
1	玉石部	丹砂、雌黄、雄黄、硫黄、白矾、黑铅、赤石脂、硝石、滑石、磁石、阳起石、禹余粮、紫石英、石膏、寒水石、代赭石、石燕、白垩、石钟乳、黄丹、自然铜、食盐、云母石、花蕊石	24种	丹砂、雄黄、雌黄、石钟乳、白矾、赤石脂、白石脂、硫黄、阳起石、磁石、黑铅、黄丹、硝石、食盐、石灰、伏龙肝、百草霜、滑石、禹玉粮、紫石英、石膏、寒水石、代赭、石燕、太阴玄精石、白垩、自然铜、花蕊石	28种	《事林广记》去白石脂、石灰、伏龙肝、百草霜、太阴玄精石，增云母石
2	草部	菖蒲、人参、甘草、天门冬、麦门冬、苍术、熟地黄、菟丝子、半夏、当归、肉苁蓉、麻黄、蒲黄、大黄、川牛膝、骨碎补、乌头、黄耆、牛蒡子、蒺藜子、补骨脂、远志、苦参、木香、石斛、防风、草龙胆、巴戟天、断续、狗脊、旋覆花、京三棱、蓬莪术、茴香、石苇、车前子、柴胡、前胡、白薇、阿魏、高良姜、百部根、缩砂仁、附子、天雄、史君子、桔梗、大戟、延胡索、葶苈子、牵牛子、牡丹皮、黄连、天麻、王不留行、瞿麦、仙灵脾、肉豆蔻、蓬莪茂、通草、熟艾、泽泻、天南星、黑附子、五味子、山茵陈、灯心末、白术、独活、羌活、蛇床子、常山、干姜、芍药、川芎、白芷、菊花、山药、薏苡仁、秦艽、漏芦、细辛、葫芦巴、破故纸、马兜苓、紫苑、黄芩、木通	88种	菖蒲、菊花、人参、天门冬、麦门冬、甘草、熟干地黄、苍术、菟丝子、川牛膝、柴胡、前胡、白术、独活、姜活、车前子、木香、山药、川芎、白芷、薏苡仁、远志、草龙胆、泽泻、石斛、巴戟天、黄连、蒺藜子、黄芪、肉苁蓉、防风、蒲黄、续断、细辛、五味子、蛇床子、山茵陈、王不留行、干姜、苦参、当归、麻黄、木通、芍药、瞿麦、仙灵脾、黄芩、狗脊、紫苑、石苇、草薢、白薇、艾叶、牛蒡子、天麻、阿魏、高良姜、百部根、茴香、牡丹皮、京三棱、蓬莪术、补骨脂、缩砂、附子、天雄、乌头、半夏、大黄、旋覆花、常山、天南星、白附子、马兜铃、骨碎补、葫芦巴、使君子、桔梗、大戟、延胡索、葶苈子、牵牛子	82种	《事林广记》去草薢、白附子，增肉豆蔻、蓬莪茂、通草、黑附子、灯心末、秦艽、漏芦、破故纸

续表

序号	种类	《事林广记·医学类·炮制方法》		《增广太平惠民和剂局方诸品药石炮制总论》		《事林广记》增减情况
3	木部	肉桂、巴豆、槟榔、蜀椒、楝实、皂角、诃梨勒、吴茱萸、杜仲、厚朴、枳壳、枳实、干漆、茯神、栀子、大腹皮、龙脑、麒麟竭、乳香、松脂、酸枣仁、黄檗、沉香、檀香、芜荑、茯苓、猪苓、蔓荆子、山茱萸	29种	肉桂、茯苓、猪苓、茯神、酸枣仁、黄檗、干漆、蔓荆实、杜仲、沉香、檀香、桑白皮、吴茱萸、槟榔、栀子、枳实、枳壳、厚朴、山茱萸、大腹皮、巴豆、蜀椒、皂角、诃梨勒、楝实、芜荑子、龙脑、麒麟竭、乳香、松脂	30种	《事林广记》去桑白皮
4	龙兽部（禽兽部）	龙骨、鹿茸、虎骨、阿胶及诸胶、腽肭脐、犀角、麝香	8种	龙骨、麝香、牛黄、阿胶及诸胶、鹿茸、虎骨、腽肭脐、夜明砂	9种	《事林广记》去牛黄、夜明砂，增犀角
5	鱼虫部	真珠、鳖甲、龟甲、乌蛇、白花蛇、虾蟆、白蜜、斑蝥、芫青、白僵蚕、蛇蜕、五灵脂、牡蛎、蝉蜕、原蚕蛾、蛇黄、桑螵蛸、天浆子、夜明砂、水蛭、蜈蚣、蛴螬、穿山甲、鼋甲、露蜂房、地龙	26种	白蜜、牡蛎、真珠、桑螵蛸、鳖甲、龟甲、露蜂房、蝉蜕、白僵蚕、原蚕蛾、虾蟆、蛇蜕、乌蛇、白花蛇、地龙、蜈蚣、斑蝥、天浆子、蛴螬、五灵脂	20种	《事林广记》增芫青、蛇黄、夜明砂、水蛭、穿山甲、鼋甲
6	果菜部	草豆蔻、黑豆、赤小豆、大豆黄卷、麦蘖、神曲、白扁豆、绿豆、陈皮、青皮、胡麻、杏仁、桃仁、木瓜、乌梅、胡桃、韭子	17种	草豆蔻、陈皮、青皮、乌梅、木瓜、杏仁、桃仁、胡桃、韭子、胡麻、黑豆、赤小豆、大豆黄卷、麦蘖、神曲、白扁豆、绿豆	17种	相同
合计		192种		186种		

从表1的统计可知，《事林广记·医学类》中192种药物的"炮制方法"，绝大多数书征引自宋代官修医学方书《太平惠民和剂局方》附录《诸品药石炮制总论》。其中玉石部24种，《事林广记》去《诸品药石炮制总论》中白石脂、石灰、伏龙肝、百草霜、太阴玄精石，增云母石；草部88种，《事林广记》去《诸品药石炮制总论》中萆薢、白附子，增肉豆蔻、蓬莪茂、通草、黑附子、灯心末、秦艽、漏芦、破故纸；木部29种，《事林广记》去《诸品药石炮制总论》中桑白皮，增山茱萸。龙兽部（禽兽部）8种，《事林广记》去《诸品药石炮制总论》中牛黄、夜明砂，增犀角；鱼虫部26种，《事林广记》增芫青、蛇黄、夜明砂、水蛭、穿山甲、鼋甲；果菜部17种，《事林广记》和《诸品药石炮制总论》完全相同。同时，《事林广记》还在"炮制方法"中增补了几种新的药物炮制方法。如食盐，《事林广记》增"一法，火烧研细，入药用"。菟丝子，《事林广记》增"一法，默念老鹰不辍即易细。一法，用盐拌，碾则易碎"。黄

耆，《事林广记》增"一法，纸包席下卧一夜，次日用，即不成滓"。牡蛎，《事林广记》增"一法，以京墨末涂之，煅，细研用"。桑螵蛸，《事林广记》增"一云涂酥，慢火炙香熟用"。可见，《事林广记》充分采纳了官修医学著作《增广太平惠民和剂局方诸品药石炮制总论》中药物炮制的方法，但又根据民间医学的实际情况，增补和删减了某些常用验效药物及其炮制方法。

由于南宋嘉定年间以后《太平惠民和剂局方》宋刊诸本已全部亡佚，现存较早刊本为元建安宗文书堂郑天泽刻本，附有《增广太平惠民和剂局方指南总论》，其余二部不存。另一元刊本为建安高氏日新堂刻本，附有《增广太平和剂图经本草药性总论》《增广太平惠民和剂局方指南总论》二部，未有《增广太平惠民和剂局方诸品药石炮制总论》内容，甚为遗憾。日本享保十五年（1730年），医官前典药头橘亲显等奉中御门天皇之命校刊《增广太平惠民和剂局方》10卷，附刻有三种附录。除《增广太平惠民和剂局方指南总论》较为常见外，其余两种《增广太平和剂图经本草药性总论》《增广太平惠民和剂局方诸品药石炮制总论》在国内刊本中较少见到。《事林广记·医学类》中"炮制方法"，主要征引自宋代官修医学方书《太平惠民和剂局方》中《增广太平惠民和剂局方诸品药石炮制总论》的内容，这是自南宋嘉定元年（1208年）许洪奉宋宁宗诏旨修撰《太平惠民和剂局方》时收载《增广太平惠民和剂局方诸品药石炮制总论》以来，首次在《太平惠民和剂局方》以外发现的全文收载该书内容的著作，早于现存日本享保十五年（1730年）橘亲显等刊刻《增广太平惠民和剂局方》附录中收载的《增广太平惠民和剂局方诸品药石炮制总论》，因而具有极高的医学文献学和史料学价值。

下面，以《事林广记·医学类·炮制方法》中所载硫黄、自然铜、人参等部分药物，与《增广太平惠民和剂局方诸品药石炮制总论》中药物炮制方法进行比较，揭示类书中医史资料不可或缺的重要学术价值。参见表2。

表2 《事林广记·医学类·炮制方法》与《增广太平惠民和剂局方诸品药石炮制总论》部分药物炮制方法比较表

序号	部类	药物名称	《事林广记·医学类·炮制方法》	《增广太平惠民和剂局方诸品药石炮制总论》
1	玉石部	硫黄	硫黄，凡使，先细研，水飞过，以皮纸澄去水令干，为末，始入药用。别有煅炼，各依本方	硫黄，凡使，先细研，水飞过，方入药用。如别有煅炼，各依本方
		自然铜	自然铜，火烧通赤，醋淬九遍，细研，罗过，入药用	自然铜，凡使，用火烧令通赤，以醋淬九遍，细研，罗过用
2	草部	人参	人参，凡使，须去芦头，锉，焙干秤，方入药用。不去芦，令人吐，谨之	人参，凡使，先去芦头，锉，焙干秤，方入药用。不去芦，令人吐，慎之

续表

序号	部类	药物名称	《事林广记·医学类·炮制方法》	《增广太平惠民和剂局方诸品药石炮制总论》
2	草部	远志	远志,须去心,焙干,方入药用。如不去心,令人烦闷。更能以甘草汤浸一宿,漉出,焙干用尤妙	远志,凡使,先须去心,焙,入药用。如不去心,令人烦闷。更能以甘草汤浸一宿,漉出,焙干用尤妙
3	木部	肉桂	肉桂,愈嫩即愈厚,愈老即愈薄,仍用紧卷紫色者佳。凡使,不见火,先去粗皮,至有油有味处方用。妇人妊娠药,须微炒过用	肉桂,凡使,不见火,先去粗皮,令心中有味处,锉,方入药用。如妇人妊娠药中,仍微炒用为佳
3	木部	大腹皮	大腹皮,先以酒浸洗,再以大豆汁洗过,锉,焙,入药用	大腹皮,凡使,先须以酒洗,再以大豆汁洗过,锉碎,焙干,方可用
4	果菜部	草豆蔻	草豆蔻,去皮取仁,焙干用。或和皮煻灰中炮熟,去皮用亦得	草豆蔻,凡使,须去皮取仁,焙干用。或只和皮煻灰中炮熟,去皮用亦得
4	果菜部	胡桃	胡桃,去壳,以汤浸,去了皮膜,却研碎,入药用	胡桃,凡使,去壳,以汤浸,去皮,却研入药用之
5	鱼虫部	真珠	真珠,要取新净,未曾伤破及钻透者,白中捣碎,绢罗重重筛过,却更研一、二万下,任用	真珠,凡使,要取新净,未曾伤破及钻透者。于白中捣,令细,绢罗重重筛过,却更研一、二万下了,任用之
5	鱼虫部	白蜜	白蜜,凡使,须先以慢火煎,掠去沫,令色微黄,则经久不坏。掠之多少,则随蜜之精粗也	白蜜,凡使,先以火煎,掠去沫,令色微黄,则经久不坏。掠之多少,随蜜精粗
6	禽兽部	龙骨	龙骨,要粘舌者,酒浸一宿,焙干,细捣罗,研如粉,以水飞过三度,日中晒干用。如缓急,只以酒煮,焙干用。他有炮制,各依本方	龙骨,凡使,要粘舌者。先以酒浸一宿,焙干,细捣罗,研如粉了,以水飞过三度。如急用,只以酒煮,焙干用亦得。他有炮制,各依本方
6	禽兽部	腽肭脐	腽肭脐,用酒浸,慢火反复炙,令熟,方入药用	腽肭脐,凡使,先用酒浸,慢火反复炙,令熟,方入药用

从表 2 所列举硫黄、自然铜、人参、远志、肉桂、大腹皮、草豆蔻、胡桃、真珠、白蜜、龙骨、腽肭脐等 12 种药物炮制方法来看,《事林广记·医学类》所载药品炮制内容,几乎和《增广太平惠民和剂局方诸品药石炮制总论》完全一致,反映了宋代官修医学方书《太平惠民和剂局方》在医学界的法定地位及其对民间医学的影响,成为研究《太平惠民和剂局方》药物炮制史和知识传播史的珍贵资料。元代医学家朱震亨指出:"《和剂局方》之为书也,可以据证检方,即方用药,不必求医,不必修制,寻赎见成丸散,病痛便可安痊。仁民之意,可谓至矣!自宋迄今,官府守之以为法,医门传之以为业,病者恃之以立命,世人习之以成俗。"[①] 同时,还可以用《事林广记》来校正日本享

---

① (元)朱震亨:《局方发挥》,胡国臣总主编,田思胜等主编:《唐宋金元名医全书大成·朱丹溪医学全书》,北京:中国中医药出版社,2006年版,第33页。

保十五年（1730 年）橘亲显等刊刻《增广太平惠民和剂局方》附录中收载的《诸品药石炮制总论》内容。

四、《事林广记·医学类》中"炮制方法"的影响与传播

《事林广记·医学类》中所载"炮制方法"，不仅完整地保存了宋代官修类书《增广太平惠民和剂局方》"诸品药石炮制总论"的内容，而且也受到后世学者的重视与应用。元代以后出现的医学方书著作中，多次引用了《事林广记》中的"炮制方法"，说明其在加强药物疗效、易于制造药品和便于患者服用等方面仍具有重要的医学价值。

（一）明清医学著作对《事林广记》中"炮制方法"的重视与应用

明清时期，《事林广记·医学类》中所载药物及其炮制方法，深受医家的重视和应用。如明寇平撰《全幼心鉴》，刊刻于成化四年（1468 年），其卷一"炮制法"引用了《事林广记》中的"炮制十七法"。[1]其君臣佐使论、药性反治论等，明朱权编撰《乾坤生意》[2]、方广撰《丹溪心法附余》[3]等也有引用。

明李时珍在《本草纲目》卷一"引据古今经史百家书目"中，不仅将陈元靓《事林广记》列为参考书目，而且引用《事林广记》中药物达22首。如卷八载"云母"，治金疮出血，引《事林广记》"云母粉傅之，绝妙"。[4]卷一四载"当归"，治手臂疼痛，引《事林广记》"当归三两切，酒浸三日，温饮之。饮尽，别以三两再浸，以瘥为度"[5]；"白芷"，解砒石毒，引《事林广记》"白芷末，井水服二钱"[6]；"白芍药"，治疗脚气肿痛，引《事林广记》"白芍药六两，甘草一两，为末，白汤点服"；"赤芍药"，衄血不止，引《事林广记》"赤芍药为末，水服一钱匕"；"白芍药"，治鱼骨哽咽，引《事林广记》"白芍药嚼

---

① （明）寇平撰，王尊旺校注：《全幼心鉴》卷1《炮制法》，北京：中国中医药出版社，2015年版，第6页。

② （明）朱权编撰，于海芳校注：《乾坤生意》卷上《用药大略》，北京：中国中医药出版社，2018年版，第10页。

③ （明）方广撰，王英、曹钒、林红校注：《丹溪心法附余》卷24《杂治门》，北京：中国中医药出版社，2015年版，第1054—1055页。

④ （明）李时珍：《本草纲目》（校点本第2版）卷8《金石部》，北京：人民卫生出版社，2012年版，第510页。

⑤ （明）李时珍：《本草纲目》（校点本第2版）卷14《草部》，北京：人民卫生出版社，2012年版，第835页。

⑥ （明）李时珍：《本草纲目》（校点本第2版）卷14《草部》，北京：人民卫生出版社，2012年版，第848—849页。

细咽汁"①；"缩砂密"，治一切食毒，引《事林广记》"缩砂仁末，水服一二钱"②；"郁金"，治中砒霜毒，引《事林广记》"郁金末二钱，入蜜少许，冷水调服"③。卷一六载"萱草根"，治食丹药毒，引《事林广记》"萱草根，研汁服之"④。卷一八载"菟丝子"，治消渴不止，引《事林广记》"菟丝子煎汁，任意饮之，以止为度"⑤。卷一九载"菖蒲"，解一切毒，引《事林广记》"石菖蒲、白矾等分，为末，新汲水下"⑥；卷二四载"白扁豆"，治六畜肉毒，引《事林广记》"白扁豆烧存性研，冷水服之，良"⑦。卷二九载"杏仁"，治小儿头疮，引《事林广记》"杏仁烧研傅之"⑧。卷三三载"西瓜"，疗食瓜过伤，引《事林广记》"瓜皮煎汤解之，诸瓜皆同"⑨。卷三九载"五倍子"，治中河豚毒，引《事林广记》"五倍子、白矾末等分，以水调下"⑩；"百药煎"，治消暑止渴，引《事林广记》"百药煎、蜡茶等分，为末，乌梅肉捣和，丸芡子大，每含一丸，名水瓢丸"⑪。卷四四载"鰶鰊"，治治产后血运，引《事林广记》"鳔胶烧存性，酒和童子小便调服三五钱良"⑫。卷四八载"鸡卵黄"，治小儿头疮，引《事林广记》"煮热鸡子黄，炒令油出，以麻油腻粉搽之"⑬；"鸽血"，引《事

① （明）李时珍：《本草纲目》（校点本第2版）卷14《草部》，北京：人民卫生出版社，2012年版，第852页。

② （明）李时珍：《本草纲目》（校点本第2版）卷14《草部》，北京：人民卫生出版社，2012年版，第870页。

③ （明）李时珍：《本草纲目》（校点本第2版）卷14《草部》，北京：人民卫生出版社，2012年版，第883页。

④ （明）李时珍：《本草纲目》（校点本第2版）卷16《草部》，北京：人民卫生出版社，2012年版，第1036页。

⑤ （明）李时珍：《本草纲目》（校点本第2版）卷18《草部》，北京：人民卫生出版社，2012年版，第1236页。

⑥ （明）李时珍：《本草纲目》（校点本第2版）卷19《草部》，北京：人民卫生出版社，2012年版，第1360页。

⑦ （明）李时珍：《本草纲目》（校点本第2版）卷24《谷部》，北京：人民卫生出版社，2012年版，第1521页。

⑧ （明）李时珍：《本草纲目》（校点本第2版）卷29《果部》，北京：人民卫生出版社，2012年版，第1735页。

⑨ （明）李时珍：《本草纲目》（校点本第2版）卷33《果部》，北京：人民卫生出版社，2012年版，第1884页。

⑩ （明）李时珍：《本草纲目》（校点本第2版）卷39《虫部》，北京：人民卫生出版社，2012年版，第2240页。

⑪ （明）李时珍：《本草纲目》（校点本第2版）卷39《虫部》，北京：人民卫生出版社，2012年版，第2242页。

⑫ （明）李时珍：《本草纲目》（校点本第2版）卷44《虫部》，北京：人民卫生出版社，2012年版，第2483页。

⑬ （明）李时珍：《本草纲目》（校点本第2版）卷48《禽部》，北京：人民卫生出版社，2012年版，第2611页。

林广记》"解诸药、百蛊毒"①。"寒号虫"，治卒暴心痛，引《事林广记》"五灵脂，炒，一钱半。干姜，炮，三分。为末，热酒服，立愈"②。

明缪希雍撰《神农本草经疏》卷三载"云母"，引《事林广记》"治金疮出血，云母粉傅之，绝妙"③。卷九载"缩砂密"，引《事林广记》"治一切食毒，用砂仁末，水服二钱"④。卷二二载"五灵脂"，引《事林广记》"卒暴心痛：五灵脂炒一钱半，干姜炮三分，为末。热酒服，立愈"⑤。明末张三锡撰《本草发明切要》引《事林广记》龙骨："用酒浸一宿，焙干研粉，水飞三度用。如急用，以酒煮焙干。每斤用黑豆一斗，蒸一伏时，晒干用。否则着人肠胃，晚年作热也。"⑥

清初医家喻昌撰《喻选古方试验》，引《事林广记》"卒暴心痛：五灵脂炒一钱半，炮姜三分为末，热酒服，立愈"⑦。陈元龙撰《格致镜原》引《事林广记》中数则药物禁忌，如"鳖肉与苋菜同食生鳖瘕，与鸡子肉同食恶病死"，"鲨鱼小者，谓之鬼鲨，食之害人"⑧，"螃蟹与灰酒同食，令人吐血。蟹目相向者，食之杀人"⑨。清沈金鳌撰《要药分剂》载"龙骨"，其炮制方法，引《事林广记》"酒浸一宿，焙干研粉，水飞三次用。如急用，以酒煮焙干"⑩。

（二）当代医学著作对《事林广记》中"炮制方法"的临证应用

《事林广记》中的药物炮制方法和民间验效方剂，也受到当代学者的关注。如叶世龙主编《头面损容性疾病治疗方》载"蛋黄轻粉膏"⑪，引自《事

---

① （明）李时珍：《本草纲目》（校点本第2版）卷48《禽部》，北京：人民卫生出版社，2012年版，第2625页。

② （明）李时珍：《本草纲目》（校点本第2版）卷48《禽部》，北京：人民卫生出版社，2012年版，第2645页。

③ （明）缪希雍著，郑金生校注：《神农本草经疏》卷3《玉石部上品》，北京：中医古籍出版，2002年版，第136页。

④ （明）缪希雍著，郑金生校注：《神农本草经疏》卷9《草部中品之下》，北京：中医古籍出版，2002年版，第346页。

⑤ （明）缪希雍著，郑金生校注：《神农本草经疏》卷22《虫鱼部中品》，北京：中医古籍出版，2002年版，第659页。

⑥ （明）张三锡：《本草发明切要》卷5《鳞部》，（明）张三锡编纂，王大妹、陈守鹏点校：《医学六要》，上海：上海科学技术出版社，2005年版，第1273页。

⑦ （清）喻嘉言选辑，陈湘萍点校：《喻选古方试验》卷2《心腹胸胁》，北京：中医古籍出版社，1999年版，第41页。

⑧ （清）陈元龙：《格致镜原》卷94《水族类五》，《景印文渊阁四库全书》，第1032册，台北：商务印书馆，1986年版，第704页。

⑨ （清）陈元龙：《格致镜原》卷95《水族类六》，《景印文渊阁四库全书》，第1032册，台北：商务印书馆，1986年版，第710页。

⑩ （清）沈金鳌辑著：《要药分剂》卷9《涩剂》，上海：上海卫生出版社，1958年版，第227页。

⑪ 叶世龙主编：《头面损容性疾病治疗方》，广州：广东科技出版社，2000年版，第17页。

林广记》。林余霖、张静编著《图解医用本草》引《事林广记》"消渴不止，菟丝子煎汁，任意饮之，以止为度"[1]。南劲松《南征用药心得十讲》引《事林广记》"治衄血不止：赤芍药为末，水服二钱匕"[2]。李克绍《李克绍中药讲习手记》中"菟丝子"，引《事林广记》"消渴不止，菟丝子煎汁，任意饮之，以愈为度"[3]。"鸡子黄"，引《事林广记》"小儿头疮，煮熟鸡子黄，炒令油出，以麻油腻粉搽之（按：外科亦用此油加冰片二分研细滴耳，治耳内流脓水）。"[4]张晓燕、谢勇主编《实用中草药彩色图集》载"芍药"，引《事林广记》："治衄血不止：赤芍药为末，水服二钱匕。"[5]说明《事林广记》所载药物"炮制方法"，在现代临床医学中仍具有较强的借鉴价值。

（三）国外医学著作《事林广记》中对"炮制方法"的收载与应用

《事林广记》传入朝鲜和日本后，其"炮制方法"受到朝鲜、日本医家的重视和应用。如朝鲜李朝世宗十三年至十五年（1431—1433年），俞孝通、卢正礼、朴允德等奉敕撰《乡药集成方》85卷，书中征引南宋陈元靓撰《事林广记》中"药物炮制"内容较多。如"风病门"，引陈元靓撰《事林广记》"治卒中风，无药备用。顶心发，急取一握。毒撒之，以省人事为度"[6]；"三消门"，引《事林广记》"治消渴，五味子浓煎汤服之。又方：菟丝子煎汁，任意服之，渴止为度"[7]；"口舌门"，引《事林广记》"治口舌生疮。天南星末，醋调，涂脚心"[8]，"治木舌，半夏醋煎，灌嗽吐，即差"[9]；"痈疽疮疡门"，引《事林广记》"治顽癣。斑猫去头翅足，糯米炒黄，去糯米，以淮枣煮熟，去皮取肉为丸，唾调檫之，尤妙"[10]，"治久年恶疮。石灰多年者，碾碎，鸡子清调成块煅

---

① 林余霖、张静编著：《图解医用本草》，北京：中医古籍出版社，2018年版，第146页。

② 南劲松、南红梅主编：《南征用药心得十讲》，北京：中国医药科技出版社，2016年版，第39页。

③ 李克绍：《李克绍中药讲习手记》，《李克绍医学全集》第2版，北京：中国医药科技出版社，2018年版，第201页。

④ 李克绍：《李克绍中药讲习手记》，《李克绍医学全集》第2版，北京：中国医药科技出版社，2018年版，第275页。

⑤ 张晓燕、谢勇主编：《实用中草药彩色图集》，北京：中国中医药出版社，2019年版，第127页。

⑥ ［朝］俞孝通编著，郭洪耀等校注：《乡药集成方》卷1《风病门》，北京：中国中医药出版社，1997年版，第19页。

⑦ ［朝］俞孝通编著，郭洪耀等校注：《乡药集成方》卷16《三消门》，北京：中国中医药出版社，1997年版，第180页。

⑧ ［朝］俞孝通编著，郭洪耀等校注：《乡药集成方》卷34《口舌门》，北京：中国中医药出版社，1997年版，第349页。

⑨ ［朝］俞孝通编著，郭洪耀等校注：《乡药集成方》卷34《口舌门》，北京：中国中医药出版社，1997年版，第350页。

⑩ ［朝］俞孝通编著，郭洪耀等校注：《乡药集成方》卷43《痈疽疮疡门》，北京：中国中医药出版社，1997年版，第443页。

过，候冷再为末，姜汁调傅"①，"治头疮，杏仁灰傅之"②。

朝鲜李朝世宗二十五年至二十七年（1443—1446年），金礼蒙等奉敕编《御修医方类聚》365卷（现存266卷），书中征引《事林广记》中医学内容达38处。③ 如《医方类聚》"血病门"，引《事林广记》"呕血，服理中汤。又方：蒲黄水调下。热吐，用腊茶末一钱，生脑子少许，研匀，沸汤点服"④。"诸气门"，引《事林广记》"小肠气，酒蒸五苓散，入少许灯心，下青木香一百粒"⑤。"诸疝门"，引《事林广记》"偏坠，每早朝煎香苏散，入少盐服之，即愈"⑥。"脚气门"，引《事林广记》"脚气，白芍药六两，甘草一两，为末，白汤点服。又方：败毒散、五积散相加，入干木瓜十片，紫苏十叶，同煎，一服即愈"⑦。"赤白浊门"，引《事林广记》"白浊，五苓散下茴香丸。又方：下八味丸"⑧。"膏药门"，引《事林广记》"汤火伤，乌贼鱼骨火煅为末，调傅之。又方：灶中土筛细，以新汲水调傅之，即愈"⑨。"妇人门"，引《事林广记》"妇人心痛，荔枝核烧灰存性，为末，淡醋汤下"⑩，"妇人奶痈初发，用青皮焙干为末，热酒调下。又方：用皂角针四十九枚，烧灰存性，瓜蒌根调酒服，立溃"⑪，"产后泻痢，用五积散如常煎服。产后血晕，鳔胶烧灰，存性为末三五钱，童子小便调酒下"⑫。"小儿门"，引《事林广记》"小儿头疮，

---

① ［朝］俞孝通编著，郭洪耀等校注：《乡药集成方》卷44《痈疽疮疡门》，北京：中国中医药出版社，1997年版，第450页。

② ［朝］俞孝通编著，郭洪耀等校注：《乡药集成方》卷46《痈疽疮疡门》，北京：中国中医药出版社，1997年版，第471页。

③ ［朝］金礼蒙辑，浙江省中医研究所、湖州中医院原校，盛增秀、陈勇毅、王英等重校：《医方类聚》第12册《索引》，北京：人民卫生出版社，2006年版，第310页。

④ ［朝］金礼蒙辑，浙江省中医研究所、湖州中医院原校，盛增秀、陈勇毅、王英等重校：《医方类聚》卷85《血病门》，北京：人民卫生出版社，2006年版，第47页。

⑤ ［朝］金礼蒙辑，浙江省中医研究所、湖州中医院原校，盛增秀、陈勇毅、王英等重校：《医方类聚》卷89《诸气门》，北京：人民卫生出版社，2006年版，第155页。

⑥ ［朝］金礼蒙辑，浙江省中医研究所、湖州中医院原校，盛增秀、陈勇毅、王英等重校：《医方类聚》卷91《诸疝门》，北京：人民卫生出版社，2006年版，第201页。

⑦ ［朝］金礼蒙辑，浙江省中医研究所、湖州中医院原校，盛增秀、陈勇毅、王英等重校：《医方类聚》卷98《脚气门》，北京：人民卫生出版社，2006年版，第443页。

⑧ ［朝］金礼蒙辑，浙江省中医研究所、湖州中医院原校，盛增秀、陈勇毅、王英等重校：《医方类聚》卷134《赤白浊门》，北京：人民卫生出版社，2006年版，第615页。

⑨ ［朝］金礼蒙辑，浙江省中医研究所、湖州中医院原校，盛增秀、陈勇毅、王英等重校：《医方类聚》卷194《膏药门》，北京：人民卫生出版社，2006年版，第233页。

⑩ ［朝］金礼蒙辑，浙江省中医研究所、湖州中医院原校，盛增秀、陈勇毅、王英等重校：《医方类聚》卷218《妇人门》，北京：人民卫生出版社，2006年版，第309页。

⑪ ［朝］金礼蒙辑，浙江省中医研究所、湖州中医院原校，盛增秀、陈勇毅、王英等重校：《医方类聚》卷219《妇人门》，北京：人民卫生出版社，2006年版，第358页。

⑫ ［朝］金礼蒙辑，浙江省中医研究所、湖州中医院原校，盛增秀、陈勇毅、王英等重校：《医方类聚》卷238《妇人门》，北京：人民卫生出版社，2006年版，第848页。

煮熟鸡子黄炒令油出，以麻油、腻粉调傅。又方：肥皂角烧灰存性，麻油、腻粉调傅"。①

日本嘉永六年（1853年）成书的丹波元坚编纂《杂病广要》一书，在"采摭书目"中将陈元靓撰《事林广记》列为引据书目。②"腹痛"，引《事林广记》"心脾痛，以炮过附子数片，同五积散煎服"③。

结　语

南宋类书《事林广记·医学类》中"炮制方法"的发现，对于进一步认识宋代官修医学方书《太平惠民和剂局方》的影响与传播，具有积极的学术意义和医学借鉴价值。

首先，"炮制方法"不仅较早地收载了《雷公药性论》中炮、燀、炙、煿、煨、炒、煅、炼、制、度、飞、伏、镑、搥、曝、爆、露等药物炮制十七法，而且也收载了《增广太平惠民和剂局方诸品药石炮制总论》中192种药物的炮制方法及其用药禁忌，反映了宋代官修医学方书对民间类书和民间医学知识的深刻影响。

其次，"炮制方法"中收载的玉石部、草药部、木实部、果菜部、鱼虫部、龙兽部等192种药物炮制方法，全部征引自南宋嘉定元年（1208年）许洪奉宋宁宗诏旨修撰《太平惠民和剂局方》的内容。这是首次在宋元时期著作中发现的最完整的《增广太平惠民和剂局方诸品药石炮制总论》内容，弥补了以往学界从未在宋元时期著作中发现此书的缺憾，早于现存日本享保十五年（1730年）橘亲显等校刊《增广太平惠民和剂局方》一书390多年，具有极高的医学文献学和史料学价值。

最后，"炮制方法"受到后世医家的重视和临证应用。元代以后出现的医学著作中，多次引用了《事林广记》中的药物及其炮制方法，说明其在传播局方医学知识、加强药物疗效、易于制造药品和便于患者服用等方面仍具有重要的医学价值。

---

① ［朝］金礼蒙辑，浙江省中医研究所、湖州中医院原校，盛增秀、陈勇毅、王英等重校：《医方类聚》卷242《小儿门》，北京：人民卫生出版社，2006年版，第113页。

② ［日］丹波元坚编纂，李洪涛等校注：《杂病广要》卷首《杂病广要采摭书目》，北京：中医古籍出版社，2005年版，第18页。

③ ［日］丹波元坚编纂，李洪涛等校注：《杂病广要》卷38《身体类》，北京：中医古籍出版社，2005年版，第1113页。

近代温州地区首部西医学译著《眼科指蒙》探析*

赵思琦

（中国科学院大学；中国科学院自然科学史研究所）

提　要　1876 年 9 月 13 日，《中英烟台条约》签订，温州开放为通商口岸，大批外国传教士涌入的同时为温州带来了西方医学，《眼科指蒙》为其中最先，1897 年以《中西眼科指南》之名收入《中西医学丛书》中出版。书中主要包含眼部结构图解、具体疾病的治疗方法、光学知识与眼镜的介绍三方面内容，行文虽具有一定程度的宗教色彩，药物使用略为简单且以西药为主，但作为温州地区第一部西医学译著，不仅向民众展示了 120 余年前温州西医眼科的发展和传播情况，且据相关资料显示，此书作者传教士稻惟德医生建立的体仁医院，诊治病人数量庞大，尤以眼科为最，且多年后其助手刘星垣医生最擅长亦是眼科，这一切都与温州地区眼科学教材的率先编译及眼科学知识的传播密不可分。

关键词　温州　近代　西医　《眼科指蒙》

1897 年以《中西眼科指南》之名出版的《眼科指蒙》是近代温州地区首部西医学译著，在中国近代医学史及眼科学发展史上占有重要地位。对于该书的出版年代背景、作者等方面，学术界已有零星文章对其加以简单介绍，但无专文对其内容加以详细探究。本文中，笔者拟对《眼科指蒙》一书给予系统梳理，对其内容、特点、底本、术语、流传与影响等诸多方面进行考察，希望向学界梳理 120 余年前温州西医眼科发展和传播的情况，展示该书的价值及传入中国后的重要影响。

---

*　基金项目：本文为中国科学院自然科学史研究所 2021 年度科研奖励项目"中国医学史专题研究"（课程编号：E1KYJLXM01）。

一、作者简介

稻惟德（Arthur William Douthwaite，1848—1899，图 1），1848 年生于英国谢菲尔德一个普通家庭，童年接连遭受亲人离世和家庭变故。18 岁时，师从药剂师塞缪尔 • 斯普尔（Samuel Spurr）学习药理知识。在他的启发下，稻惟德对医学兴趣浓厚，之后又专门进入谢菲尔德大学研习。同时，在塞缪尔女儿爱丽丝（Alice）的影响下，稻惟德成了一名虔诚的基督徒，愿意以一颗仁爱之心传播福音、帮助他人，这些经历都为他后来医学传教工作打下了坚实基础。

图 1　稻惟德肖像

图片来源：John.D.Owen，Arthur William Douthwaite（1848—1899），"Order of the Double Dragon，MD（USA）FRGS：evangelist，medical missionary，explorer"，Journal of Medical Biography，2007，Vol.15，p.89.

1873 年夏天，稻惟德偶然间读到一本宣传册，由中国内地会早期成员宓道生（James Joseph Meadows）所写，讲述其传教的历程和故事。正是这本册子改变了稻惟德一生的轨迹，促使其来到中国这片古老而神秘的土地。1874 年 5 月 1 日，稻惟德与宓道生夫妇一同抵达上海，之后分别前往浙江绍兴、温州及山东烟台，开展行医及传教工作。1899 年 8 月 5 日，稻惟德因感染痢疾救治无效病逝于芝罘医院，从此长眠于烟台，时年 51 岁。[①]

在中国 20 年余间，作为医者，稻惟德不仅著有《眼科指蒙》《全体图说》《伊氏毒理学》等多部书籍，而且通过报纸期刊分享对于麻风、疟疾等恶性传染病的治疗心得、实践经验，为西医在中国的传播做出了大量推动性工作；作为传教士他积极拯救贫苦人民、创立体仁医院[②]、设立戒毒所、成立红十字会医

① John.D.Owen，Arthur William Douthwaite（1848—1899），"Order of the Double Dragon，MD（USA）FRGS：evangelist，medical missionary，explorer"，*Journal of Medical Biography*，2007，Vol.15，pp.88-91.
② 体仁医院：又称中国内地会医院，是近代烟台三家教会医院之一，与美国长老会创立的毓璜顶医院、法国天主教会创办的天主教施医院齐名。

院，因其贡献卓越，清政府授予稻惟德"帝国双龙勋章"。[1]

二、写作背景与成书流传

1876年9月13日，英国政府借口传教士马嘉理被杀事件，强迫清朝政府订立了不平等条约——《中英烟台条约》，共三部分十六款，其中包括增辟宜昌、芜湖、温州、北海四处为通商口岸。[2]自温州开放，大批外国传教士来到温州，由此为温州带来了最早的西医。

曹雅直（GeorgeStott，1835—1889年）[3]是最早来到温州布道的外国人，然而传教事业的展开异常困难，其一缘于鸦片战争后民众对外国人的仇恨情绪未消，排挤现象明显；其二缘于文化的差异，温州地区民众多信仰"儒释道"，对西方基督教了解甚少，以致难以接受。这种情况下传教，首先要解决的事情便是接近民众，获取当地人民的信任，与其他来到中国的传教士如伯驾（Peter Parker，1804—1888年，美国传教士）、嘉约翰（John Glasgow Kerr，1824—1901年，美国传教士）、聂会东（James Boyd Neal，1855—1925年，美国传教士）一样，曹雅直亦采取以医传教的方式来打开局面，同时热心办学，借此传播西医知识技术。

曹雅直在花园巷寓所开设私塾，取名仁爱私塾，在学费全免的基础上，不仅为学员提供膳食和文具，而且每月补助10元大洋。随着学生的增多，传教事业逐渐有了起色，后来逐步发展为崇真小学、育德女子学校，二者是温州最早的教会男女学校。[4]

1880年，曹雅直在温州市区五马街租赁楼房7间、左右轩房6间开设诊所，邀请稻惟德担任医师，并聘请陈日铭[5]为助理，就这样，稻惟德正式开始走上医学传教之路。此诊所附有一条规定，开诊之前必须静听传教人员讲道，就医者则诊疗费全免。因就诊多为社会底层人群，所以传教布道民众也愿意接受。每天门诊数十人，多则百余人，历时两年。1882年7月，稻惟德因病前往烟台中国内地会疗养院修养身体，并携温州十六岁的少年刘星垣同往。刘星垣，名世魁，刘廷芳的父亲，据考证是温州最早的本土西医师，曾赴英国爱丁

---

[1] Dr.Douthwaite, *Of Chefoo China Inland Mission*, London：China's millions，1897，p.102.

[2] 周伟洲、王欣主编：《丝绸之路辞典》，西安：陕西人民出版社，2018年版，第794页。

[3] 曹雅直为其汉名，英文译名为乔治·司托特，曹雅直属于内地会，是西方近代教会史上唯一一家仅为中国传教而设立的教会。

[4] https://posts.careerengine.us/p/5ece70797343862f2dcf1d2f.

[5] 陈日铭：即陈日新，平阳人，仁爱私塾最早的学生。

堡大学学习医学，毕业后成为一名眼科医生，回国后在台州开业行医。义和团运动兴起后，当地仇教排外气氛浓厚，在一次护送母亲回乡途中被兵痞打伤，不久因伤而逝，年仅 36 岁。① 稻惟德与刘星垣师徒二人合作翻译《眼科指蒙》一书，也是现存可查有温州人署名的第一部西医学著作。

《眼科指蒙》一书无序无跋，据相关资料显示，此书于清光绪丁酉年（1897年）以《中西眼科指南》之名收入《中西医学丛书》出版。首页左上题"中西眼科指南：眼科撮要附内；俞荫甫题"，扉页大字题"泰西眼科指南图解"，左下题"光绪丁酉伏夏；曲圆叟题"。据此可以推断此书应成书于1882年至1897年间，现存版本为1897年俞荫甫题字石印本，如图2所示。

图2 《中西眼科指南》（含扉页）书影

图片来源：稻惟德口译，刘星垣笔述：《泰西眼科指南图解》，俞荫甫题字石印本，1897年版，封面页及扉页。

三、《眼科指蒙》的主要内容

《眼科指蒙》一书不分章节，依其内容主要可划分为三方面：图解、具体疾病的治疗方法、光学知识与眼镜的介绍，以下将详细论述。

（一）图解

《眼科指蒙》书中图解部分可分为三类：眼睛结构图解、眼部疾病及治疗图解与诊疗器械图解。

首先为眼睛结构图解，共2幅，分别为眼睛内部结构图解与眼球外肌具图解，如图3所示，作者在论述每一部位之时，均先给出其所处位置，继而说明其功用。

① 臧杰、薛原编：《潮起潮落》，青岛：青岛出版社，2011年版，第131页。

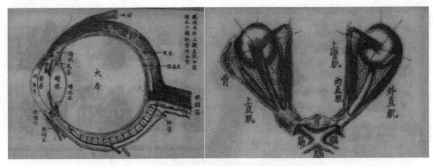

图3 眼睛内部结构与眼球外肌具图解

图左来源：稻惟德口译，刘星垣笔述：《泰西眼科指南图解》，俞荫甫题字石印本，1897年版，第1—2页。

在论述眼球外部的膜时，作者表示眼球在眼窝中犹如一个圆形的球，外部有数条肌肉附在其上，使其可以转动，若是解剖开，可见外部包裹着三层外衣，最外面的一层为白衣，主要作用为包裹并保护眼球，包裹范围达5/6，前面与明角罩相接；中间一层为黑衣，主要功能是汇聚光线，若是没有黑衣，则外部光线透过明角罩直射入大房水必被发散，导致朦胧不能辨别；靠内一层为眼脑衣，质软而薄，主要功能为辨色辨形，并将外物之影传递给大脑，以此感知物体。

对于眼帘一部位的论述中，文中载：

> 眼帘乃眼之圆帘如窗之有窗帘者也，眼帘之圆孔师瞳人所居之位，瞳人舒大缩小乃眼帘睛肌之力也。眼帘之色各国不同，有蓝棕黑灰等色。其帘前日前房，后日后房，眼帘之质是肌腺管回管脑筋合成，功用甚要，若在太阳光芒之地，眼帘立缩小以护日，居幽暗之处能舒大以取光。①

上文可知，眼帘对于眼睛犹如窗帘对于窗户，可以舒张或缩小，以此来保护瞳人，若是光线太过强烈，能够缩小防止光线过多摄入，若是居于幽暗环境，能够扩大吸收更多光线。而且每个国家的人眼帘颜色各异，黑色、蓝色、棕色、灰色各不相同。

其次为眼部疾病及治疗图解，共计10幅，包括病症图解5幅：明角罩尖凸、扳眼膜症、睛珠不透光、睫内生毛症、明角罩瘢痕②；手术示意图5幅：下胞外翻及手术开刀缝合图解4幅、泪管针入泪管之法1幅。以图4为例，图中右侧为下胞外翻的病症示意，右下的锐角三角形为开刀位置，将此三角形赘皮剪掉后两侧缝合，术后如图左所示。

---

① 稻惟德口译，刘星垣笔述：《泰西眼科指南图》，俞荫甫题字石印本，1897年版，第9页。

② 明角罩尖凸为角膜凸高、扳眼膜症为翼状胬肉、睛珠不透光为白内障、睫内生毛症为倒睫毛、明角罩瘢痕为角膜溃疡。

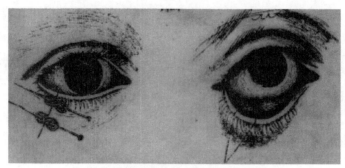

图4　下胞外翻及手术开刀缝合图解

图片来源：稻惟德口译，刘星垣笔述：《泰西眼科指南图解》，俞荫甫题字石印本，1897年版，第2页。

最后为疗眼所用器具图解，包含10种器具，分别为：拔睫毛镊、眼帘弯钳、眼帘直钳、三角刀、睛珠钩、眼交剪、眼撑、锐眼钩及挑睛珠针，此处仅列举三例，如图5所示，左侧为眼撑，用于手术之时将眼睛撑开，防止患者眨眼，伤及他处；中间为拔睫毛镊，主要用于睫内生毛（倒睫毛）一症的治疗，将插入眼内的睫毛一一拔掉，再施以烙铁或电气法阻止其再生及感染；右侧为挑睛珠针，用于白内障手术中挑拨睛珠（晶状体）。

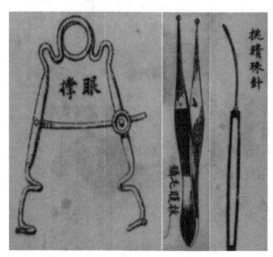

图5　眼撑、拔睫毛镊及挑睛珠针

图片来源：稻惟德口译，刘星垣笔述：《泰西眼科指南图解》，俞荫甫题字石印本，1897年版，第4页。

（二）具体疾病的治疗方法

《眼科指蒙》书中共计论述眼部疾病46种，分别为：眼睛衣发炎症、连年炎眼症、脓毒炎症、婴儿初生脓炎症、色火眼症、睛折发炎症、眼胞皮内生肉瘤、扳眼膜症、眼睛衣聚血堆症、明角罩中衣发炎症、小儿明角罩发炎、明角罩生水泡炎症、明角罩并眼帘发炎症、明角罩生疮、明角罩深疮、眼帘生炎症、瞳人散大发炎症、瞳人缩小发炎症、眼帘黑衣发炎症、眼帘流露明角罩外、睛珠不透光症、眼脑衣血管肿胀、眼脑衣发炎症、鸡盲症、大房水发胀症（真绿水症）、眼脑根发炎症、弱眼发糊症、眼胞卷内症、下胞外翻症、睫毛囊发炎症、睫内生毛症、油核脓疮、眼胞发战症、软胞症、眼瘫症、眼窝脓疮、眼窝骨腐癫、泪囊脓疮症、珠虫、前房澄脓症、痒症、血管网症、斜眼症、眼花症及近视远视二症。

在每一种疾病的论述中，均分为病症、病因及治法三个方面，内容虽不算翔实，但无赘言、表达清晰，以下举例三症。

对于脓毒炎[①]一症的论述，书中首先表明此病多为贫穷之人所患，饮食粗糙导致大多身体虚弱；住所狭窄，阴暗不通风、空气混浊且屋内气味不佳，加之较为劳苦，致使气血不足。患病初期，眼胞皮略肿，2—3日过后开始流泪，且明角罩发红，又2—3日后，视力下降，色混不清，严重之时明角罩生疮，且此症易传染，须悉心预防。该症较轻之时，点药水即可，若已然较重，且流脓较多，须用明矾一钱清水一斤混合，用眼杯洗净后再施点药水。若以上两法均无效，则要翻验眼胞皮内是否已生长肉瘤，若有则须用胆矾水擦拭，数日后即可痊愈。与此同时，应注意滋补身体，食精美之物。

对于小儿明角罩发炎[②]一症的论述，作者首先写有此症多先一眼发病，10—20日后另一眼开始发作，伴随畏光、流泪，且异常疼痛。患者明角罩生小疮，各有疤痕，且视物不清，常觉眼前有火星闪烁。纠其病原，与上述脓毒炎相近，患者多为贫家小孩，饮食差身体羸弱，居住条件不佳，加之年幼抵抗力本身亦较差所致。治法方面，若觉身热、口干、大便干燥可服用泻药一次，而后服用金鸡纳数次，若日间觉痛，可服颠茄酒十五滴，若夜间觉痛，可服鸦片，促使睡眠安稳。同时应注意避光，住黑暗房屋，戴墨镜，并滋补调养身体，方能尽快痊愈。

对于大房水发胀一症的论述，文中载：

> 医者见其睛珠色略变白故名。病状眼看不清，虽能得视，然不见物之全形，亦只能直视不能斜看，或见其左而不见其右，以指按其眼胞，结硬异常，病者夜间看其灯光之色似虹之五色。[③]

由上文可知，医者大多因见患者睛珠变白而命此病症。患此症者，虽然可以看见物体，但视物不清，看不见物体全貌，或只能直视不能斜视，或只能看

---

① 稻惟德口译，刘星垣笔述：《泰西眼科指南图》，俞荫甫题字石印本，1897年版，第13—14页。

② 稻惟德口译，刘星垣笔述：《泰西眼科指南图》，俞荫甫题字石印本，1897年版，第18—19页。

③ 稻惟德口译，刘星垣笔述：《泰西眼科指南图》，俞荫甫题字石印本，1897年版，第24页。

见左边看不见右边，抑或看见右边看不见左边，而且夜间看灯光之时光线会散射，呈现五彩之色。继而作者给出致病原因为忧愁喜怒过度，症状多为慢性长期而致，所以对于此症的治疗，应以休息为主，放松心情，切忌过劳过累，同时须佩戴墨色眼镜并滋补身体。倘若为急症，忽然患病，可剪去少许眼帘使光线重新透入。

（三）光学知识与眼镜的介绍

《眼科指蒙》书中《光线射眼论》与《近视远视二症》两目，专篇论述光学知识，虽介绍较为简略，但已涉及诸多基本的光学理论，包含现代的科学思想，如下，书中载：

> 夫世界之光，原出于太阳而有廻光之能，光线本属直行不斜，惟过水与玻璃，而方有斜行之能。凡遇照白色之物，有廻光之力，如于黑色之质则无，因其暗也。若照在平体之物，光线遂一力平廻，照在饱凸之物，光线必斜廻。如透照平式之镜，必无廻光之影，因远而散，照在凸式之镜，必近而聚也，惟凹式之镜，则无聚光之影矣。①

上文中，作者写到光线来源于太阳，本身为直行，遇见物体阻挡才会改变方向，若射入水中或是玻璃则会发生偏移，此句包含了光沿直线传播、光的反射及光的折射原理；继而作者指出若是光照在白色物体上，则会晕光，若照在黑色表面则不会，此处为光的散射原理；最后，作者表示当光线照在凸镜之上，光线"必近而聚"，但凹镜则不会，此处为凸透镜聚光原理。由此可知，书中文字虽不甚多，但基本涵盖了光学最基本的理论知识。

进而，作者对近视眼与远视眼的原理加以介绍，指出近视眼是因为光线汇聚太早，成像在眼脑衣（视网膜）前方，所以才会视物不清，应佩戴凹透镜，使光线发散，反之，远视眼是因为光线汇聚过晚，应佩戴凸透镜，使光线提前聚焦。

四、《眼科指蒙》的主要特色

（一）宗教色彩浓厚

《眼科指蒙》书中，作者虽已运用解剖法，给出详细的眼睛内外结构图解，脱离了上古医学的不当之处，但对于眼睛结构的复杂、精妙仍归因于造物主的

① 稻惟德口译，刘星垣笔述：《泰西眼科指南图》，俞荫甫题字石印本，1897年版，第34页。

恩赐，记叙如下："割去眼窝骨所见眼球内之情形，夫眼之为物虽小，而造之精巧甚矣，其功用极灵敏，足见造化主之功妙深远哉。"①

此外，作者还强调了"心"的重要性，书中载：

> 心不在矣，虽视之而亦不见，徒可知眼之为用非能自主，必听命于心脑也，明矣……不知以此心报天恩，由是或故意为恶，而放纵私欲，或不知择善而迷失正途，夫既获罪于天，则罪报有所难逃。幸是天心悲慈，大施仁爱，于汉平帝元始元年诞生，救主于大秦而天下闻得救之门，引世人趋永生之路……生前遵道而行，死后得福有望，君如求之，新旧两约之书，是可寻而观矣。②

由上文可知，作者表现出较强的唯心主义思想，宗教色彩浓厚，认为眼生病，心不洁，心若是不在，眼也随之无用。人若放纵自己，迷失正途，终会遭受上天的惩罚，报应在所难免，但是幸有耶稣，指引世人得获救之门，走向永生极乐的道路，以此劝诫国人，生前若是遵循正道，惩恶扬善，死后必有福气。

此篇文字位于眼睛解剖图解之后、眼病论述之前，不难看出，稻惟德编译此书之时，将其置于一个非常巧妙的位置。先向读者剖析了眼睛内外部结构，由此感叹造物主的伟大，而后在分析病症之前警示世人心若肮脏，眼亦不明，劝慰读者同其一道，则可得福有望。

1892年，在其为国人戒烟③所撰写的《戒烟论略附戒烟局章程》④中，亦表现出极其强烈的宗教思想，其中的《戒烟祷文》（第7—8页）如下：

> 恳求慈悲天父；大开恩典之门；看我救主功劳；怜悯有罪之人；我有诸般罪恶；理合永受沉沦；所犯有一大罪；吸食鸦片成瘾；终年似睡不醒；困于迷魂之阵；久被魔鬼捆绑；缧线不能脱身；四肢百体枯瘦；脏腑时受烟熏；眼看命在旦夕；何能负此罪任；残命虽生犹死；那顾天道人伦；猛然回头一想；实系自怨自恨；心愿逃出苦海；自己无路可寻；切求慈悲天父；差遣圣灵降临；助我就此戒脱；向后不吸不吞；从今脱离魔网；多谢天父鸿恩；又愿改恶从善；学道作你选民；所祷皆靠耶稣；心诚如此亚们。

由此可以看出，稻惟德是一位虔诚的基督徒，无论是编译医书传播西医知

① 稻惟德口译，刘星垣笔述：《泰西眼科指南图》，俞萌甫题字石印本，1897年版，第12页。
② 稻惟德口译，刘星垣笔述：《泰西眼科指南图》，俞萌甫题字石印本，1897年版，第11—12页。
③ 此处的烟指鸦片。
④ 稻惟德、袁惟彰：《戒烟论略附戒烟局章程》，《中西教会报》1892年第12卷15期，第15—18页。

识，还是撰写戒烟章程及日常工作中，均将宗教看作首要因素，所以其著作中表现出浓烈的宗教思想固然无可厚非，因为其本职工作为传教士，行医也是为了传教而服务的一种手段和途径，只是与嘉约翰、德贞（John Dudgeon，1837—1901年，英国传教士）等一些传教士不同点在于，传教和行医的比重各异。

（二）药物使用略为简单且西药为主

《眼科指蒙》书中对于疾病的治疗采取用药与手术相结合的方法，当然，这也是现代医学仍在遵循的原则，轻则用药，重则手术。但是在药物的运用上，总体而言略为简单，主要包含以下三类药品：①金鸡纳霜[①]，作者在书中使用频率非常高，小儿明角罩发炎一症、明角罩并眼帘发炎一症、明角罩生疮、眼脑根发炎、眼窝脓疮等多种疾病均使用此药；②泻药，书中多次使用泻药，尤其因火所致之症如发炎、生疮、化脓等，一旦出现身热、口干舌燥、大便干结，则指出需服泻药；③鸦片，书中对于鸦片的运用主要包含两种，一种为夜间疼痛难忍之时，直接口服，保证安稳睡眠，另一种为泡水法，用来清洗或熏蒸病眼。

进一步分析可以得知，作者在用药上还是以西药为主、中药为辅，如上文的金鸡纳霜，对于多种病症的治疗均先运用此药，再辅以传统中药，起到巩固或滋补的功效，使西药更好地发挥作用。这也正和其他传教士曾在文章中表达过的观点相互印证，嘉约翰（John Glasgow Kerr，1824—1901年）曾表示"独是西药甚繁，或为泻剂，或为吐剂，或为补剂，或为敛剂，不一而足。此则或发表，或化痰，或杀虫，或改病，或调经，或平脉，或平脑，亦难枚举。又况能解酸能引炎，能止痛能宁睡，能利小便，能行气血，而诸药之类多奇效者，更不可胜数也。"[②] 由此可知，无论稻惟德还是嘉约翰，大多传教士均认为西药不仅见效快，而且本身种类繁多，所以应大量使用和推广，但与此同时，他也并未完全否定中药，而是在一定程度上加以使用和承继，为药物的中西医结合奠定了基础，表现出一名药剂师应有的理智与科研探究精神。

五、《眼科指蒙》的底本探析

据笔者查找对比，《眼科指蒙》一书的底本为 *THE EYE AND ITS DISEASES*，如图6，共一册，于1800年出版，为眼科学专书。书中总体论述了以下三方面

---

① 金鸡纳霜：即奎宁，属舶来品，17世纪由欧洲传入我国。

② （清）孔继良译，[美]嘉约翰校正：《西药略释》，光绪十二年刻本，陈建华：《广州大典》序，广州：广州出版社，2015年。

内容：首先为"*The Anatomy and Physiology of the Eye*"①，论述眼睛的解剖学和生理学知识，包括眼睛内部的生理结构及外部的组织结构；其次为"*The Phenomena of Vision*"②，论述眼睛的折光成像原理、视物原理；最后一部分为"*Diseases of the Eye*"③，分述眼睛各种疾病，包括角膜炎、视神经炎、近视眼、远视眼等。

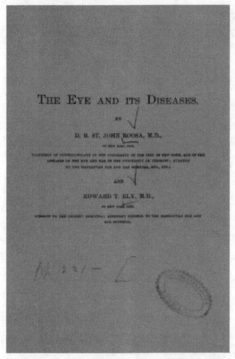

图6 "*THE EYE AND ITS DISEASES*"书影

图片来源：Daniel Bennett St. John Roosa & Edward Talbot Ely，*THE EYE AND ITS DISEASES*，1800，p.cover.

经对比研究，《眼科指蒙》书中"眼论"部分译自底本第一部分"*The Anatomy and Physiology of the Eye*"；对于眼睛疾病的论述译自底本第三部分"*Diseases of the Eye*"；对于屈光成像、眼睛视物原理的论述译自底本第二部分"*The Phenomena of Vision*"。

此外，稻惟德在编译此书之时，同时吸收了底本中部分图片，举例如图7至图9所示，左侧为 *THE EYE AND ITS DISEASES* 书中配图，右侧为《眼科指蒙》书中插图。

---

① Daniel Bennett St. John Roosa & Edward Talbot Ely，*THE EYE AND ITS DISEASES*，1800，p.211.
② Daniel Bennett St. John Roosa & Edward Talbot Ely，*THE EYE AND ITS DISEASES*，1800，p.234.
③ Daniel Bennett St. John Roosa & Edward Talbot Ely，*THE EYE AND ITS DISEASES*，1800，p.254.

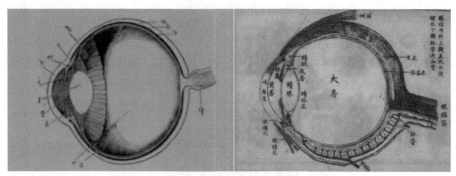

图7　眼睛内部结构图解

图左来源：Daniel Bennett St. John Roosa & Edward Talbot Ely，*THE EYE AND ITS DISEASES*，1800，p.222.

图右来源：稻惟德口译，刘星垣笔述：《泰西眼科指南图解》，俞荫甫题字石印本，1897年版，第1页。

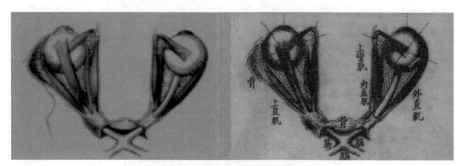

图8　眼球外部肌具示意图

图左来源：Daniel Bennett St. John Roosa & Edward Talbot Ely，*THE EYE AND ITS DISEASES*，1800，p.239.

图右来源：稻惟德口译，刘星垣笔述：《泰西眼科指南图解》，俞荫甫题字石印本，1897年版，第2页。

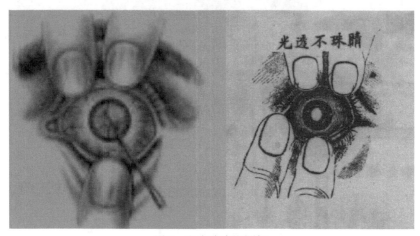

图9　白内障病眼图解

图左来源：Daniel Bennett St. John Roosa & Edward Talbot Ely，*THE EYE AND ITS DISEASES*，1800，p.81.

图右来源：稻惟德口译，刘星垣笔述：《泰西眼科指南图解》，俞荫甫题字石印本，1897年版，第3页。

对比两书，*THE EYE AND ITS DISEASES* 全书 80 余页①，内容并不繁复，普适性较强，而《眼科指蒙》也较为简略。即便如此，作者无论是在内容叙述还是章节划分方面均与底本较为相似，由此可知，稻惟德编译此书时不仅从底本中汲取大量知识及配图，而且在较大程度上还原并尊重了底本。

六、《眼科指蒙》的术语处理

《眼科指蒙》中术语名词与中国近代首部汉译眼科学译著《西医眼科撮要》相差无几，而《西医眼科撮要》作者嘉约翰在编译此书之时，主要参考了以下三本书籍：《初学者第一书》（*The Beginner's First Book in the Chinese Language，Canton Vernacular*）、《西医略论》及《医学英华字释》（*A Medical Vocabulary in English and Chinese*）。② 因此笔者猜测稻惟德在编译《眼科指蒙》时，有借鉴《西医眼科撮要》，因为《西医眼科撮要》于 1871 年（清同治十年）初刻、1880 年（清光绪六年）重刻③，早于《眼科指蒙》出版，且同为介绍西方眼科医学的译书，参考可能性极高，与此同时，也有参照《初学者第一书》、《西医略论》及《医学英华字释》以此来确定和规范术语，最终对上述四部书籍辩证吸收而成，由于病症名称过于繁复，表 1 仅对《眼科指蒙》书中眼部的结构名称与今之名称加以对比，以供参考。

表 1 《眼科指蒙》书中眼部结构名称与今之名称对照表

《眼科指蒙》书中眼部结构名称	今之眼部结构名称
白衣	巩膜
黑衣	脉络膜
眼脑衣	视网膜
明角罩	角膜
睛衣	结膜
眼帘	虹膜
睛珠	晶状体

---

① *THE EYE AND ITS DISEASES* 一书实际页数确为 84 页，但该书的页码编号为 221—304。

② 赵思琦：《中国近代首部汉译眼科学著作〈西医眼科撮要〉初探》，《中华医史杂志》2020 年第 3 期，第 163 页。

③ 赵思琦：《中国近代首部汉译眼科学著作〈西医眼科撮要〉初探》，《中华医史杂志》2020 年第 3 期，第 159 页。

续表

《眼科指蒙》书中眼部结构名称	今之眼部结构名称
睛肌	睫状体
前房	前房
后房	后房
大房	玻璃体
眼脑筋	视神经
上弯肌	上斜肌

结　语

　　《眼科指蒙》作为一本西医眼科学专书，篇幅较为简短，药物运用也不是很成熟，但内容较为全面，不仅包含眼睛内部、外部解剖结构图解、手术器械图解、部分眼病图解等诸多配图，而且从病原、病症、治法三方面详细论述了46种眼病，更为重要的是，书中已涉及部分光学知识，基本涵盖了光学最基本的原理，包括光沿直线传播、光的反射、光的折射等，据考证这也是温州地区光学知识传入的伊始。作为温州地区第一部西医学译著，从理论意义来讲，让我们看到了120余年前温州西医眼科的发展和传播情况；从实践意义来看，据相关资料显示，稻惟德医生建立的体仁医院，诊治病人数量庞大，其中尤以眼科为最，且多年后其助手刘星垣医生最擅长亦是眼科，这一切都与温州地区眼科学教材的率先编译及西医知识的传播密不可分。

近代西药学名著《西药略释》中"吐药"探析

鞠少欣

（中国科学院大学；中国科学院自然科学史研究所）

提 要 《西药略释》是近代西方医药学译介重镇博济医局编译的第一部系统的西药学著作，书中详细地论述了西药的源流、功用、药性、制药方法、验药方法、服用方法、药方等内容，其中卷二《吐药论》中记载了八种吐药。《吐药论》篇内容记载丰富翔实，药物制法以西法炮制为主；注重理论与实际相结合，术语翻译得当。该书对当时国人认识学习西方医药学起到了重要作用。

关键词 西医 《西药略释》 吐药 嘉约翰

中西方的医药学交流历史源远流长，早在明代末年，西方传教士来华将西方的医药学知识引入中国，可惜相关知识内容简略，影响有限。19世纪，随着中西方交往的扩大和深入，西方传教士以"医学传教"为目的，开始了新一轮的西方医药学知识传入。《西药略释》一书为博济医院院长、著名医学传教士嘉约翰（John Glasgow Kerr，1824—1901年）编著的西医药物学书籍，清孔继良翻译为中文。该书于1871年首次刊行；1876年再版，增加篇幅；1886年刊行第三版，扩充为四卷本。[①]《西药略释》作为医药学基础教材，为博济医局授课专用。嘉约翰结合西方药物学的理论与实践，在书中详细地论述了西药的源流、功用、药性、制药方法、验药方法、服用方法、药方等内容。该书在当时具有极高的学术价值和临床应用价值，是国人了解、认识、学习西方药物学的重要窗口。

学术界关于《西药略释》的主要内容，尚无专文进行研究。本文主要探究《西药略释》中记载的8种吐药，探究当时的西医对吐药的基本认识、作用和临床应用价值，总结概括当时西医的用药观念，治疗方法与理念。

---

① 张晓编：《近代汉译西学书目提要：明末至1919》，北京：北京大学出版社，2012年版，第558页。

一、《西药略释》的主要内容和编译者

　　《西药略释》是晚清时期西方医药学译介重镇博济医局编译的第一部系统的西药学著作，详细地论述了西药的源流、功用、药性、验药、服法、药方，以及泻药、吐药、利小便药、发表药、化痰药、敛药、杀虫类药、补药、行血气药、止痛宁睡药、改病药、平脉平脑药、解毒杀微细生物药、引症外出药、消肿润皮去毒药、解酸剂、蒙药、身体调养、制药方法和中英药名对照表等内容，是一部丰富翔实的西方药物学专著。

　　《西药略释》全书根据药物效用分类，开篇即卷一的开头是全书的总论点，从药物的源头、功用、如何品评药性、验药功用、药物作用于一处和多处的讨论、药物作用于不同器官的讨论、药物疗效、用药时机、药物纯杂、制药方法、药方等方面对当时的西方药物学体系进行总结概括，其中涵盖了一些当时西方药物学的新主张与新方法，如主张采取对照实验的方法对新药物的疗效进行验证；并且提到当时西方新发明的治病方法："令药由皮入血者，名曰节射，此则主用药水，始自一千八百三十六年。"[①]即现在所说的注射法。作者极力主张医生应熟稔药物的制法、性质、疗效，同时也要熟知其他方面的医学知识，将这些知识融会贯通，力求对疾病有一个更全面的认识。当真正使用药物进行施治时，应该谨慎灵活用药，依据不同的情况随机应变，切不可拘泥于医书、不懂变通。如果有幸成功医治病人，也不可骄傲贪功、自我满足，应该总结经验、再接再厉，力求在医学道路上更进一步。

　　本书编者嘉约翰是美国长老会传教士，在近代西方医药学传入中国的历史过程中做出了突出贡献。嘉约翰于1824年出生于美国俄亥俄州邓坎斯维尔（Duncansville），1847年毕业于费城杰弗逊医学院。嘉约翰第一次与中国结缘是在1853年，当时接受美国长老会委派来到中国。1854年，在广州眼科医局协助伯驾（Peter Parker，1804—1888年）工作。1855年，由于伯驾出任美国驻华公使，嘉约翰接替院长职务，主持医院正常工作。后来由于第二次鸦片战争爆发，他短暂回国。1859年，嘉约翰回到中国，在广州另择新址，建立了一家教会医院，即大名鼎鼎的"博济医院"。嘉约翰担任院长（包含博济医院前身）长达44年，直至1899年卸任。嘉约翰本人也是一位妙手回春的著名医者，据统计，他一生中共为74万多名患者治疗，做过近5万次手术[②]，他领导的博济医院不仅承担医院治病救人的基本功能，还附建有博济医学校，招收、教育医学生，并且自主刊印医书和编译医学教材，为中国近代西医事业培养了很多人才，

---

① （清）孔继良译：《西药略释》，《广州大典》卷376，广州：广州出版社，2015年版，第376页。

② ［美］嘉惠霖、琼斯著，沈正邦译：《博济医院百年》，广州：广东人民出版社，2009年版，第120页。

孙中山也曾求学于该处。[①] 嘉约翰亲自翻译或组织翻译的医学书籍多达34部，这些医学书籍奠定了中国近代西医学科的基础，促进了西医在近代中国的传播与发展。嘉约翰还积极组织参与医学共同体建设，1887年在上海成立的"中华博医会"（Chinese Medical Missionary Association）由在中国的外国医学传教士共同商议，嘉约翰因其德高望重，贡献突出被推举为第一任会长。嘉约翰于任期内，创办了英文医学期刊《博医会报》（Chinese Medical Missionary Journal），该刊在当时成为重要的西医学术交流平台，也为后人研究晚晴民国时期的中外医学交流及西方医学传入提供了宝贵史料。[②]

本书译者孔庆高，字继良，原籍沈阳铁岭，占籍广东，正蓝旗驻粤汉军。[③] 光绪三年（1877年），孔继良入广东同文馆学习英文。光绪六年（1880年），孔继良在同文馆染上疟疾，"百治罔效"，向嘉约翰求助，嘉约翰知道他精习西文，赠送给他一本医书，即《内科全书》，嘱咐他遵照书中方法医治疾病。孔继良后来在其译书中回忆道，他精读此书，发觉"其法精妙，其理显明"。嘉约翰也有"将此书公诸于同好"之意，所以请孔继良"于馆课间分时译录"。历时三年，《内科全书》译成。[④] 后来孔继良、嘉约翰二人继续合作翻译医书，主要方式是孔继良主译，嘉约翰校正。共有译书五本即：《内科全书》（1882年）、《体质穷源》（1883年）、《体用十章》（1884年）、《西药略释》（1886年）、《妇科精蕴》（1889年），这五本书都由博济医局刊行发售，作为医学院的教材供广大教职工和医学生使用参考。

二、《西药略释》中"吐药"的主要内容

（一）关于吐药的基本理论

《西药略释》卷二《吐药论》，开篇对吐药的作用、药理、医理、适用病症、使用优点、服药方法等进行了总结。作者从日常生活中观察到有人生病后吐出脏物，而后病情好转，认为呕吐对某些病有效，可以利用呕吐来治疗疾病。然后作者说明吐药适合在发病初期时服用，因为可以使"身之津液流行"。[⑤] 吐药入胃后的作用以及随后病人的身体变化，作者描述为："心窝顿觉不安，面

---

① 朱素颖：《孙中山就读博济医院教学机构名称辨析》，《中华医史杂志》2018年第3期，第190—191页。

② 郑维江、刘远明：《嘉约翰与早期博医会》，《中华医史杂志》2016年第5期，第314—317页。

③ 刘小斌、郑洪编：《岭南医学史》（中），广州：广东科技出版社，2012年版，第735页。

④ （清）孔庆高：《内科全书》，羊城博济医局刻本，1880年（光绪庚辰年），第1页。

⑤ （清）孔继良译：《西药略释》，《广州大典》卷376，广州：广州出版社，2015年版，第385页。

色转白，口津发多，未几作闷，而全身胥觉软弱。"①作者对此解释道由于胃随皮下肌肉和膈膜运动而敛缩，各处发力将胃内物质吐出，作呕时，胃与各脏的津液一旦要排出，就要使身体血液流通，津液自然增多。这样可以使脏器舒散，并排出血毒。呕吐后，患者面色复红，手脚变暖，浑身发汗，脉象宏大。呕吐时，先吐出食物，然后是胃酸，最后是苦水。"吐之原委，不外如此。"①

作者总结了吐药适用的病症及用法，一是胃内有毒物或积食；二是平心平脑，放松肌肉；三是肝肺生液，肺管化痰，外皮发表；四是能敛脏腑血管而止血；五是能让气管或喉咙中的异物吐出。服用吐药后病人会感觉乏力困倦，想要睡觉，睡后醒来后身体会稍微好转。服药要根据病人自身的身体健康状况判断是否能服，如心经有坏，脑部患病，腹内发热等症状不宜服用吐药，十岁以下儿童如果服用吐剂可用衣毕格或□锑葡吐散，衣毕格为佳。

服药后必须先等待15~30分钟，看病人是否呕吐；如果病人没有发吐，就要用鸡毛等异物刺激喉咙并且多喝热水来帮助他呕吐，吐后不宜多吃食物。如果病人服药后连吐不止，则应该服用鸦片酒或鸦片樟脑酒止呕，或者用布蘸热水热敷胃部抑或用芥末外敷胃部也很好。对于盐类吐药如果服用了一定剂量却没有效果，最好改服其他吐药，或者用草本吐药。吐药最好不要一次服完，应分数次，每刻钟一服最为妥当，这样是为了防止剂量过大，呕吐过甚。服吐药也应该有适宜时间，最好是下午，这样服药呕吐后，身体困乏，正好睡觉休息。吐药中见效最快的是矿物药，草本药稍慢，医生应根据具体情况具体分析，这样才能对症下药，百发百中。

（二）吐药药物的制法、形色、气味、药性、用法、方论等

《西药略释》中所载8种吐药，详细地介绍了其制法、形色、气味、溶化、药性、功用、用法、相反、方论等内容，详见表1。

表1　《西药略释》所载吐药名称对照表

英文名	《西药略释》译名	现用名
Apomorphia	阿甫么啡	阿扑吗啡
Ipecac	衣毕格	吐根
Lobelia	路卑利	半边莲（印第安烟草）
Mustard	芥末	芥末
Tartar Emetic	□锑葡吐散	酒石酸锑钾；吐酒石
Zinc Sulphate	鋅磺养	硫酸锌
Copper Sulphate	铜磺养；胆矾	胆矾；五水硫酸铜
Potass et Alumen Sulp（Alum）	钒□磺养；白矾	明矾；白矾；十二水硫酸铝钾

数据来源：（清）孔继良译：《西药略释》，《广州大典》卷376，广州：广州出版社，2015年。

其中植物药4种，分别是：阿甫么啡、衣毕格、路卑利、芥末；盐类4种分别是：□锑葡吐散、鉎磺养、铜磺养（胆矾）、钒□磺养（白矾），作者详细介绍了这8种药物的制法、形色、溶解性、药性、用法以及方剂。

1. 阿甫么啡

现名为阿扑吗啡，由吗啡和浓盐酸在加热至140℃～150℃条件下反应制得。详细步骤为将吗啡和浓盐酸按照1∶20的比例放入反应容器内，封闭好后放入油锅加热3个小时至140℃～150℃，然后停止加热在反应容器内加入清水，碳酸钠混合均匀。等到碳酸钠沉底后除掉上层清液，加入伊打酒，然后滴入数滴浓盐酸。凝结后加入沸水溶解，等凝结后再加入沸水溶解。最后加入碳酸钠凝结后得到阿甫么啡。用冷水快速清洗后立即干燥入容器储存。阿甫么啡为白色略显灰色的粉末，能溶于水和伊打酒、哥罗方（氯仿），药性为"服后抽筋、与服阿颠那唏拜阿相似，甚至头重眩困之患，故或服或节入皮，皆合作闷发呕"[①]。用法为"内服可用一厘之五份一，射入皮可用一厘之十份一"[②]。普通人服用该药后，5分钟到20分钟内必吐，并且将胃吐空。作者认为该药为新药，制法精妙，与其他吐药不同，对于迷蒙不醒、大醉中毒及不肯服药的患者，用阿甫么啡药液注射入皮，很快会呕吐。对于气管发炎，闭塞之症用此药虽能令顽痰尽吐，却会伤及元神，因此使用时要慎重。

2. 衣毕格（吐根）

原产地为南美洲的巴西等国，"形如小菜，高约一尺，树身之蟠于地上者，长约二尺，采根入药用，根大如鹅翎管……取皮研末，色微黄"[③]，气味苦辛带闷。适合用火酒或冷水溶解，沸泡煎水和光照下易分解，如果进一步提取可得"淹微颠"即依米丁（吐根碱），这是衣毕格的有效成分。淹微颠药性强烈，1/6厘就可致人呕吐，服用相同剂量的衣毕格则没有这么剧烈的呕吐效果，并且吐后无不良反应，很适合小孩及体弱者使用。用法："每服三分至五分，开煖水一两，分两三次服，每刻一服可吐。"[④]随附有四方，其中一方为治胃弱能呕泻，用三分衣毕格末与三分大黄末和匀，加热水作一次服；一方能化痰、发表，用八钱衣毕格根捣烂与二十安士量车厘酒混合浸泡七天，随后搅动过滤。每次服用十滴至二十滴；作吐药时，大人服用三至五钱，小孩为二十至六十滴；一方为将衣毕格末二分，□锑葡吐散一厘用热水调化，分三四次，每刻一服到呕吐，然后再多喝热水助呕。

---

① （清）孔继良译：《西药略释》，《广州大典》卷376，广州：广州出版社，2015年版，第386页。
② （清）孔继良译：《西药略释》，《广州大典》卷376，广州：广州出版社，2015年版，第386页。
③ （清）孔继良译：《西药略释》，《广州大典》卷376，广州：广州出版社，2015年版，第386页。
④ （清）孔继良译：《西药略释》，《广州大典》卷376，广州：广州出版社，2015年版，第387页。

3. 路卑利

产地美国，俗名土烟，因为该药入口与烟叶同等烈度。该植物高度一尺多一点，有壳，壳内有多个核，美国田间长有很多，不需要栽种。叶和壳均可以入药，可以研磨成末制成药散。药性为“服后顿觉昏倦沉闷，恍如吸烟致闷一般”。催吐时每次服用“八厘至分半”。可以将路卑利和淡火酒混合作药酒方，该方可以催吐，亦可祛痰治疗“暇喘”，制法为将二两路卑利与十五安士量淡火酒混合浸泡二日，反复过滤，最后凑足二十安士量保存。①

4. 芥末

中外皆有，其中西方的芥末分黑白二种，黑色有油，白色无油。未研磨时没有味道，研成细粉末时色黄味道苦辛。服用一钱就能催吐。当胃不消化时，每次服芥末三分，一日三次。误食鸦片中毒可以用芥末催吐。另附一方：芥末四钱，牛奶半斤，二者一起煎服，一日三至四次，每次服用一茶杯，可调理肠胃。

5. □锑葡吐散

□锑葡吐散，现名酒石酸锑钾。书中写由锑养末（三氧化二锑）和□葡酸散（酒石酸钾）通过化学反应制成，具体步骤为先将两种原料加少量水研活成浆状等12小时后加入适量水至容器内，边加热边搅拌。一刻钟后，过滤得到固体。再将过滤后的水重复上述步骤，又得到部分固体。将两种固体混合，用软纸吸去水分就制得酒石酸锑钾。该药为无色透明晶体，在空气中会遇水变为白色粉末。味道是辛且涩闷，溶于水中无味、儿童可以容易服用。□锑葡吐散不光能催吐，还有止泻、发表、散痰、散热等功效。该药易溶于热水，可溶于冷水与酒；如果溶于水中可加入火酒以长期保存避免变质。患者催吐时每一次可服用二三厘就见效。该药共有八方，是一种很常见的催吐药。一方为□锑葡吐散五厘、白糖一钱、清水四两搅拌和匀分四次服用，每刻一服，等患者呕吐时就停止服用，然后多喝热水帮助呕吐，胃部发炎不要用此药。一方为□锑葡吐散三厘四、镁磺养八钱、清水五两和匀，每一小时服八钱，可治吐泻热症。一方为□锑葡吐散一厘七至二厘半、衣毕格散二分和匀分四次，沸水开服，每刻钟服一次，可呕吐发表。一方为药酒方，将□锑葡吐散五分二厘、沸水十三安士量和化后，将入火酒三安士量调匀。作者评价此方为西方最为通用的方法，可以适合大量的催吐场景使用，但服用不宜过量，过量危害患者。

6. 鋥磺养

鋥磺养，现名硫酸锌，属硫酸盐类。书中记载制取硫酸锌的主要原料有金属锌、硫酸、碳酸锌、氯水。先将锌、硫酸、水依次放入容器内，轻轻加热，让它们反应至无固体残留。然后过滤，将滤液放入大容器内，逐渐加入氯水，边加边摇，至能闻到氯气的味道。然后加入碳酸锌，至有黄色固体产生。然后过滤，加热滤液至有一层薄薄的固体层。停止加热，冷凝，用纸收干水汽后得到硫酸锌。作者认为这是最好的制取纯净硫酸锌的方法。该药为无色透明晶体，与硫酸镁类似；暴露于空气中遇水变为白色粉末。味道偏涩且不可口。易溶于热水，可溶于冷水，且熔点很低，为100℃，可加热熔化。每次服用硫酸锌半分至三分半剂量必吐，可用作吐剂、补剂、敛剂等。后附三方，可内服催吐，又可外用于皮肤治疗皮肤病。

7. 铜磺养

铜磺养，俗名胆矾，化学名硫酸铜。书中所用药物，实为硫酸铜水合物，即五水硫酸铜。用红铜金属和稀硫酸反应，过滤，蒸干滤液得到该药。该药为蓝色大晶体，暴露于空气中吸水变潮。味道很涩，气味浓烈。易溶于水，难溶于火酒。服用该药与服用□锑葡吐散有不同的效果，服用□锑葡吐散后身体软弱无力，而铜磺养无此症状。与鍟磺养药性相近，但比鍟磺养猛烈。可用作吐剂、敛剂等，作吐剂时可服用八厘至一分四厘。后附有一方，铜磺养一分至二分半与白糖混合制成水溶液，每刻钟服一次至呕吐，可用热水帮助催吐，可解鸦片及其他毒物。

8. 钒□磺养

钒□磺养，俗名白矾，明矾，化学名十二水合硫酸铝钾，多见于火山和煤矿等处。该药为白色固体，味涩而甘。易溶于水，难溶于火酒。药性与铜磺养相同。作吐剂时每次服用一二钱与糖水混合。方剂有二，一是和白糖混合催吐救服鸦片及其他毒物，具体用法为白矾末三四钱和糖水混合服用，多喝热水帮助呕吐；另一方可治小儿肺炎呀喘，具体用法为白矾末一二钱和糖水混合服用，每日服用二三次，至呕吐为止。

三、《西药略释》"吐药" 的主要特点

（一）内容丰富翔实，以国外西药为主

嘉约翰在书中介绍的这 8 种吐药都是当时西医经常使用的药物，涵盖了植物药（包括从植物中提取的有效成分）和盐类制剂，并且按照制法、形色、溶化、药性、用法、方剂、方论介绍药物性质及其作用，十分详细，确保不遗漏重要内容。对于非国产的外来药物也介绍其主产地，如衣毕格产于南美巴西，路卑利产于北美美国。对于需要由其他物质通过化学反应制得的药物，书中详

细列出了制取药物的原料、方法、具体操作步骤，为医学生学习实验提供了参考和指导，也为国人认识了解西药提供了翔实的素材。

（二）方剂种类多样，以西法炮制为主

吐药篇8种吐药都列有不同种方剂，其中常用类药物衣毕格、□锑葡吐散所列方剂甚多，衣毕格有4种，□锑葡吐散有8种。并且不同方剂可以对病人有不同的效果，医生可以根据施治时的具体情况，随机应变，自行选择最佳方剂。每个方剂都详细列出药物用量、调制方法、所治病症、服用方法、疗程、病人服后的预期效果等，医者可以以此为据，对照自己的治疗方法与病人反应，更有针对性地治疗疾病。如"阿甫么啡"的制法为"么啡精一份，浓烟强水二十份，二味并入坚厚玻筒内，于是封固筒口，外用合式铁筒，套护螺丝，扭紧筒口，将铁筒放油铑内，熬三点钟，要热至百度表之一百四五十度为止，停冷，取出玻筒，打开加入清水开淡些，再加入鏀双炭养略多和匀，俟其散坠底，去尽上面之水，加入伊打酒，化后，加入盐强水数滴，凝结，又以沸水化之，俟其凝结，仍以水少许化之，再入鏀双炭养后凝结之散，乃阿甫么啡也"[①]。这个方法应用了吗啡和浓盐酸在加热至140℃～150℃条件下反应生成阿扑吗啡。"铜磺养"的制法是"红铜片或红铜碎，淡矿养水足用，浸化滤净，煎去水，俟凝珠，即此药也"，实乃用金属铜与稀硫酸的化学反应，从而制得硫酸铜化合物。[②]

（三）注重西药理论与实际疾病治疗相结合

吐药论开篇的总论介绍了吐药作用的原理，一般的治疗方法等吐药的应用理论与方法。在介绍单一药物时，根据药物自身的性质，功效要求医生根据不同的时间、病情、病人的身体状况等，酌情施治。如果药物反应过于剧烈，则应该依据实际情况谨慎使用。在论述阿甫么啡的使用时，作者说："若遇气管发炎，闭塞之症，不能不呕者，用此虽能令顽痰尽吐，而元神必伤，则用者不可不慎也。"论及□锑葡吐散时，提到"若服后腹痛而致呕吐太甚，可服鸦片散或鸦片酒，及甘菊花各润物解之"[③]。

（四）重视术语翻译与文本表述方法

《西药略释》所载吐药名称，有的按音译，如阿甫么啡（Apomorphia）、衣毕格（Ipecac）、路卑利（Lobelia）；有的按药物属性意译，如芥末（Mustard）、

---

① （清）孔继良译：《西药略释》，《广州大典》卷376，广州：广州出版社，2015年版，第386页。
② （清）孔继良译：《西药略释》，《广州大典》卷376，广州：广州出版社，2015年版，第390页。
③ （清）孔继良译：《西药略释》，《广州大典》卷376，广州：广州出版社，2015年版，第389页。

胆矾（Copper Sulphate）、白矾［Potass et Alumen Sulp（Alum）］等，这些译名有的在现代西药中仍然在使用。关于吐药的表述方法，借鉴了中医本草学中的一些表述方法，如制法、形色、气味、药性、功用等。涉及药物计量时，采用的都是当时清朝常用的计量单位如斤、两、分、钱、厘等，这样有助于当时的中国人学习与实践西方药物学知识，也对西方药物学在中国的传播与发展起到了促进作用。

结　语

《西药略释》作为近代西方医药学译介重镇博济医局编译的第一部系统的西药学著作，是博济医学院培养医学生的医学教科书，也是西方药物学传入中国的重要著作。嘉约翰结合西方药物学的理论与实践，在书中详细地论述了西药的源流、功用、药性、制药方法、验药方法、服用方法、药方等内容。该书在当时具有极高的学术价值和临床应用价值，为国人了解、认识、学习西医建立起一座桥梁，在中西方医药学知识交流中起到了重要作用。作者在吐药篇中充分利用了自身丰富的医疗经历和充沛的理论知识，用系统化的科学语言将吐药的治病理论阐述给读者，简洁易懂，易于初学者学习掌握。同时著者强调使用吐药时要谨小慎微，有些药物要严格按照相关规定谨慎使用，有些药物医者要根据病人的实际情况增减药物用量。吐药篇中介绍的8种吐药及其制造方法、性质、药效、药方、使用方法等，极大地补充了当时对吐药的认识，有些吐药直到今天还在临床医学中被广泛应用。

工 艺 史

唐宋时期制砚技术的传承与革新*

陈　涛

（北京师范大学历史学院）

提　要　制砚技术史是中国古代科技史的重要内容之一，而唐宋时期正是中国古代制砚技术体系发展的完备阶段。秦汉时期，砚的形制逐渐规范化；魏晋南北朝时期，砚的形制趋于定型化；唐宋时期，正式确立了后世的主要制砚材质，砚的制作不仅日益专业化，而且更加艺术化，砚式种类显著增加，砚中名品不断涌现，形成一套成熟的完善的技术体系。

关键词　唐代　宋代　制砚技术　传承　革新

砚的起源时间甚早，最初只是作为研磨器具使用，故常写作"研"。历经漫长的时代演变，砚才从原来的研磨器具和调色器具中脱胎出来。据考古出土实物可知，湖北云梦睡虎地秦墓4号墓出土战国晚期石砚和研墨石各1件，均为鹅卵石加工而成。[①] 这表明至少在战国时期，就已出现了专门用作文书工具的砚。[②] 秦汉时期，作为中国古代重要手工业门类之一的制砚业开始兴起。魏晋南北朝时期，制砚业持续发展。[③] 唐宋时期，制砚业空前繁荣[④]，制砚技术体系最终成熟、完善。

事实上，制砚技术史与造纸技术史同样都是中国古代科技史的重要内容之一。然而，以往学界多侧重强调研究造纸史和印刷史，忽视对制砚史的研究。有鉴于此，本文拟通过揭示不同历史时期制砚材质的变化过程，勾勒制砚技术

---

*　基金项目：国家社科基金后期资助项目"唐宋时期文具制造业研究"（课题编号：17FZS052）。

① 参见湖北孝感地区第二期亦工亦农文物考古训练班：《湖北云梦睡虎地十一座秦墓发掘简报》，《文物》1976年第9期，第53页。

② 参见陈涛：《从考古资料看文具的出现》，《中原文物》2013年第5期，第64页。

③ 参见陈涛：《秦汉魏晋南北朝时期的制砚业》，《五邑大学学报（社会科学版）》2014年第1期，第56—60页。

④ 参见陈涛：《隋唐五代时期的制砚业》，《中国社会经济史研究》2012年第4期，第10—18页；陈涛：《宋代的制砚业》，《宋史研究论丛》第16辑，保定：河北大学出版社，2015年版，第121—147页。

不断成熟、完善的轨迹，重点探讨唐宋时期制砚技术的时代特点，以期对制砚技术史的研究有所裨益。

一、制砚材质的因袭与革新

秦汉时期，制砚材质颇多，已经出现石砚、漆砚、木砚、竹砚、玉砚、铜砚、陶砚、瓷砚、瓦砚等，而当时的玉砚、铜砚常为帝王将相与皇室贵族所用，因此以石砚和漆砚的制作最为普遍。东汉晚期，瓷砚和瓦砚开始出现。[①]

魏晋南北朝时期，制砚材质丰富，有石砚、漆砚、木砚、蟾砚、银砚、铜砚、铁砚、陶砚、瓷砚等，而银砚、铜砚、铁砚仍是帝王将相与高官显贵所用之物。此间，石砚开始逐渐减少，而陶砚、瓷砚使用渐广，且日益流行。[②]

隋唐五代时期，制砚材质较前代又有增加，有玉砚、银砚、铁砚、漆砚、骨砚、琉璃砚、砖砚、瓦砚、陶砚、瓷砚、澄泥砚、石砚等，而玉砚多是帝王皇室所用之物，银砚、铁砚、漆砚、骨砚和琉璃砚虽有但不常见，尤以陶砚最为盛行。这一时期，瓷砚由十分流行到逐渐少见，石砚由较为少见到逐渐增多，澄泥砚却开始兴起。[③]

宋代，制砚材质更加多元，有玉砚、水晶砚、玛瑙砚、金砚、铜砚、铁砚、漆砚、木砚、缸砚、砖砚、瓦砚、陶砚、瓷砚、澄泥砚、石砚等。其中，玉砚、水晶砚、玛瑙砚和金砚皆是奢侈品，多为帝王皇室所有；木砚、缸砚、砖砚、瓷砚虽有但不多见；而尤以陶砚、澄泥砚和石砚为多。[④]

通过比较不同历史时期的制砚材质（表1），我们可以发现，其中既有因袭，也有革新。

表1　历史时期制砚材质对比表

时代	制砚材质
秦汉	石砚、漆砚、木砚、竹砚、玉砚、铜砚、陶砚、瓷砚、瓦砚
魏晋南北朝	石砚、漆砚、木砚、蟾砚、银砚、铜砚、铁砚、陶砚、瓷砚
隋唐五代	玉砚、银砚、铁砚、漆砚、骨砚、琉璃砚、砖砚、瓦砚、陶砚、瓷砚、澄泥砚、石砚

① 参见陈涛：《秦汉魏晋南北朝时期的制砚业》，《五邑大学学报（社会科学版）》2014年第1期，第56—57页。

② 参见陈涛：《秦汉魏晋南北朝时期的制砚业》，《五邑大学学报（社会科学版）》2014年第1期，第58—59页。

③ 参见陈涛：《隋唐五代时期的制砚业》，《中国社会经济史研究》2012年第4期，第10—18页。

④ 参见陈涛：《宋代的制砚业》，《宋史研究论丛》第16辑，保定：河北大学出版社，2015年版，第121—147页。

续表

时代	制砚材质
宋代	玉砚、水晶砚、玛瑙砚、金砚、铜砚、铁砚、漆砚、木砚、缸砚、砖砚、瓦砚、陶砚、瓷砚、澄泥砚、石砚

资料来源：《砚谱》《砚史》《砚录》《初学记》《北堂书钞》《艺文类聚》《文房四谱》《墨池编》《全唐诗》《文物》《考古》《考古学报》等。

总体而言，自秦汉至宋代，制砚材质一直比较丰富，前后相承且不断出现新材质，常见材质与珍贵材质并存，满足不同社会阶层的消费需求。

然而不同历史时期，砚的流行情况有所不同：汉代，石砚和漆砚最为常见，陶砚、瓷砚尚不普遍；魏晋南北朝时期，出现石砚由较为普遍到逐渐减少，而陶砚、瓷砚非常流行的新变化；隋唐五代时期，经历了由陶砚、瓷砚盛行到澄泥砚兴起、石砚逐渐增多的转变；宋代承袭前代的变化，出现陶砚仍较常见、瓦砚十分流行、澄泥砚非常兴盛、石砚极其普遍的新格局。

唐宋时期，不仅正式确立了后世的主要制砚材质，包括陶砚、澄泥砚和石砚等，而且出现了砚中名品，如唐代名砚有虢州、绛州、青州等地的澄泥砚，青州红丝石砚，端州端砚，歙州歙砚等；宋代名砚有端砚、歙砚、澄泥砚、洮河石砚、红丝石砚、黑角砚、黄玉砚、鹊金砚、褐石砚、宁石砚、归石砚、夔石砚、潭石砚、凤咮砚、铜雀台瓦砚、吕道人陶砚等。由唐到宋，名砚品类极大丰富，并且形成后世所谓的"四大名砚"，即端砚、歙砚、澄泥砚和洮河石砚。

二、制砚技术的传承与创新

秦汉时期，砚的制作技术逐渐由不规范到规范，由简单到复杂，由粗糙到精良。以最常见的漆砚为例，当时的制作技术已经相当精湛，山东临沂金雀山周氏墓群出土有西汉漆盒石砚1件，砚盒木胎，盒盖与盒身各长21.5厘米、宽7.4厘米、厚0.9厘米。盒盖里外髹赭漆，里面有长方形凹槽可扣住石板砚，有方形凹槽可扣住研磨石。外面用朱红、土黄、深灰三色漆画出云兽纹，再以黑漆勾出云兽线条，计有虎、熊、鹿、羊等六兽。盒身里外也髹赭漆，里面有石板砚一块，长16厘米、宽6厘米、厚0.2厘米。胶合在一块长宽各2.5厘米、厚1.1厘米的坛形木块上。放置时，木块向上，研磨石向下。捏住木块，可以将研磨石压在石板砚上研磨。盒外底部绘有与盖表面相同的图案。[1]

西汉时期，石砚和陶砚通常都附有研磨石，形制相对比较简单，表面较为

---

[1]　临沂市博物馆：《山东临沂金雀山周氏墓群发掘简报》，《文物》1984年第11期，第48—49页。

光滑，但底面粗糙，如湖北江陵凤凰山168号西汉墓出土石砚1件，砚为细砂岩，花绿色，圆形，面径9.5厘米、底径9.8厘米、厚1.5~1.6厘米，研石用河卵石加工而成，质料石英岩，圆锥形，磨面直径5厘米、顶端径3.7厘米、高3.5厘米[①]；又如宁夏固原西汉墓出土陶砚1件，为泥质灰陶，烧制而成，圆饼形，一面磨光并有黑色颜料研磨痕迹，磨光面上放研磨石一块，直径16.8厘米、边厚2.8厘米。[②]

东汉时期，砚逐渐从有研磨石发展到无研磨石，并且以圆形、方形为基本形制。圆形砚，如广东广州汉墓出土东汉后期陶砚1件，为灰白胎硬陶，圆形，由盖、身两部分组成，砚面平圆高起，四周有一圈凹漕，底附三蹄形短足，盖顶平圆高起，中有圆穿孔，盖面施黄褐色釉，周边有旋纹一周，通高8厘米，直径16.5厘米[③]；又如浙江宁波汉代窑址出土有东汉晚期瓷砚，砚面呈圆盘状为墨池，不施釉，砚底置三个乳钉状足，鄞Y1∶10口径13.4厘米、足距11.8厘米、高2.7厘米。[④]此外，河北望都东汉墓壁画北壁券门东侧画"主记史"，坐于矮榻之上，榻前有三足圆砚1件，砚上还立有墨1锭。[⑤]方形砚，如江西南昌南郊汉墓出土东汉晚期长方形砚板1件，青石制成，一面磨光，一面粗糙，光面遗有墨或朱痕，并有布纹，长14厘米、宽7厘米、厚0.6厘米。[⑥]

东汉后期，繁钦所作《砚赞》云："或薄或厚，乃圆乃方。方如地象，圆似天光"[⑦]；所作《砚颂》曰："钧三趾于夏鼎，象辰宿之相扶。"[⑧]繁钦的记载与望都东汉墓壁画及考古资料中所见东汉砚的制法相同，应是当时的通行之法。可以说，《砚赞》《砚颂》的出现，标志着东汉时期制砚技术开始走向成熟。

魏晋南北朝时期，在继承前代制砚技术的基础上，砚的形制趋于定型，圆形、长方形成为基本形式，式样不断艺术化，种类日见增多，制作更加精巧。

三国两晋时期，石砚仍较为普遍；南北朝时期，石砚逐渐减少。石砚中以长方形砚最为常见，有的不带足，如江苏南京仙鹤山7号墓出土西晋时期长方形砚1件，较薄，两面磨光，一面有墨痕，长16.4厘米、宽13厘米、厚0.3厘

---

① 湖北省文物考古研究所：《江陵凤凰山一六八号汉墓》，《考古学报》1993年第4期，第497页。

② 固原博物馆：《宁夏固原城西汉墓》，《考古学报》2004年第2期，第189页。

③ 中国社会科学院考古研究所、广州市文物管理委员会、广州市博物馆：《广州汉墓》，北京：文物出版社，1981年版，第416页。

④ 林士民：《浙江宁波汉代窑址的勘察》，《考古》1986年第9期，第804—805页。

⑤ 北京历史博物馆、河北省文物管理委员会编：《望都汉墓壁画》，北京：中国古典艺术出版社，1955年版，第13页。

⑥ 江西省博物馆：《江西南昌市南郊汉六朝墓清理简报》，《考古》1966年第3期，第151页。

⑦ （宋）吴淑：《事类赋》卷15《什物部·砚》，《景印文渊阁四库全书》第892册，台北：商务印书馆，1986年版，第938页。

⑧ （宋）苏易简：《文房四谱》卷3《砚谱·二之造》，《丛书集成初编》第1493册，北京：中华书局，1985年版，第39页。

米①；有的带足，如辽宁北票北燕冯素弗墓出土十六国时期石砚大小2件，蛋青色砂岩，形制略同，都是长方形，四足，各在砚面的不同位置雕出长方形砚池、方形墨床，耳杯形水池和笔榻，榻上刻出笔槽，笔锋向上，笔尾出一分叉，砚侧线雕水涛纹，两砚都没有使用痕迹，大砚长27厘米、宽23.4厘米、高8.4厘米，小砚长18.2厘米、宽14.6厘米、高5.5厘米。②

魏晋南北朝时期，陶砚、瓷砚已采用模制。陶砚以圆形最为常见，可分不带足和带足两种。不带足的圆形陶砚，如河南洛阳元邵墓出土建义元年（528年）陶砚1件，泥质灰陶，火候较高，轮制，磨光，有盖（残），圆形，直径10厘米、通高3.3厘米、砚高1.8厘米、砚面厚0.7厘米、深1厘米，砚盘周边有子口以承盖，砚面凸起，周边微凹为砚池。③带足圆形陶砚多为三足，如江苏南京东杨坊南朝墓出土刘宋晚期至萧齐早期陶砚2件，形制相同，其中M1∶24，圆形，圆唇，子母口，砚堂较浅，中心向上凸起，底部有三个兽蹄形足，口径16.8厘米、底径16.4厘米、高6厘米。④当然，也有多足陶砚。

北朝后期，出现箕形陶砚，如陕西历史博物馆藏西安东郊郭家滩出土武定七年（549年）箕形平底陶砚1件，砚长15.7厘米、宽11厘米、厚2.5厘米，前低后高，边沿突起，背面左端有模印纹人首鸟身的画面，右端刻有阳文"武定七年，为庙造"。⑤这种箕形砚式，直接影响了后世的制砚风格。

魏晋时期，三足瓷砚极为流行，如浙江宁波出土西晋时期青瓷砚1件，圆唇，子口，浅盘中间微凸，斜腹，平底略内凹，下附三个简化兽形足，砚面涩圈，中心隐约可见淡墨痕，器身通体施釉，口径18.3厘米、底径1.8厘米、高1.5厘米。⑥南北朝时期，瓷砚足数逐渐增多，三至十余足不等，如广西融安天监十八年（519年）墓出土瓷砚1件，直领圆唇，砚面微隆，底微凹，十二乳足，施青黄釉，部分已脱落，砚面无釉，口径24厘米、通高5.2厘米。⑦

西晋傅玄《砚赋》云："采阴山之潜朴，简众材之攸宜。即（节）方圆以定形，锻金铁而为池。设上下之剖判，配法象乎二仪。木贵其能软，石美其润坚。加采漆之胶固，含冲德之清玄。"⑧其中对制砚材质、形制、式样、性能等

① 南京市博物馆、南京师范大学文物与博物馆学系：《南京仙鹤山孙吴、西晋墓》，《文物》2007年第1期，第32页。

② 黎瑶渤：《辽宁北票县西官营子北燕冯素弗墓》，《文物》1973年第3期，第9页。

③ 洛阳市博物馆：《洛阳十五年来出土的砚台》，《文物》1965年第12期，第40页。

④ 南京市博物馆：《南京市栖霞区东杨坊南朝墓》，《考古》2008年第6期，第39页。

⑤ 朱捷元、黑光：《陕西省博物馆收藏的几件砚台》，《文物》1965年第7期，第48页。

⑥ 宁波市文物考古研究所、宁波市鄞州区文物管理委员会办公室：《浙江宁波市蜈蚣岭吴晋纪年墓葬》，《考古》2008年第11期，第51页。

⑦ 广西壮族自治区文物工作队：《广西壮族自治区融安县南朝墓》，《考古》1983年第9期，第792页。

⑧ （唐）徐坚等：《初学记》卷21《文部·砚》，北京：中华书局，2004年版，第519页。

都有描述，而且与考古资料中所见砚的制法相符。因此，《砚赋》的问世，意味着魏晋南北朝时期制砚技术逐渐成熟、完善。

隋唐五代时期，制砚技术承袭前代且渐趋细腻。砚的造型更加精巧，不仅更加专业化，而且日趋艺术化。陶砚和瓷砚的形制主要有圆形、方形、兽形、箕形、凤字形等类。箕形陶砚非常普遍，凤字形陶砚十分流行，圆形瓷砚最为常见且尤以辟雍瓷砚为多。

圆形陶砚，有的无足，如陕西西安出土唐代辟雍陶砚，座形，其砚身轮制而中心砚面另接[①]；有的带足，足数三至二十个不等，如河南洛阳隋唐东都皇城遗址出土唐代陶砚1件，砚盘呈圆形，浅腹，盘内正中有一个十字形花瓣状台面，台面两侧有两个相对称的小圆筒形笔插，另外一侧饰作假山状，底部有四个蹄形足，口径11.7厘米、高7.2厘米。[②]

方形陶砚，如河南洛阳二十九工区354号墓出土天福二年（937年）造平台斜面灰陶砚1件，长12厘米、宽9.5厘米、高4.2厘米、砚面厚3厘米、深1.7厘米，泥质灰陶，质地特别坚硬，用模制成坯，再阴刻花纹和铭文，砚面磨光，斜面呈箕形，后宽前窄，背面为长方形框，凹下，阴刻铭文二十八字，似七言律诗一首，砚前、后侧有桃形图案，左侧有回字纹饰，右侧上端刻一鹰，下有五言绝句一首，并有纪年"天福二年八月营造记之"。[③]

兽形陶砚，尤以龟形居多，如河南上蔡出土盛唐时期龟形陶砚1件，泥质灰陶，通长21.5厘米，盖上印着龟背纹，砚面前部，特制一新月形的蓄水池，从蓄水池到尾部之间，为一凹形的砚面，龟头昂伸，眉、目、耳、鼻、口都很清晰，砚底有四足直立。[④]

箕形陶砚，其形制类似"日常生活中使用的簸箕，内凹"[⑤]，有的无足，如浙江乐清出土五代时期陶砚1件，面大底小，底空，质地细腻，为黑色细泥制成，长12.8厘米、宽7.2—10.4厘米、高6.4厘米[⑥]；有的带足，多为二足，如四川成都贞元二年（786年）墓出土陶砚1件，泥质灰陶，平面近椭圆形，圆唇、弧腹、圆底，底部前端有两个乳丁状足，内壁底部有三道划痕，长14厘米、宽11.6厘米、高3.4厘米。[⑦]

---

①　俞伟超：《西安白鹿原墓葬发掘报告》，《考古学报》1956年第3期，第63页。

②　中国社会科学院考古研究所洛阳唐城队：《河南洛阳隋唐东都皇城遗址出土的红陶器》，《考古》2005年第10期，第44页。

③　洛阳市博物馆：《洛阳市十五年来出土的砚台》，《文物》1965年第12期，第45页。

④　河南省文化局文物工作队：《河南上蔡县贾庄唐墓清理简报》，《文物》1964年第2期，第63页。

⑤　蔡鸿茹：《古砚浅谈》，《文物》1979年第9期，第78页。

⑥　温州市文物处：《浙江乐清县发现五代土坑墓》，《考古》1992年第8期，第765页。

⑦　成都市文物考古研究所：《成都市南郊唐代襄公墓清理简报》，《文物》2002年第1期，第68页。

　　凤字形陶砚，与箕形陶砚相比，砚面更加平坦①，有的带足，多为二足，如河南洛阳开平三年（909年）墓出土陶砚1件，泥质灰陶，底前部有两个条形足，长14厘米、口宽10.1厘米、高2.7厘米。②

　　圆（盘）形瓷砚，砚面通常不施釉；有的无盖，有的带盖；有的无足，有的带多足，足数三至十余个不等。有盖多足瓷砚，如河南安阳出土隋代瓷砚1件，圆形，尖圆式纽，砚口圆形、直领，砚面微上凸，周有凹槽，砚底部有间隔相等的17个马蹄形足圈成一周，砚面及底部未施釉，余满施淡青色釉，微泛白色，釉色明亮而有光泽，有细开片，通高10.1厘米、口径11.4厘米、沿深1.1厘米、足高3.6厘米③；无盖无足瓷砚，如福建福州出土唐代瓷砚1件，砚盘四周稍低，中间微凸，施青黄色釉，砚心及砚底露胎，高3.7厘米、砚径9.2厘米。④

　　方形瓷砚，如江西玉山渎口窑址出土晚唐至北宋中晚期瓷砚1件，已残，灰白色胎，青釉，长方形，底向一端倾斜，长10.6厘米、宽7.9厘米。⑤

　　兽形瓷砚，主要是龟形，如广东新会官冲古窑址出土中晚唐至宋初瓷砚多件，其中T101③：82，通体施青黄釉，釉面有光泽，砚心微凹，龟形四足，有尾，残长10.2厘米、残宽13.2厘米、高5.1厘米。⑥

　　箕形瓷砚，如唐代邛瓷砚，长16.8厘米、宽13.7厘米、通高4厘米、深2.6厘米。⑦

　　凤字形瓷砚，如浙江绍兴越窑出土晚唐至北宋时期瓷砚，两侧和上下端画有花纹，砚面中部稍上饰花瓣，下半部未施釉，但表面光洁，底部四周无釉，有支烧点痕迹，残长11厘米、宽10.1厘米。⑧

　　澄泥砚，兴起于唐代⑨，"是由陶砚发展而来的一种制砚工艺"⑩。澄泥砚的制作虽然是从一些砖、瓦、陶砚的制作工艺中得到启示，但是其既非陶砚，又非砖瓦砚。澄泥砚的形制主要有箕形、龟形等。箕形澄泥砚，如唐代大型箕形

①　蔡鸿茹：《古砚浅谈》，《文物》1979年第9期，第78页。

②　洛阳市文物工作队：《洛阳后梁高继蟾墓发掘简报》，《文物》1995年第8期，第52页。

③　安阳市文物工作队：《河南安阳市两座隋墓发掘报告》，《考古》1992年第1期，第42页。

④　福建省博物馆：《福建福安、福州郊区的唐墓》，《考古》1983年第7期，第617页。

⑤　江西省文物考古研究所、玉山县博物馆：《江西玉山渎口窑址发掘简报》，《文物》2007年第6期，第26页。

⑥　广东省文物考古研究所、新会市博物馆：《广东新会官冲古窑址》，《文物》2000年第6期，第39页。

⑦　《砚史资料（五）》，《文物》1964年第5期。

⑧　绍兴市文物管理委员会：《绍兴上灶官山越窑调查》，《文物》1981年第10期，第46页。

⑨　有学者认为："中唐后期，已经出现了澄泥砚。"郑珉中：《砚林初探——学砚心得三论》，《故宫博物院院刊》1997年第4期，第16页。

⑩　萧高洪：《新见唐宋砚图说》，武汉：湖北美术出版社，2002年版，第1页。

斜面澄泥砚，长33.5厘米、宽26厘米、通高6.3厘米、深4厘米。[①] 龟形澄泥砚，如河南洛阳隋唐东都城遗址出土唐代前期龟形澄泥残砚1件，残存前面局部，残长14.5厘米、带座高5厘米；原平面呈椭圆形，龟腹部为砚池，前侧有一弯月状的小墨池；前方龟首高昂，双耳斜竖瞪目闭口；砚下有足，造型生动逼真；砚表里呈青灰色，质地细腻坚硬。[②]

隋唐五代时期，石砚的形制主要有箕形、凤字形、方形、梯形等类。

箕形石砚，如河南偃师出土唐代后期紫石砚1件，外形呈簸箕状，底部一端有二长方形足，石质坚硬，磨制光滑，长15厘米、宽11厘米。[③]

凤字形石砚，如湖南长沙出土马楚时期（909—930年）石砚4件，全部是凤字型砚，其中M37∶13石色紫灰，正面作梯形，腰部微束，底有履足两个，底部刻"闻人"二字，长13厘米。[④]

方形石砚，如湖北巴东出土唐代前期石砚1件，长方形，长9.2厘米、宽7.7厘米、厚0.8厘米。[⑤]

梯形石砚，如湖南长沙出土隋唐时期石砚1件，呈梯形，小端厚而大端薄，大处有敞口，口底有方形足两个，使之与厚端等高，使墨汁不致外流。[⑥]

宋代，制砚技术在承袭前代的基础上，又不断开拓创新，如《墨池编》记载："古今相传有如鼎足者，如人面者，如蟾蜍者，如凤字者，如瓜状者，如龟形者，如马蹄者，如葫芦者，如壁池者，如鸡卵者，如琴足者，亦有如琴者。有外方内圆者，有内外皆方者，或有虚其下者，亦有实之者，此二种皆上锐下广。又有外皆正方，别为台于其中，谓之墨池"[⑦]，变得更加成熟、完善。

此间，陶砚较为常见，形制主要有圆形、梯形、箕形、方形和凤字形。

圆形陶砚，如湖南洪江出土北宋陶砚1件，已残，棕红色胎厚实，火候较高，未施釉，砚面缓平，底有矮足，外底部竖刻三行铭文，为"元祐肆年在烟口村作造艺瓦"十二字，长6.3厘米、残宽5.9厘米。[⑧]

梯形陶砚，如湖北英山出土北宋陶砚1件，泥质灰陶，质地细而较坚硬，

① 《砚史资料（一七）》，《文物》1965年第5期。

② 李德方：《隋唐东都城遗址出土一件龟形澄泥残砚》，《文物》1984年第8期，第63页。

③ 中国社会科学院考古研究所河南第二工作队：《河南偃师杏园村的两座唐墓》，《考古》1984年第10期，第910页。

④ 湖南省博物馆：《湖南长沙市郊五代墓清理简报》，《考古》1966年第3期，第164页。

⑤ 武汉大学考古系、湖北省文物局三峡办：《湖北巴东县汪家河遗址墓葬发掘简报》，《考古》2006年第1期，第42页。

⑥ 周世荣：《长沙容园两汉、六朝、隋、唐、宋墓清理简报》，《考古通讯》1958年第5期，第16页。

⑦ （宋）朱长文：《墨池编》卷6《器用一·砚》，《景印文渊阁四库全书》第812册，台北：商务印书馆，1985年版，第927页。

⑧ 湖南省文物考古研究所：《湖南洪江市宋代烟口窑址的发掘》，《考古》2006年第11期，第47页。

墨池靠近窄端，砚边三面有栏，墨池至前缘呈斜坡状，砚底前缘至中部凿有舌形缝隙，深0.3厘米、长12厘米、窄端宽7.3厘米、前缘宽8.1厘米、厚2.7厘米。①

箕形陶砚，如河南洛阳二十九工区473号墓出土宋代箕形陶砚1件，泥质灰陶，质较坚，内模制砚身，手制双足，抹平磨光，砚首稍外弧而上跷，双足扁长，长13.5厘米、宽10厘米、高2.9厘米、砚面厚0.6厘米、深1.3厘米。②

长方形陶砚，如上海市博物馆藏绍圣五年（1098年）王功靖造陶砚1件，泥质灰陶，砚池作半圆形，砚面后高前低，背面圆凹，可以抄手，方框三道，内刻行书三行"邢州平乡县王固村王功靖自造砚子，绍圣五年三月日（花押）"，长16厘米、宽9.7厘米、高2.5厘米、深2厘米。③

凤字形陶砚，如江苏连云港出土北宋初期陶砚1件，泥质黑灰陶，前缘底部有两个小足，长13.2厘米、后部宽8.4厘米、高3.0厘米。④

瓦砚非常流行，产地有相州、魏州（大名府）、定州（中山府）、保州、沧州南皮、鄂州武昌、赣州雩都等地，其中尤以相州铜雀台瓦砚最为著名。

澄泥砚非常兴盛，形制有箕形、梯形、橘形、长方形等，而尤以长方形抄手澄泥砚最为常见，如上海市博物馆藏澄泥砚1件，稍残，泥质灰陶，长方形抄手砚，砚池为淌池，砚面后高前低成斜坡形，背面刻行书三行，左读"己巳元祐四禩（祀）姑洗月（三月）中旬一日，雕造是者，萝土澄泥，打摸割刻，张思净题口（花押）"，长18.2厘米、宽11.9厘米、高4厘米、深2.9厘米。⑤当时的澄泥砚制作尤以今山东泗水柘沟镇最为著名，此外，相州、虢州、泽州、潭州等地所制也颇佳。

宋代的石砚极其普遍，形制较前代更加多样，较常见的有圆形、箕形、凤字形、长方形、葫芦形等。

圆形石砚，如浙江诸暨出土南宋蕉叶白端砚1件，边缘不规则，石质细腻温润，呈紫黑色，底部磨平光滑，砚面不开墨堂和墨池，砚面一侧阴刻隶书"碧玉子"三字，直径23厘米、高4厘米。⑥

箕形石砚，如湖南长沙九尾冲4号墓出土宋代石砚1件，紫色，前低后高成斜面，底部凿痕多起，底后部有长方形柱足，长14厘米、前宽8.4厘米、后宽

①　英山县博物馆、黄冈地区博物馆：《湖北英山三座宋墓的发掘》，《考古》1993年第1期，第30—31页。

②　洛阳市博物馆：《洛阳十五年来出土的砚台》，《文物》1965年第12期，第46页。

③　吴朴：《介绍上海市博物馆所藏的几方古砚》，《文物》1965年第12期，第55页。

④　南京博物院、连云港市博物馆：《江苏连云港市清理四座五代、北宋墓葬》，《考古》1987年第1期，第55页。

⑤　吴朴：《介绍上海市博物馆所藏的几方古砚》，《文物》1965年第12期，第55页。

⑥　方志良：《浙江诸暨南宋董康嗣夫妇墓》，《文物》1988年第11期，第49页。

10厘米、高2厘米、深1厘米。[1]

凤字形石砚，如上海出土北宋初期石砚1件，风口呈弧形，底平，墨池靠近窄端，至风口处成斜面，长14.5厘米、窄端宽6.5厘米、风口宽10厘米、厚2厘米。[2]

长方形抄手石砚，如陕西宝鸡市博物馆藏抄手端砚，砚石质地细腻缜密，色泽柔润，上面为砚池，边沿略凸，下面凿空成三面壁，既轻且稳，长23厘米、宽13.6厘米、高7.9厘米。[3]

葫芦形石砚，如江苏镇江乌龟山M1出土北宋早期葫芦形端砚1件，砚面椭圆形，与底成相对的斜面，水池半月形，内留粗凿痕，边刻平行线纹，池盖雕饰缠枝菊花，花心镂一小孔，在砚面和水池隔墙下有小孔相通，长17.2厘米、宽8.2—13.9厘米、高3.3厘米。[4]

通过比较不同历史时期的主要砚式（表2），我们可以发现，其中既有传承，也有创新。自秦汉至宋代，圆形、方形始终是主要式样。唐宋时期，砚式种类显著增加，如《端溪砚谱》中记载的形制多达50类，《歙州砚谱》中记载的形制也多达40类。

表2　历史时期主要砚式对比表

时代	主要砚式
秦汉	圆形、方形
魏晋南北朝	圆形、方形、箕形
隋唐五代	圆形、方形、兽形、箕形、凤字形、梯形
宋代	圆形、方形、兽形、箕形、凤字形、梯形、葫芦形

资料来源：《砚谱》《砚史》《砚录》《端溪砚谱》《歙州砚谱》《文物》《考古》《考古学报》等。

宋代，涌现出多部（篇）砚史著述，如有苏易简《文房四谱·砚谱》、唐询《砚录》、欧阳修《砚谱》、蔡襄《文房杂评（一作文房四说）》和《研记》、米芾《砚史》、佚名《砚谱》、何薳《记砚》、叶樾《端溪砚谱》、唐积《歙砚砚谱》、洪适《歙砚说》和《辨歙石说》、高似孙《砚笺》、陈槱《负暄野录·论砚材》等，而在《太平御览》《事类赋》《墨池编》《事物纪原》《海录碎事》《锦绣万花谷》《记纂渊海》《六帖补》《古今事文类聚》《古今合璧事类备要》等书中，也专门列有与砚相关的子目。其中，仅《文房四谱》记载当时澄泥砚的制作就包

---

[1]　王启初：《湖南省博物馆的几方藏砚》，《文物》1965年第12期，第52页。
[2]　上海博物馆：《上海福泉山唐宋墓》，《考古》1986年第2期，第136页。
[3]　高次若、刘明科：《宝鸡市博物馆藏砚选介》，《文物》1994年第5期，第81页。
[4]　镇江市博物馆：《镇江宋墓》，文物编辑委员会：《文物资料丛刊》10，北京：文物出版社，1987年版，第163页。

括取泥、摆泥、荫干、入药、制模、打击、刻作、曝晒、火烧、醋蒸等十几道工序。由此可见，这些砚史著述的出现，既表明宋代的制砚备受瞩目，又反映出当时的制砚技术已经形成完善的体系。

结　语

制砚技术史作为中国古代科技史的重要内容之一，其技术体系的完善大体上经历了三个阶段。

（1）秦汉时期，砚的形制逐渐规范化，尤其是东汉时期，砚逐渐从有研磨石发展到无研磨石，并且以圆形、方形为基本形制，成为制砚技术史上的重要转折，标志着制砚技术开始走向成熟。

（2）魏晋南北朝时期，砚的形制趋于定型化，式样不断艺术化，标志着制砚技术逐渐成熟、完善。

（3）唐宋时期，砚的制作不仅日益专业化，而且更加艺术化，标志着制砚技术体系的成熟、完善。元明清以降的制砚技术都是在此前技术体系基础上的进一步发展而已。

技术复制与艺术：本雅明的艺术生产理论研究

——基于《技术复制时代的艺术作品》的分析

周立斌[1]　王彦婷[2]　伞奕宁[3]

（1.东北大学秦皇岛分校社科研究院；2.东北大学马克思主义学院；
3.东北农业大学工程学院）

提　要　在《技术复制时代的艺术作品》一书中，本雅明从复制技术与艺术生产的关系视角出发，阐述了独到的艺术生产理论。其理论的要义是：在资本主义社会，随着以摄影为代表的复制技术的发展，传统艺术作品所具有的特点发生彻底改变，即艺术作品在前资本主义时期所具有的独一无二性、灵晕性、不可完全接近性等特点彻底消失，而具有可复制性、大众性等新的特点。本雅明指出，法西斯主义正是利用艺术的复制技术以政治美学化的方式来统治大众的。本雅明的艺术生产理论不仅开启了法兰克福学派文化批判理论的先河，而且直接启发了霍克海默和阿多诺的文化工业批判理论，同时对今天我国的文化工业如何发展也提供了一定的理论借鉴。

关键词　本雅明　艺术　复制　灵韵　摄影技术

在《技术复制时代的艺术作品》一书中，作为法兰克福学派边缘人物的本雅明，以他敏锐、细腻的分析，从复制技术与艺术生产的关系视角出发，阐述了其独到的艺术生产理论。本雅明的艺术生产理论，不仅开启了法兰克福学派文化批判理论的先河，而且直接启发了霍克海默和阿多诺的文化工业批判理论，同时对目前我国的文化工业及艺术生产也有很强的现实指导意义。然而，本雅明在此书中阐述的艺术生产理论，内容不仅晦涩，而且驳杂，其影响虽深远但异常微妙且充满变化。本文在阐明其理论提出背景的基础上，提炼其要义，探明其理论影响的学理和现实层面。

一、理论提出的背景

本雅明的艺术生产理论产生的背景异常复杂，既有时代的原因，也有生活的需要，同时也是性格的使然，与此同时，也与法兰克福学派关键人物的影响有关。很显然，阐明这些关系，是研究其艺术生产理论的前提。

（一）本雅明所处的时代状况与艺术生产

在本雅明青年时代，欧洲大陆的左翼和右翼分子们都将艺术的技术复制当作工具，用来推进其各自的政治主张。

1. 欧洲左翼知识分子对时代的判断及对艺术生产的态度

从欧洲左翼知识分子的角度来看，本雅明所处的时代特征，与西方马克思主义创始人卢卡奇是一样的，即资本主义社会物化和异化处于绝对统治的时代。对于那时的时代特征，卢卡奇在《历史与阶级意识》中进行了深入、细致的描绘，"现存的一切在其中表现为费希特所说的那种绝对罪孽的状况，任何希望和出路都带有纯粹海市蜃楼的空想性质"。①

在本雅明所处的时代，如何才能找到出路，从资本主义社会铁一样的异化牢笼中解脱出来，可以说，是那个时代欧洲左翼进步人士共同的理想追求。他们认识到，艺术生产，尤其是借助复制技术的艺术生产，不仅可以推进其政治主张，实现其理想追求，而且也是摆脱异化牢笼的一条出路。以德国的先锋艺术革命为例，在德国，先锋艺术家们提倡的"文化革命"——艺术生产革命，力图利用现代技术，尤其电影、印刷等复制技术，使他们的作品成为政治革命的号角。

1933年纳粹上台以后，不但动用各种宣传机制蛊惑和欺骗，而且利用各种艺术的复制技术，实现政治美学化，其宣传的欺骗手段更高出一般资本主义政党一截。

然而，大多数左翼人士，对此却熟视无睹，不但认识不到纳粹利用艺术技术复制的危害，而且一味地批判大众甘愿沦为大众文化的奴隶。

2. 本雅明对时代的判断及对艺术生产的态度

严峻的时代状况促使本雅明深入思考艺术生产与资本主义异化、物化的关系以及法西斯上台和统治的艺术秘密。"现代人日益加剧的无产阶级化和大众的形成乃是同一过程的两个方面。法西斯主义试图组织新生的无产阶级大众，却

---

① ［匈］卢卡奇著，杜章智等译：《历史与阶级意识——关于马克思主义辩证法的研究》，北京：商务印书馆，1992年版，第4页。

并不触动他们所力求消灭的所有制结构。法西斯主义看到了他们得救的希望：不给予这些大众其权利，而是给予他们表达自我的一个机会。大众有权改变所有制关系，法西斯则试图以维护所有制的条件让他们有所表达。这样，法西斯主义的逻辑结构就是在政治生活中引入美学。法西斯主义以领袖崇拜侵犯大众，强迫他们屈膝下拜；与此对应的正是对机器的侵犯，即强迫机器生产膜拜价值"。①

与许多 20 世纪 30 年代的艺术家与批评家心甘情愿地为政治而放弃了艺术不同，本雅明力求找到一条道路，既关注艺术的需要又关注政治的需要，从而不牺牲任何一方。然而，这条道路所持的立场与左派和右派都不同，它拒斥两个极端的有关艺术生产统一化体系的主张。"本雅明引入一种全新视角：他从艺术生产与接收的变革趋势，来看待现代主义的迅猛崛起。对于社会学家，这恰是一项机构研究方案。迄今为止，我们看到欧洲左派在两个层面分头解读现代主义文艺现象：其一是语言文本研究，其二是艺术机构研究。后者优势是：它将现代派文艺同资本主义文化生产大胆串联。这就为当下研究圈定一个战略交叉点。这一战略交叉点，即文艺表征与文化再生产这两大课题的贯通联接。"②

本雅明此时作为一个流亡主义者，在颠沛流离的生活中，感受到纳粹的危害。他要从起源上进行揭示，同时也希望为知识分子、为包括无产阶级的大众找到异化和物化的解脱之路。

本雅明指出，法西斯主义正是利用政治美学化的艺术生产来统治大众的，"'崇尚艺术，毁灭世界'，法西斯主义者如是说。而且，正如马里内蒂承认的那样，期待着战争提供给一种感觉上的艺术满足，这感觉已经被技术改变了。……在荷马笔下，人类只是奥林匹亚山诸神的关照对象；而如今，人类则成了自己的关照对象。人类的自我异化竟已如此严重，以致它竟将自己的毁灭作为最高等的审美享受来加以经验。这就是法西斯主义进行政治美学化的形式"。③

（二）本雅明早期的人生经历与艺术生产

如果说，20 世纪初的时代背景是本雅明研究艺术生产的社会原因的话，那么，命运多舛就是本雅明研究艺术生产，特别是摄影技术的个体心理所在——一种逃避现实的场所和雅趣所在。

---

① ［德］瓦尔特·本雅明著，胡不适译：《技术复制时代的艺术作品》，杭州：浙江文艺出版社，2005 年版，第 161 页。

② 赵一凡：《从胡塞尔到德里达——西方文论讲稿》，北京：生活·读书·新知三联书店，2007 年版，第 18 页。

③ ［德］瓦尔特·本雅明著，胡不适译：《技术复制时代的艺术作品》，杭州：浙江文艺出版社，2005 年版，第 165 页。

1. 家庭出身与癖好

瓦尔特·本雅明（Walter Benjamin）出生于1892年7月15日，其父亲是德国柏林一个富有的犹太古董商。受父亲的影响，本雅明一生爱好收藏。

正是在玩味各种收藏品中，培养了本雅明的艺术鉴赏能力、细致入微的观察能力和深入透彻的评判能力，这使得他对各种事物都有自己独到的眼光和见解，不人云亦云。

2. 求职的挫折与艺术生涯

1912年起，本雅明先后在弗莱堡大学、柏林大学、慕尼黑大学和伯尔尼大学学习哲学。1919年他在伯尔尼大学获得博士学位。应该说，作为富家子弟，年轻的本雅明学业一直比较顺利。

然而，当本雅明在1925年向法兰克福大学提出教授资格时，却遭到拒绝，理由是：他申请的论文——《德国悲剧的起源》，艰涩难懂且无价值。

从此，本雅明便作为一个漂泊者，游荡在法兰克福、巴黎、意大利等各大城市。集哲学家、漂泊者、收藏家、作家等职能为一身的本雅明，较一般的学者来说，其观察事物的视角更独特，分析事物的变化更细致和多侧面。作为一个哲学家，本雅明主要以哲学的思辨来分析资本主义意识形态变化的技术因素的；作为一个边缘人，本雅明更愿意从细微之处来审视资本主义的结构；作为一个左翼作家，本雅明同样渴望寻求出路以摆脱资本主义庸俗、物化的社会生活。

（三）本雅明的性格特征及与艺术生产

为什么恰恰是本雅明，而不是其他法兰克福学派成员，最先阐明了艺术的技术复制理论，并考证了摄影技术的起源和对大众和社会的影响，我们认为，这与本雅明的性格有直接关系。

本雅明的性格被苏珊·桑塔格归为土星之类，土星气质的人漠然、犹豫、迟钝、缓慢而忧郁，具有"失败的纯洁和美丽"。[①] 尽管苏珊的话不可全信，却也道出了本雅明的主要性格特征及悲剧的命运。

本雅明的漠然，使他对谋生之术毫无兴趣以致后半生穷困潦倒；他的犹豫，使他不能像霍克海默、阿多诺、马尔库塞等第一批法兰克福学派成员迅速脱离纳粹有可能掌控的地域，以致后来因逃脱无路而自杀；他的迟钝和缓慢阻碍了他的理论调整，结果其作品无法取得法兰克福学派实际领导人霍克海默的赞同，致使他始终处于该派的边缘，得不到学派应有的资金资助；他的忧郁使他总是看不到事物的转化倾向和积极方面，这也是导致他自杀的主要性格原因。

---

① ［美］苏珊·桑塔格著，姚君伟译：《在土星的标志下》，上海：上海译文出版社，2006年版，第117页。

但事情需要两方面来看，正因为本雅明的性格迟缓，使他能观察事物细致入微，以细腻的手法描写事物及事物的变化，真可谓"莫不赜彼泉薮，寻其枝叶，原始要终，备知之矣"。[①] 正是得益于土星的敏感气质，使本雅明对艺术复制的观察极其敏锐，思辨也异常清晰；正因为本雅明的性格漠然，使其能超然于物外，超然于党派和学派之外，使他更少受党派的偏见和学派的范式所限，更容易调动左与右翼的反抗现实的力量。在本雅明那里，以法兰克福学派为代表的欧洲左翼对资本主义物化现象的批判，是他立论的根据；而纳粹代表的右翼反动势力对艺术的技术复制的重视，也成为他阐发艺术的技术复制理论的推动力。左翼与右翼的理论，在本雅明那里不但不矛盾，而且都被他的理论所征用。

（四）学术团体的需求：阿多诺对布洛赫的失望和对本雅明的期望

在20世纪30年代，法兰克福学派为宣传他们的学术思想，在霍克海默的主持下，办了他们自己的学术期刊——《社会研究学刊》。由于学术上的共同兴趣，阿多诺同布洛赫、本雅明等左翼人士走得很近。

1. 本雅明的艺术生产观与法兰克福学派

在法兰克福学派的思想家中，本雅明是最早认识到艺术的复制技术对大众的双重作用的（物化作用和解放作用），也是最早认识到纳粹主义与技术美学的关系的。"技术要么在人民大众手中变成表达总体世界欣快经验的客观工具，否则即将来临的便是比第一次世界大战更加可怕的大灾难。这正是要努力辨别的技术革新的负面影响，本雅明相信，这会使人们的洞察力深入到一直延续至今的史前恐怖之中，也会深入到前述建设性倾向之中，这一倾向提出了清除魔力的方法。要么技术变成奴役的工具，要么根本不存在奴役。它能为清除魔力而效力，否则将无法从这些魔力中摆脱出来。"[②] 本雅明的这一论断与他对时代的理解紧密相关。

然而，本雅明始终拒绝正式加入任何组织，包括法兰克福学派（本雅明始终是法兰克福学派的非正式成员）。他像一个隐者，更像一个侦探，在烦乱的资本主义世界中，寻求真理，探求出路。最终，他在以摄影技术为代表的现代艺术的技术复制中找到了希望。

2. 阿多诺对布洛赫艺术生产理论的失望和对本雅明的期望

布洛赫1935年在苏黎世出版了《我们时代的遗产》一书。这本书的核心思想，一方面是反对法西斯主义对精神欣快症的利用，并对这种利用进行启蒙式

---

① （唐）刘知己：《史通·外史·忤时》，上海：上海古籍出版社，2015年版，第548页。

② ［德］罗尔夫·魏格豪斯著，孟登迎等译：《法兰克福学派：历史、理论及政治影响》（上册），上海：上海人民出版社，2010年版，第268页。

的谴责；另一方面认为问题的关键是如何取代精神欣快症。对于布洛赫的这本书，阿多诺大加赞赏，极力向霍克海默推荐此人。

1937年，阿多诺在与霍克海默商量之后，请布洛赫惠寄其著作手稿中论唯物主义部分，打算在他们的期刊上发表。作为交换，阿多诺要求布洛赫在其著作中要提到霍克海默圈子的唯物主义理论。但在阿多诺阅读了布洛赫的手稿后就改变了主意，布洛赫在哲学上的随意发挥使阿道尔诺决定对其手稿弃之不用。阿多诺转而寄希望于本雅明。"本雅明在其波德莱尔研究中，发明一种批判视角，即辩证意象……于是祛魅让位给附魅，巴黎文化也表现为一种怪诞幻想。"[①]

阿多诺希望本雅明能提出这样一种哲学：既是具体，又是超越，应当把经验的确定性和思想的严格性结合起来，从而走出工具理性的泥潭。作为报酬，《社会研究学刊》每月支付500法郎作为本雅明的生活费。

阿多诺的上述要求，既是本雅明提出艺术生产理论的学术原因，也是最现实的原因，即本雅明为解决自身经济的需要和为法兰克福学派提出新的理论批判视角。

二、本雅明的艺术生产理论

1935年，本雅明完成了《技术复制时代的艺术作品》。在书中，他揭示了艺术的技术复制的起源、实质和作用，弄清了近代摄影技术的发明与改进是如何颠覆传统艺术的魅力，阐释了近代的摄影技术如何对大众的审美和文化心态产生影响的。

可以看出，本雅明的艺术生产理论是极其丰富的。下面，结合这些，结合他的艺术生产理论的核心——艺术的技术复制，展开对他的艺术生产理论的详细分析。

（一）艺术的技术复制与艺术生产

何谓艺术的技术复制？本雅明在《技术复制时代的艺术作品》一书中并没有给出一个明确的定义，他只是通过与前资本主义时期的艺术生产的对比，来阐明艺术的技术复制概念的内涵及艺术的技术复制的特点的。

本雅明认为，前资本主义时期的艺术作品具有如下特点：

第一，独一无二性。本雅明认为，在前资本主义时期，艺术品具有此地此

---

① 赵一凡：《从卢卡奇到萨义德：西文文论讲稿续编》，北京：生活·读书·新知三联书店，2009年版，第521页。

刻性，即"它独一无二的诞生之所"。①

第二，灵晕性。本雅明指出，在前资本主义时期，"恒久不变的则是其独一无二性，或曰其灵晕"。②

第三，不可完全接近性。由于欣赏者始终对艺术作品怀有敬畏神般的膜拜态度，这就使得欣赏者与作品保持着不可逾越的距离，使不可完全接近性成了艺术作品的一个属性。

本雅明指出，复制艺术古来有之，并不新鲜，任何艺术的赝品都是复制艺术。即使从技术的角度上讲，古代石板绘制技术的出现，就已经产生了艺术的技术复制，更不用说造纸技术使绘画作品的技术复制有了可能。但这些都不足以使艺术的技术复制真正的发生。因为这些复制技术并不能使原真艺术丧失独一无二性、灵晕性和不可完全接近性。

（二）艺术的技术复制与摄影技术

然而，随着技术的发展和资本主义时代的到来，尤其是摄影技术和电影技术的发展，使艺术的生产、传播、影响等方面与前资本主义时代相比，发生了天翻地覆的变化，即艺术的技术复制时代真正地到来。

本雅明指出，现代的艺术复制是在摄影技术的基础上逐渐发展起来的。摄影技术不但使其艺术品——相片，脱离了原有人物肖像艺术的独一无二性、灵晕性、不可完全接近性等膜拜根基，而且其自主性的假象也消失了。由此，艺术作品具有了如下特性：

第一，可复制性。电影技术和照相技术挖掉了艺术灵韵的根基和来源，使与之相关的艺术品成为可复制，即产生了大量的艺术摹本。但同时，这些艺术摹本不但原作的原真性荡然无存，而且资本主义时期的艺术作品所具有的独一无二性、灵晕性、不可完全接近性等特点在现代艺术品身上彻底消失了。

第二，大众性。在古代和中世纪，大众与艺术向来无缘。然而，复制的技术使艺术商品大众化有了技术上的基础和经济上的可能。①无论是电影，还是照相术，大众都能欣赏，甚至参与进去。每一个普通人都能付得起照相费，成为相片的主人，而在过去，只有有钱人才能出的起价钱请画家为自己画肖像画。"艺术品首次实现了大规模机器生产，万千仿制品不再具备独一权威性。……原

---

① ［德］瓦尔特・本雅明著，胡不适译：《技术复制时代的艺术作品》，杭州：浙江文艺出版社，2005年版，第88页。

② ［德］瓦尔特・本雅明著，胡不适译：《技术复制时代的艺术作品》，杭州：浙江文艺出版社，2005年版，第99页。

本由少数高贵者享用的艺术，如今开始服从大众的需求。"①②普通大众甚至可以成为艺术的创作主体，如苏联的电影，普通群众即是演员，演员的神圣地位被动摇。

第三，间离性。本雅明的挚友——戏剧家布莱希特提出了戏剧"间离效果"。"间离效果"是指在戏剧表演中观众虽看戏却不入戏。本雅明认为，以电影为代表的艺术作品更具有间离性。"演员在机器面前感到的陌生感——正如皮兰德娄所描述的那样——与人在镜子里看到自己的影像时候的陌生感是一样的：只不过，在电影中，影像与他相分离，并成了移动的而已。向哪里移动？观众面前。电影演员时刻都得意识到这一点。他知道，当他站在摄影机前时，他最后是要与观众打交道，这些观众构成了市场。"②

（三）"祛魅"与"附魅"：艺术技术复制的双重功能

在《技术复制时代的艺术作品》中，本雅明还阐释了艺术技术复制的双重功能"祛魅"与"附魅"。

"祛魅"来自马克斯·韦伯的《新教伦理与资本主义精神》。在此书中，韦伯揭示出：资本主义合理化的过程就是一个"祛魅"过程，即通过资本主义合理化的生产和技术逐渐祛除新教资本家身上的基督教神圣的"天职观"。

本雅明指出，现代的艺术的技术复制，尤其是电影技术和摄影技术，祛除了古代作品的灵韵，但通过技术手段，如摄影技术的细节放大、剪辑技术、慢动作等，通过陌生化和疏离效应，又赋予作品以新的灵韵，从而使观众产生震惊，即"附魅"。

三、本雅明艺术生产理论对法兰克福学派的影响

本雅明的艺术的技术复制理论对法兰克福学派的文化批判有直接的启发。"随着瓦尔特·本雅明（Walter Benjamin）论述技术复制时代的艺术作品著作的出版，社会研究所（the Institute of Social Research）越来越关注大众文化与资本主义演化为总体性控制体系之间的关系。"③

---

① 赵一凡：《从胡塞尔到德里达——西方文论讲稿》，北京：生活·读书·新知三联书店，2007年版，第18页。

② [德]瓦尔特·本雅明著，胡不适译：《技术复制时代的艺术作品》，杭州：浙江文艺出版社，2005年版，第124—125页。

③ [英]罗斯·阿比奈特著，王维先等译：《现代性之后的马克思主义——政治、技术与社会变革》，南京：江苏人民出版社，2011年版，第20页。

（一）对法兰克福学派的价值：开启了文化批判的先河

在《技术复制时代的艺术作品》一书中，本雅明在揭示艺术的技术复制嬗变的同时，也揭露了资产阶级社会在文化领域物化的技术原因和法西斯主义如何利用艺术的技术复制手段赢得大众的支持的。同时，他指出，艺术的技术复制对人民大众的双重作用——物化作用和解放作用。无产阶级只有掌握这种艺术的技术复制技巧才能摆脱资产阶级社会的物化影响。

本雅明赞同布洛赫在《我们时代的遗产》表达的如下观点：①针对法西斯主义的革命斗争中，所需要的是一种权力；②超现实主义被看成赢得革命力量的一个步骤和方式。

在法兰克福学派的思想家中，本雅明是最早认识到艺术的复制技术对人民大众的双重作用的——物化作用和解放作用。本雅明指出，艺术的技术复制可以被看成赢得革命力量的一个步骤和方式。

（二）对阿多诺和霍克海默的思想影响

与本雅明对艺术的技术复制寄予希望不同，霍克海默和阿多诺对艺术的技术复制的产物——文化工业，持坚决的批判立场。

1. 对阿多诺思想的影响

阿多诺指出，本雅明只是看到了技术对艺术创作甚至人类精神发展有利的一面，而没有看到文化工业对人的支配，压抑人的主体自觉的一面。"阿多诺对本雅明的批评基于三种复杂的因素：（1）在重要问题上，他觉得本雅明太保守，或者太拘泥于神话，缺乏足够的辩证超越性，完全不够辩证。（2）'艺术的祛神秘化'是一种特殊情况下的神话的辩证自我分解，在这个问题上，阿多诺指责本雅明，认为他一方面低估了自治的艺术的技术理性，以及由此而来的灵晕的消失；另一方面低估了日常艺术固有的非理性，以及观众、大众，包括无产阶级的'自反性'特征。（3）另外，他认为，本雅明把一系列的事实看成与历史哲学无关，看成某种'集体性的主观现象'，这是一个致命错误。因此，在阿多诺看来，本雅明无法解释商品拜物教的客观力量。"[①] 这使他无法获得对商品拜物教的正确、全面辩证的分析，也无法令人满意地解释艺术作品的社会协调作用。

为此，阿多诺对广播音乐进行了深入细致研究，并在1941年发表了《1941年广播研究》一文。这篇文章是他对本雅明的《技术复制时代的艺术作品》所进行研究的延伸；在其中，阿多诺采取了这样一个立场：广播中的交响乐仅仅

---

① ［德］罗尔夫·魏格豪斯著，孟登迎等译：《法兰克福学派：历史、理论及政治影响》（上册），上海：上海人民出版社，2010年版，第279—280页。

表现了现场演奏的幻象，就像戏剧的胶片仅仅是生活幻象一样。为此原因，广播业向大众传播严肃音乐的要求从根本上就是可疑的。"交响乐所剩下的所有的东西就是室内交响乐……了解未被歪曲的原作的听众越少（尤其是那些被广播傲慢地邀请参与音乐文化的听众），他们对广播声音的依赖就越强，就越无力地受到它的中性化的影响，对此他们却毫无意识……能够敏感地使用广播的人就是专家，对他们来说，从音乐厅的庄重和紧张中获得净化的交响乐，被放大了，就像透过放大镜看原文一样。有了总谱和节拍器，他们就无法抗拒地跟随音乐的表现并暴露出其错误。但是，这当然不是目的。"[①]

2. 对霍克海默思想的影响

霍克海默对文化工业的研究体现在他于1940年写的《独裁国家》的一文中。他指出，在现代资本主义社会，"控制的原则表现为一种永恒的动员。这种状况本身是荒谬的。从现在起，限制生产力的发展自然被认为是权力的一个条件，并被任意地付诸实行。正是独裁主义统治艺术的问答教学法，对社会（不管她是技术工人还是非技术工人）作了区别，同时还指出了种族之间的区别。这种区别必须通过一切传播媒介——报纸、无线电和电影——得到系统地发展，以便将个人同其他人分离开来。……他们可以抨击任何事情，但却不该伤害领导。人性既受到全面教育，又被扭曲。如果一个地区，如美国或欧洲，足够强大的话，那么，用来反对内部敌人的镇压机器就必须寻找一个外部敌人威胁的借口"[②]。

3. 对《启蒙辩证法》的影响

在霍克海默和阿多诺共同写作的《启蒙辩证法》中，他们指出，文化工业的生成实质上表明了在现代资本主义条件下启蒙在意识形态方面的倒退，即历史上具有进步意义的"启蒙"走向了自己的反面，成为利用自我的一体化策略和能力遮蔽资本主义制度的非合法性、消解大众的自主意识和独立判断能力的工具。从而文化工业由启蒙走向了现代神话。所以文化工业意指着一种现代资本主义的文化体系，是与大众的根本利益对立的。文化工业的地位越巩固，就越会统而化之地应付、生产和控制消费者的需求，甚至会将娱乐全部剥夺掉，这样一种文化进程势不可挡。

---

① ［德］罗尔夫·魏格豪斯著，孟登迎等译：《法兰克福学派：历史、理论及政治影响》（上册），上海：上海人民出版社，2010年版，第318页。

② 上海社会科学院哲学研究所外国哲学研究室编：《法兰克福学派论著选辑》（上卷），北京：商务印书馆，1998年版，第99页。

四、本雅明艺术生产理论的现实意义

本雅明的艺术生产理论的提出虽与他所处的时代直接相关，然而，其深刻的理论对工业化时代的艺术生产，包括今天我国文化产业下的艺术生产，也具有一定的现实指导意义。

第一，我国文化产业的发展避免受资本的逻辑所绑定。本雅明揭示出：现代艺术的生产和发展离不开机械技术和资本的作用和支持。准确地说，现代复制艺术是技术与资本携手的结果，导致艺术品的商品化生产和消费。在我国的文化产业的发展中，尤其是电影产业的发展中，避免受资本的逻辑所绑定。目前我国电影产业出现的一些文化乱象，如阴阳合同、演员的天价片酬等，都与资本的逻辑主导有关。如果任由这种文化乱象持续下去，不仅导致电影产业两极分化严重、营业人员的偷税漏税等问题，而且会导致电影产业成本居高不下的恶性循环，极大地妨碍我国电影产业的可持续发展。

第二，避免演员的过度焦虑问题。在《技术复制时代的艺术作品》中，本雅明已经阐释了与话剧演员相比，电影演员面对摄影机表演会呈现出因无法看见观众反映而导致的焦虑现象。今天，随着我国电影技术的发展，尤其电影3D技术的发展，在摄像机面前，演员的表演难度不仅加大，而且焦虑心理也加剧，因为在表演中不仅看不到观众的反映，不知道表演的市场效益如何，甚至连与之合作演出的演员（虚拟演员）也看不到。例如，梁朝伟在谈到拍摄《捉妖记2》时，坦言很焦虑，甚至到了崩溃的边缘，因为与他合作的"妖"是看不见的，他大部分时间只能靠想象力对着空气演戏。

第三，避免大众艺术审美的低俗化。在《技术复制时代的艺术作品》中，本雅明不仅能弄清近代的摄影技术的发明与改进是如何颠覆了传统艺术的魅力，而且还阐明了摄影技术和电影技术如何对大众的审美和文化心态产生影响的。今天，我们身处比本雅明更全面和深入的艺术技术复制时代。如果艺术生产完全按照资本的逻辑所生产与消费，就很容易为了制作成本、迎合观众等原因，粗制滥造地批量生产艺术产品，如我国影视界出现的诸多"抗日神剧"低成本生产却收视率很高的怪诞现象。这类"抗日神剧"，不但扭曲了真正抗日英雄的事迹，而且导致大众审美的低俗化，影响我国的电影和电视产业难以上一个更高的台阶。

结　语

　　从形成上看，本雅明艺术生产理论的形成因素是复杂的，既要从其所处的时代着眼，也要从其所在的学术团体状况出发，同时还要结合他的人生经历和性格特点。从内容上讲，在《技术复制时代的艺术作品》一书中，本雅明的艺术生产理论是丰富、多样、鲜明的，既要提炼出要点，也要条分缕析，只有这样，才能把握重点和理解其微妙所在。从理论和现实的影响上说，本雅明艺术生产理论的影响是深远的，对现实的指导意义也是很强的。

畜 牧 史

辽代骆驼及其牧养技术探析*

赵博洋

（河北大学宋史研究中心）

提　要　骆驼是北方游牧民族常见的"五畜"之一，在辽朝社会中拥有独特的地位。辽代骆驼的品种主要为内蒙古草原地区的双峰驼，并配有少量的单峰驼。在辽代，骆驼主要生活在上京道、中京道及西京道地区，但其数量远少于牛、马、羊。辽代骆驼的养殖机构可分为官营和私营两种方式，但不论官营放牧还是私营放牧，其牧养技术主要都应包括三个方面：一是采取集中放牧和散牧的放牧方式，把牲畜组织起来进行牧养；二是对骆驼进行统一管理，即通过印记标记所有权和把骆驼进行调教与训练，以满足骆驼在不同场合的需要；三是针对骆驼的习性，进行轮牧和定居放牧，以便更合理的利用草场。

关键词　辽代　骆驼　养殖概况　牧养技术

辽朝是游牧契丹人所建立的政权，骆驼在辽代社会生活中占有重要的地位。学界关于辽代骆驼的研究很少，只有李春雷在《试析辽代骆驼的来源及用途》[①]一文中介绍了辽代骆驼来源于战争掠夺和属国进贡，从运输、骑乘、驮载和驾驶车辆、纺织品和捐官分析了用途。相对而言，对辽墓壁画中与骆驼相关的驼车研究较多，如张鹏的论文《辽墓壁画研究——以庆东陵、库伦辽墓和宣化辽墓壁画为中心》[②]认为库伦辽墓的壁画特点为有驼必有车，并指出其车驾的高贵主要表现在驾车的骆驼上。李清泉在著作《宣化辽墓：墓葬艺术与辽

---

* 基金项目：河北大学燕赵高等研究院经费资助委托课题项目"燕赵历史文献专题整理与研究"（课题编号：2020W02）。

① 李春雷：《试析辽代骆驼的来源及用途》，《赤峰学院学报（哲学社会科学版）》2021年第1期，第42—45页。

② 张鹏：《辽墓壁画研究——以庆东陵、库伦辽墓和宣化辽墓壁画为中心》，中央美术学院博士学位论文，2004年，第78、84页。

代社会》①中指出至辽代晚期即道宗至天祚帝时期（1055—1125 年），契丹人墓中的出行图皆以骆驼驾车，而汉人墓中的出行图，则驼驾车、马驾车兼而有之。张国庆在《辽代社会史研究》②一书中根据辽墓壁画介绍了驼车的车棚、车盖与装饰。张海燕在《辽代契丹车制研究》③一文中对辽墓壁画中的毡车、驼车加以分类，并指出两种驼车的不同特点。关于契丹驼车的起源，宋佳在《试析契丹驼车起源》④一文中根据驼车外貌特点与驼画的内容，认为契丹的驼车应起源于鲜卑族。总起来说，目前关于辽代骆驼的研究还很不充分，已有的研究多是集中在辽墓壁画中的驼车，对于辽代骆驼的品种以及如何牧养等问题，尚有进一步研究的余地。

一、辽代骆驼的品种与特点

骆驼是中国古代北方大漠草原上常见的"五畜"⑤之一，在《辽史》中又称"橐驼"⑥，一般简称驼⑦、骆⑧，《契丹国志》中作驼⑨。

（一）品种

根据中国古代生物学的研究，早在更新世晚期，中国的北部与西北部就已经出土了未定种的骆驼化石。⑩在世界范围内，亚洲骆驼被驯化牧养应不晚于公元前 2500 年。⑪根据典籍记载，中国古代北方游牧民族早在匈奴族时就已经开始牧养骆驼，如《史记》载："其（指匈奴——引者注）畜之所多则马、牛、

---

① 李清泉：《宣化辽墓：墓葬艺术与辽代社会》，北京：文物出版社，2008 年版，第 17 页。

② 张国庆：《辽代社会史研究》，北京：中国社会科学出版社，2006 年版，第 36 页。

③ 张海燕：《辽代契丹车制研究》，《赤峰学院学报（汉文哲学社会科学版）》2016 年第 10 期，第 22—25 页。

④ 宋佳：《试析契丹驼车起源》，《东北史地》2012 年第 3 期，第 37—40 页。

⑤ 一般指古代草原牧民经常牧养的牛、马、山羊、绵羊、骆驼等五种牲畜。

⑥ （元）脱脱等撰，冯家昇、陈述、陈金生点校：《辽史》卷 4《太宗下》，北京：中华书局，2017 年版，第 60 页。

⑦ （元）脱脱等撰，冯家昇、陈述、陈金生点校：《辽史》卷 1《太祖上》，北京：中华书局，2017 年版，第 2 页。

⑧ （元）脱脱等撰，冯家昇、陈述、陈金生点校：《辽史》卷 55《仪卫志一》，北京：中华书局，2017 年版，第 1002 页。

⑨ （宋）叶隆礼撰，贾敬颜、林荣贵点校：《契丹国志》卷 21《外国贡进礼物》，北京：中华书局，2014 年版，第 230 页。

⑩ 郭郛、[英]李约瑟、成庆泰：《中国古代动物学史》，北京：科学出版社，1999 年版，第 385 页。

⑪ [美]贾雷德·戴蒙德著，谢延光译：《枪炮、病菌与钢铁：人类社会的命运》修订本，上海：上海译文出版社，2016 年版，第 161 页。

羊，其奇畜则橐驼、驴、骡、駃騠、騊駼、驒騱。"①其中的奇畜"橐驼"即骆驼，说明当时牧养数量不多。在北魏②和唐代③的墓葬中都发现了陶俑骆驼。柔然族也牧养骆驼，如柔然可汗阿那瑰之女与北魏和亲，带来骆驼千头。④唐代北方草原上的突厥⑤、薛延陀⑥、同罗⑦也牧养骆驼，室韦诸部中有"骆驼室韦"⑧部，说明该部可能是以牧养骆驼而闻名。契丹族养殖骆驼的最早记载也是唐代，开元二十一年（733年），唐军大破契丹，"大阅俘实，约生级羊马、驼、驴、器械，都获三十余万口、匹、头、数"⑨，俘获的战利品中有骆驼。那么，辽代的骆驼应是属于北方游牧民族牧养的亚洲本土品种。

据贾雷德·戴蒙德的"轴线理论"，"位于同一纬度的东西两地，白天的长度和季节的变化完全相同。在较小程度上，它们也往往具有类似的疾病、温度和雨量情势以及动植物生境或生物群落（植被类型）"。⑩从现代家养双峰骆驼的分布⑪以及对应的辽朝疆域来看，因辽代骆驼活动的区域大致处于北纬40°至北纬50°之间，为蒙古草原的双峰骆驼分布区域，结合辽墓壁画中双峰骆驼的形象，可以确定辽代的骆驼品种应该是以本土的双峰骆驼为主。

此外，辽朝的疆域"东至于海，西至金山，暨于流沙，北至胪朐河，南至白沟"⑫，内有"部族五十有二，属国六十"⑬进行贡赋，外有"十部不能成国，附庸于辽"⑭，贺岁朝贡。这些属国属部向辽朝进贡的物品中就有骆驼，

① （西汉）司马迁：《史记》卷110《匈奴列传》，北京：中华书局，1959年版，第2879页。

② 山西省大同市博物馆、山西省文物工作委员会：《山西大同石家寨北魏司马金龙墓》，《文物》1972年第3期，第22—62页。

③ 周立、高虎编：《中国洛阳出土唐三彩全集》，郑州：大象出版社，2007年版，第422—423页。

④ （唐）李延寿：《北史》卷13《后妃上》，北京：中华书局，1974年版，第507页。

⑤ （后晋）刘昫等：《旧唐书》卷83《薛仁贵传》，北京：中华书局，1975年版，第2783页。

⑥ （后晋）刘昫等：《旧唐书》卷3《太宗本纪下》，北京：中华书局，1975年版，第55页。

⑦ （后晋）刘昫等：《旧唐书》卷121《仆固怀恩传》，北京：中华书局，1975年版，第3478页。

⑧ （后晋）刘昫等：《旧唐书》卷199下《北狄·室韦传》，北京：中华书局，1975年版，第5357页。

⑨ （清）董诰等：《全唐文》卷352《河西破番贼露布》，北京：中华书局，1983年版，第3573页。

⑩ ［美］贾雷德·戴蒙德，谢延光译：《枪炮、病菌与钢铁：人类社会的命运》修订本，上海：上海译文出版社，2016年版，第180页。

⑪ 据《中国古代动物学史》图12—24骆驼在亚、非的分布来看，现代家养的双峰骆驼主要分布在中亚细亚和沙漠戈壁地区，参见郭郛、［英］李约瑟、成庆泰：《中国古代动物学史》，北京：科学出版社，1999年版，第385页。

⑫ （元）脱脱等撰，冯家昇、陈述、陈金生点校：《辽史》卷37《地理志一》，北京：中华书局，2017年版，第496页。

⑬ （元）脱脱等撰，冯家昇、陈述、陈金生点校：《辽史》卷37《地理志一》，北京：中华书局，2017年版，第496页。

⑭ （元）脱脱等撰，冯家昇、陈述、陈金生点校：《辽史》卷33《营卫志下》，北京：中华书局，2017年版，第445页。

如西夏曾多次遣使贡骆驼①,《契丹国志》中明确记载为"驼一百头"②。西北草原上的阻卜"岁贡马七百匹,驼四百四十"。③敌烈部"来贡马、驼"。④党项部也曾多次朝贡骆驼。⑤突厥、吐浑、小蕃、沙陀、奚、乌古(于厥、羽厥律)、白达达等属部也有养殖和贡献骆驼的记载。辽末,在金兵追击下天祚帝西逃,"谟葛失来迎,赆马、驼、羊"⑥,说明阴山室韦部⑦也养殖骆驼。正是因为这些属国属部所贡献的骆驼属于蒙古草原所产的双峰驼,所以会同元年(938年),后晋使臣向辽朝进贡"独峰驼"⑧就显得稀少珍贵,被特意记载下来。这种单峰驼或为胡商由中亚、西亚贩运至中原,或为少量在中国北方地区生活的单峰驼⑨,但在辽代其数量应远少于双峰驼。另外,由于沟通东西方的"草原丝路"畅通,中亚、西亚的胡商来辽朝贸易,他们在长途贩运中自然使用骆驼⑩,因此辽朝也会有来自中亚、西亚的骆驼。但总起来说,辽代骆驼的品种应以蒙古草原地区的双峰驼为主。

(二)特点

骆驼作为一种大型的哺乳动物,与草原上常见的牛、马、羊相比,不论是双峰驼,还是单峰驼,都有很多共同的特点。

第一,耐干渴、不怕炎热和寒冷。这是与骆驼通体覆盖厚厚绒毛,第一胃

---

① (元)脱脱等撰,冯家昇、陈述、陈金生点校:《辽史》卷14《圣宗五》,北京:中华书局,2017年版,第171页。

② (宋)叶隆礼撰,贾敬颜、林荣贵点校:《契丹国志》卷21《外国贡进礼物》,北京:中华书局,2014年版,第230页。

③ (元)脱脱等撰,冯家昇、陈述、陈金生点校:《辽史》卷16《圣宗七》,北京:中华书局,2017年版,第208页。

④ (元)脱脱等撰,冯家昇、陈述、陈金生点校:《辽史》卷16《圣宗七》,北京:中华书局,2017年版,第211页。

⑤ (元)脱脱等撰,冯家昇、陈述、陈金生点校:《辽史》卷3《太宗上》,北京:中华书局,2017年版,第38页。

⑥ (元)脱脱等撰,冯家昇、陈述、陈金生点校:《辽史》卷29《天祚皇帝三》,北京:中华书局,2017年版,第390页。

⑦ 据《辽史》记载,天祚帝"又得阴山室韦谟葛失兵,自谓得天助",可知谟葛失为阴山室韦部的部长。参见(元)脱脱等撰,冯家昇、陈述、陈金生点校:《辽史》卷29《天祚皇帝三》,北京:中华书局,2017年版,第391页。

⑧ (元)脱脱等撰,冯家昇、陈述、陈金生点校:《辽史》卷4《太宗下》,北京:中华书局,2017年版,第48页。

⑨ 因为在内蒙古阴山岩画中已经发现有单峰骆驼的图像,尽管时代不太明确,但可以证明在北方地区曾有单峰骆驼活动的足迹。

⑩ 在今天辽上京城内还生长着原本生长于河西走廊周围、西域及中西亚荒漠沙地和干旱草原地带的植物骆驼蓬,杨富学先生认为就是回鹘商人使用骆驼贩运货物携带来的。参见杨富学:《回鹘与辽上京》,《首届辽上京契丹・辽文化学术研讨会论文集》,呼伦贝尔:内蒙古文化出版社,2009年版,第136页。

可存储大量水分有关。在夏天，经过一次饮水的骆驼可以保持身体3天机能的需要。其体温随温度的变化而变化，白天减少水分的蒸发，晚上减少热量的散失。夏季天气炎热，通过脱毛，利于体表散热。[1]

第二，喜食含盐和灰分较高的、粗硬、苦味、气味浓的灌木和半灌木。其颈部较长，下可觅食短草和低矮的灌木，上可采摘枝叶与乔木，对植被有很强的适应能力，非常适合生活在水草稀少的荒漠、半荒漠地区。[2]

第三，体型高大，负重能力强，身体构造非常适宜长途贩运。骆驼的颈部较长，近似成"U"字形，有利于保持身体平衡；体躯短而前腿长，支持面小而重心高，有利于移动和走出较快的步伐；后肢短而呈"刀"状，为奔跑提供较强的驱动力和耐久力。骆驼的睫毛长密下垂，泪腺发达，既可以防止风沙进入眼内，还可以分泌出泪液带走进入眼内的风沙。[3]因为这种身体构造特别适合在沙漠地区进行长途运输，在古代可以说骆驼是穿越沙漠的唯一交通工具，故被称为"沙漠之舟"。

除了上述共同的特点外，辽朝的骆驼还有自己的特点。

第一，不论是从骆驼的分布区域，还是从辽墓出行图、归来图中的骆驼形象来看，辽代的骆驼都应是以本地的品种双峰驼为主，这是因为内蒙草原上的骆驼所处环境较为优越，且水源充足，因此本地品种的双峰驼体型都较为高大，可被用来进行挽挽。此外，也有少量的由中亚和西亚胡商经商贩运带入辽朝境内的双峰驼，单峰驼则极为稀见。

第二，牧养地区以辽境内的草原为主，上京（今内蒙古赤峰市巴林左旗林东镇东南古城）道、中京（今内蒙古赤峰市宁城县大明镇）道和西京（今山西省大同市）道的沙漠、沙地和丘陵地区是重要的养殖地区，特别是上京道所辖的西北大漠草原为最集中的地区。

第三，与北方大漠草原上古代游牧民族所养殖的重要牲畜牛、马、羊相比，骆驼繁殖期较长，数量稀少，非常珍贵，常被主人当作身份的象征。[4]

二、辽代骆驼的养殖概况

（一）地理分布

骆驼在辽境的分布范围很广，主要集中在上京道、中京道及西京道。

① 哈尔阿力·沙布尔等编著：《骆驼养殖》，乌鲁木齐：新疆科学技术出版社，2016年版，第19页。
② 哈尔阿力·沙布尔等编著：《骆驼养殖》，乌鲁木齐：新疆科学技术出版社，2016年版，第3页。
③ 哈尔阿力·沙布尔等编著：《骆驼养殖》，乌鲁木齐：新疆科学技术出版社，2016年版，第20页。
④ 张鹏：《辽墓壁画研究——以庆东陵、库伦辽墓和宣化辽墓壁画为中心》，中央美术学院博士学位论文，2004年，第84页。

　　上京道是契丹人兴起的地方，管辖的范围非常大，基本上是草原和沙地。其中，西北路招讨司（治镇州，即可敦城，又作河董城，今蒙古国布尔根省南部达申其勒苏木的青陶勒盖·巴勒嘎斯）所管辖的蒙古草原被大漠分为南北两部分，而大漠地区除骆驼外，其他牲畜很难生存，因此成为辽朝牧养骆驼的主要场所，西北的阻卜、乌古（于厥、羽厥律）、敌烈、达打、蒙古等部族定期向辽朝贡献骆驼。[①] 开泰九年（1020年），辽圣宗曾下"诏阻卜依旧岁贡马千七百，驼四百四十"[②]，说明阻卜牧养的骆驼数量很大。

　　中京道是奚族活动区域，北宋使臣王曾出使辽朝时记载，"自过古北口……深谷中时见畜牧牛马橐驼，多青羊黄豕"[③]，说明在中京道燕山山脉的深山峡谷中，有奚族人在放牧骆驼。

　　西京道的山后（又称山北，包括燕云十六州的新、妫、儒、武、云、应、寰、朔、尉9州[④]）地区也适宜牧养骆驼，那里生活着善于牧养骆驼的党项、吐浑、室韦等部族。早在辽初，太祖阿保机"及即位，伐河东，下代北郡县，获牛、羊、驼、马十余万"[⑤]。上引辽末时，西京道的阴山室韦谟葛失向逃难的天祚帝献骆驼。

　　东京（今辽宁省辽阳市）道生活着铁离、喜失牵等部族，他们在与辽朝的贸易中，骆驼是重要的商品之一。[⑥] 另据《贾师训墓志》记载，东京下辖的锦州（今辽宁省锦州市）也养殖骆驼。[⑦] 这说明东京道也牧养骆驼。

　　另外，由于辽朝契丹皇帝仍然保持着传统的游牧渔猎生产生活方式——四时捺钵[⑧]，在四季迁徙捺钵过程中以及举行重要的礼仪活动时，需要骆驼和驼车运送物品和以车代步。如"国舆"中的"总纛车"[⑨]、公主下嫁时赐给的"青

---

　　① （宋）叶隆礼撰，贾敬颜、林荣贵点校：《契丹国志》卷22《州县载记》，北京：中华书局，2014年版，第238—239页。

　　② （元）脱脱等撰，冯家昇、陈述、陈金生点校：《辽史》卷16《圣宗七》，北京：中华书局，2017年版，第208页。

　　③ （元）脱脱等撰，冯家昇、陈述、陈金生点校：《辽史》卷39《地理志三》，北京：中华书局，2017年版，第549—550页。

　　④ 李锡厚：《中国历史·辽史》，北京：人民出版社，2006年版，第36页。

　　⑤ （元）脱脱等撰，冯家昇、陈述、陈金生点校：《辽史》卷60《食货志下》，北京：中华书局，2017年版，第1033页。

　　⑥ （元）脱脱等撰，冯家昇、陈述、陈金生点校：《辽史》卷60《食货志下》，北京：中华书局，2017年版，第1031页。

　　⑦ 向南：《辽代石刻文编》，石家庄：河北教育出版社，1995年版，第476—481页。

　　⑧ 肖爱民：《辽朝政治中心研究》，北京：人民出版社，2014年版，第61—82页。

　　⑨ （元）脱脱等撰，冯家昇、陈述、陈金生点校：《辽史》卷55《仪卫志一》，北京：中华书局，2017年版，第1000页。

辒车"①以及"汉舆"中的"木辂"②、"凉车"③，均用骆驼驾驭。在"丧葬仪"中，祭祀时要"以衣、弓矢……马驼、仪卫等物皆燔之"。④一些跟随皇帝四时捺钵的贵族也需要使用骆驼和驼车，这可以从众多辽代贵族墓壁画中很多骆驼和驼车形象得到证明。因此，在辽朝皇帝四时捺钵的范围内，也放养着许多的骆驼。而为了满足向捺钵营地运送给养等物品的需要，辽朝皇帝直辖诸宫卫在所属的地区以及贵族在自己的投下军州也会养殖骆驼。

总之，辽朝境内大部分地区都牧养骆驼，主要是在草原地区，以上京道、中京道和西京道为主，养殖骆驼的主要是契丹、奚、阻卜、党项、吐浑、乌古（于厥、羽厥律）等游牧部族，当然也有部分汉人、渤海人为了日常生活和商业贸易需要养殖骆驼。

（二）数量与规模

关于辽代骆驼的数量，在《辽史》《契丹国志》等典籍中没有具体的数字。虽然从上述辽境牧养骆驼的范围来看，数量应该相当大，但由于骆驼怀孕时间较长，产羔间隔至少在24个月以上，对放养环境又有要求，因此与牛、马、羊相比，繁殖增长的速度较为缓慢，数量少。⑤加之其军事用途略逊于马匹，这也导致辽境内养殖骆驼的规模远没有牛、马、羊那样大。

辽代之所以重视骆驼，一是因为有适合骆驼生活的广阔草原、沙地和丘陵。二是其驮载运输能力超强，对于从事四季迁徙生活的游牧民族来说是不可或缺的帮手，也是作战时运输给养和装备、商人进行长途贩运的重要工具。三是身份的象征，辽朝以驼车为贵⑥，在辽墓壁画中多见骆驼和驼车，"契丹豪民要裹头巾者，纳牛驼十头，马百匹，乃给官名曰舍利"。⑦正是如此，尽管骆驼较难养殖，但辽朝境内还是有一定规模和数量的骆驼。

---

① （元）脱脱等撰，冯家昇、陈述、陈金生点校：《辽史》卷55《仪卫志一》，第1001页。

② （元）脱脱等撰，冯家昇、陈述、陈金生点校：《辽史》卷55《仪卫志一》，北京：中华书局，2017年版，第1002页。

③ （元）脱脱等撰，冯家昇、陈述、陈金生点校：《辽史》卷55《仪卫志一》，第1002页。

④ （元）脱脱等撰，冯家昇、陈述、陈金生点校：《辽史》卷50《礼志二》，北京：中华书局，2017年版，第933页。

⑤ 哈尔阿力·沙布尔等编著：《骆驼养殖》，乌鲁木齐：新疆科学技术出版社，2016年版，第12页。

⑥ 张鹏：《辽墓壁画研究——以庆东陵、库伦辽墓和宣化辽墓壁画为中心》，中央美术学院博士学位论文，2004年，第84页。

⑦ （元）脱脱等撰，冯家昇、陈述、陈金生点校：《辽史》卷116《国语解》，北京：中华书局，2017年版，第1692页。

（三）养殖机构

辽代骆驼的养殖机构分为官营与私营两类。所谓"官营"是指由政府进行骆驼的牧养。根据陈述先生的研究，"特满，契丹语骆驼也"，因此特满群牧应是管理骆驼的机构。① 那么，特满群牧就是辽朝在上京道西北草原上设立的专门牧养骆驼的机构②，属于官营专业养殖骆驼的牧场。

所谓"私营"是指个人养殖骆驼。在辽代，除了从事畜牧业生产生活的契丹、奚、阻卜、党项等牧民外，据前引《贾师训墓志》中记载锦州的州帅和县民牧养骆驼③ 就是属于私营的，说明从事农业耕作的汉人、渤海人也有养殖骆驼的。如前所述，拥有投下军州的贵族也养殖骆驼。据《辽史》记载，道宗和天祚帝的宫卫下属抹里中也有名为"特满"的④，说明在由皇帝直辖的诸宫卫中也有专门养殖骆驼的机构抹里。这种由诸宫卫养殖的骆驼是皇帝私有的，严格意义上，其性质与投下军州的主人养殖骆驼一样，也属于私营的性质。

三、辽代骆驼的牧养技术

任何一种牲畜的养殖，除了需要一定的技术外，还要有一套与技术相配合的组织和管理方法。相对于农耕民族对农作物的栽培和管理，游牧民族对牲畜的管理和养殖有着更高的技术要求。因为"游牧生活的秘密是人对动物的管理……人们就通过畜牧和猎取野生动物来取得他们的衣食"⑤，而游牧经济"是一种进化，一种需要高度特殊熟练技术的进化"⑥，是一种复杂的技术含量高的生产方式。其中对牲畜的饲养、草场的利用等都是技术含量很高的，没有长时间的积累难以达到规模经营。具体到骆驼的牧养技术是指在适应骆驼习性的前提下，通过对骆驼的组织与管理，合理规划和利用草场，提高驼群的数量和质量，达到牧场的可循环利用，促进养驼业的发展。因为根据前引《史记》的记载，北方游牧民族早在匈奴族时就牧养骆驼，故之后的北方游牧民族当多掌握

① （元）脱脱等撰，陈述补注：《辽史补注》卷64《百官志二》之"补注十六"，北京：中华书局，2018年版，第2094页。

② （元）脱脱等撰，冯家昇、陈述、陈金生点校：《辽史》卷25《道宗五》，北京：中华书局，2017年版，第339页。

③ 向南：《辽代石刻文编》，石家庄：河北教育出版社，1995年版，第476—481页。

④ （元）脱脱等撰，冯家昇、陈述、陈金生点校：《辽史》卷31《营卫志上》，北京：中华书局，2017年版，第417、418页。

⑤ ［美］拉铁摩尔著，唐晓峰译：《中国的亚洲内陆边疆》，南京：江苏人民出版社，2005年版，第17页。

⑥ ［美］拉铁摩尔著，唐晓峰译：《中国的亚洲内陆边疆》，南京：江苏人民出版社，2005年版，第209页。

了牧养骆驼的技术，如放牧、配种、管理、防病治病以及收集驼毛进行纺织等。但限于资料，下面仅从放牧方式、管理方法和对牧地的利用三个角度，对辽代骆驼的牧养技术进行探讨。

（一）放牧方式

所谓放牧方式，是指人们通过何种方式把牲畜组织起来进行牧养。关于辽朝人如何牧养骆驼，尽管《辽史》等典籍中没有具体的记载，但通过钩沉史料，结合辽代碑刻，发现辽朝人是采取集中放牧与散牧两种方式来牧养骆驼。

集中放牧就是经过统一规划，把骆驼集中起来，组成规模不等的驼群进行放牧。这种方式适合骆驼数量多，有范围广阔草场的情况。在辽朝，除了国家拥有大面积的草场外，皇帝直辖的诸宫卫和部族也有大面积的草场，因此国家、诸宫卫和部族的骆驼基本上都是采取集中组群放牧的方式。前引辽朝在上京道西北路所设的"特满群牧"是专门放养骆驼的国有牧场，其牧养骆驼的方式就是集中组群放牧。道宗和天祚帝的宫卫中均有名为"特满"的抹里，说明此抹里也是采取集中组群放牧的方式牧养骆驼。

据研究，以后世蒙古人的经验看，在牧民缺少劳动力或人手时，为放牧方便，经常把几家的同一种牲畜组群进行放牧，而辽人也有组群进行放牧的可能性。[①]前引《贾师训墓志》记载，贾师训"改锦州永乐令。先是州帅以其家牛羊驼马，配县民畜牧，日恣隶仆视肥瘠，动撼人取钱物，甚为奸扰"[②]，永乐县民实行的应该就是将牛、马、羊、骆驼等牲畜分类组群集中进行放牧，州帅于是就利用权势，巧取豪夺，将自家的牲畜强行分配给县民放养，然后派仆役检视，骚扰县民。这说明在辽代民间确实存在着各家各户自愿把牲畜分类集中起来，统一组群进行放养的方式，而骆驼是其中的一类。

散牧与集中放牧相反，指的是把牛、马、羊（绵羊、山羊）、骆驼等多种牲畜混合组群进行放牧。这种方式适合人手少而牧养牲畜品种多、数量少、牧场范围小的情况，为个体家庭常采用的放牧方式。这方面典型的例子是内蒙古赤峰市克什克腾旗二八地1号辽墓绘在石棺右内壁的"契丹族草原放牧图"[③]，描绘的畜群最前面是6匹马，中间是9头牛，最后是15只羊，其中绵羊13只、山羊2只，在畜群后有一人正扬鞭放牧。此图中虽然没有骆驼的形象，但所反映的是在辽朝存在个体家庭多种牲畜组群放牧即散牧的方式。前引北宋使臣王曾

① 肖爱民：《辽代契丹人牧养牲畜技术探析》，《河北大学学报（哲学社会科学版）》2010年第2期，第14—18页。
② 向南：《辽代石刻文编》，石家庄：河北教育出版社，1995年版，第476—481页。
③ 项春松编：《辽代壁画选》，上海：上海人民美术出版社，1984年版，图版六。

在进入古北口以后，于“深谷中时见畜牧牛马、橐驼，多青羊黄豕”[①]的现象，可能就是奚族人多种牲畜散牧的情景。

这里涉及一个问题，就是包括骆驼在内的多种牲畜真的能够组群进行放牧吗？从“契丹族草原放牧图”和后世蒙古族的放牧经验以及现代人的研究成果[②]来看，牛、马、羊（绵羊、山羊）、骆驼对牧草的采食都有各自的特点，“契丹族草原放牧图”基本上反映了在草场上各种牲畜采食牧草的先后顺序。而骆驼适应力强，喜食其他牲畜不喜爱采食的带有刺、毛、强烈气味和盐碱重的菊科、黎科植物[③]，加之骆驼属于软蹄动物，蹄面积大而压强小，对草场的践踏程度小，这就使得骆驼与牛、马、羊等牲畜混合组群放牧成了可能。但是，由于各种牲畜毕竟采食的牧草不同，行走的速度有快有慢，加之各种牲畜的性情不一，导致采取散牧方式牧养的牲畜很难管理，牧人经常会出现顾此失彼的现象，不利于牲畜的发育和成长。所以散牧方式牧养牲畜的弊端是显而易见的，这是个体人户在牲畜种类多而数量少情况下采取的不得已而为之的方法。

（二）管理方法

由于相关资料缺乏，只能在已有研究成果的基础上，结合现有资料，从印记与调教两个方面分析辽朝人对骆驼的管理。

为了保护自身利益和维护社会稳定，中国古代北方游牧民族很早就采取在牲畜身上烙印记的方法来标明所有权，以方便对牲畜进行管理。如《唐六典》中就记载了唐代回纥、骨利干、葛逻禄、同罗、薛延陀、拔悉密等“诸蕃马印”[④]，其实当时唐朝中央政府“诸监”的马也需烙印记。[⑤]具体做法是使用铁、铜等金属锻制成特殊纹饰符号的印记，将其放在火上烧热发红，然后烙在牲畜的特定部位，待痂皮脱落，创面愈合，即可显示烙上的印记。在中国古代北方游牧民族的日常生产生活中，给牲畜烙印记早已经成为一种习惯，为游牧文化的重要内容。辽朝人也继承了这一做法，不论国家、部族和个人都通过在牲畜身上烙印记来标识所有权。太平六年（1026年），辽圣宗还专门下“诏凡官畜并印其左以识之”[⑥]，以诏书的形式规定包括骆驼在内官畜的印记要烙印在

① （元）脱脱等撰，冯家昇、陈述、陈金生点校：《辽史》卷39《地理志三》，北京：中华书局，2017年版，第549—550页。

② 肖爱民：《辽代契丹人牧养牲畜技术探析》，《河北大学学报（哲学社会科学版）》2010年第2期，第14—18页。

③ 哈尔阿力·沙布尔等编著：《骆驼养殖》，乌鲁木齐：新疆科学技术出版社，2016年版，第21页。

④ （宋）王溥：《唐六典》卷72《诸监马印》，北京：中华书局，1955年版，第1305—1306页。

⑤ （宋）王溥：《唐六典》卷72《诸监马印》，北京：中华书局，1955年版，第1305页。

⑥ （元）脱脱等撰，冯家昇、陈述、陈金生点校：《辽史》卷17《圣宗八》，北京：中华书局，2017年版，第225页。

牲畜的左侧，以明显标识与部族、个人的牲畜相区别。

　　骆驼虽然性情温顺，但为了能够为人所用，需要从幼小时候开始进行调教和训练。尽管辽朝人如何调教骆驼的详情，今天已经不得而知了，可是根据辽墓壁画中的骆驼形象，我们还是能够从中发现一些线索，如穿鼻棍技术。在内蒙古通辽市库伦旗奈林稿乡前勿力布格村的辽墓 M6 出行图中的骆驼（图1）和辽宁省阜新蒙古族自治县大坝镇关山种畜场的辽墓 M4 出行图的骆驼（图2）都穿有鼻棍、栓有缰绳，这说明辽朝人在驯养骆驼上实行穿鼻棍的技术。

图 1　库伦 M6 牵车出行图幕本局部

图片来源：徐光冀主编：《中国出土壁画全集·3·内蒙古卷》，北京：科学出版社，2012年版，第207页。

图 2　关山 M4 墓道北壁驼车出行图局部

图片来源：徐光冀主编：《中国出土壁画全集·8·辽宁卷》，北京：科学出版社，2012年版，第64页。

此项技术是人们为了更好地控制和指挥骆驼，大约在骆驼2—3岁的时候，利用骆驼鼻子密布神经，于鼻孔上缘正中处的位置，用利器穿出一个通贯左右的孔道，然后插入鼻棍。为了防止感染，一般是把金属工具放火上烧红后再进行穿孔。鼻棍要适应骆驼鼻道的长短，一端粗有分叉，可以堵住穿孔不至于贯穿或滑脱，另一端则预留出拴系缰绳处。关于辽代骆驼鼻棍的材质，今天已无从知晓，应该是草原上常见的红柳或榆木之类木棍。在鼻棍一端系上缰绳后，还须再配备笼头。这样人们才开始对其进行调教，训练骆驼能够听从人的卧下、起立、停止、前进等口令。经过驯服后的骆驼就能进行拴系、牵拉、骑乘、驮载、挽拽，适应人们的不同需要。

（三）牧地的利用

辽朝幅员辽阔，境内有草原、沙地和丘陵地区，适合养殖牛、马、羊、骆驼等多种食草牲畜。由于各类牲畜对环境和牧草有不同的要求，因此需要针对不同牲畜的习性，合理地利用草场。辽朝人对草场利用主要有两种方式：一种是轮牧，另一种是定居放牧。

根据《辽史》的记载，辽朝皇帝一年中"秋冬违寒，春夏避暑，随水草就畋渔，岁以为常。四时各有行之所，谓之'捺钵'"[1]，四时捺钵实际上就是"逐水草而牧"[2]的生产生活方式——按季节对草场进行轮牧。五院、六院等部则对草场实行春夏和秋冬两季轮牧。[3]而以农耕为主的地区则对牲畜实行定居放牧，如前引《贾师训墓志》记载的东京道锦州永乐县民众放牧牲畜即是如此。这种牧养方式可称为跟群放牧，即对牲畜的行进方向及距离进行控制，早晨驱赶牲畜出发，夜晚归牧定居处。辽朝人对于骆驼的放养，自然也是通过这两种方式实现对草场的合理利用。

如前所述，由于骆驼特别适合在昼热夜寒、缺少水和绿色植物的荒漠和戈壁地区生活，所以辽朝养殖骆驼的地区主要集中在上京道、中京道和西京道的草原沙地和丘陵地区，尤其是上京道西北沙漠和戈壁地区。这是辽朝人针对骆驼的习性，选择一些适合的地方来养殖骆驼，以达到更好地利用不同环境的草场。

---

[1] （元）脱脱等撰，冯家昇、陈述、陈金生点校：《辽史》卷32《营卫志中》，北京：中华书局，2017年版，第423页。

[2] （元）脱脱等撰，冯家昇、陈述、陈金生点校：《辽史》卷34《兵卫志上》，北京：中华书局，2017年版，第449页。

[3] （元）脱脱等撰，冯家昇、陈述、陈金生点校：《辽史》卷33《营卫志下》，北京：中华书局，2017年版，第436页。

结 语

骆驼本是被人类很早就驯养的大型食草动物之一，由于其性情温顺、耐炎热饥渴，不但可以长途负重行走，还能驾车运输物品，尤其是善于在沙漠和戈壁地区行走，因此备受人们重视。但是因自身条件的限制，骆驼的快速奔驰速度不如马，产奶量和出肉率不如牛、羊，繁殖速度和数量也不如牛、马、羊，导致骆驼很难像牛、马、羊那样在草原地区进行大规模养殖。所以尽管北方游牧民族自匈奴开始就养殖骆驼，但一直未能取代牛、马、羊成为游牧社会生活中须臾不可或缺的牲畜，而仅是成为身份和地位的象征。

辽末，耶律雅里在自立的非常时期，曾在大盐泊（今内蒙古锡林郭勒盟东乌珠穆沁旗达布苏盐池）"每粟一车赏一羊，三车一牛，五车一马，八车一驼"①，说明骆驼在辽朝的珍贵地位。辽朝皇帝为了表示对属国和臣子的重视，以赏赐骆驼表示重视。辽朝第一次遣使高丽时，就曾"来遗驼、马及毡"②，为与高丽结盟，又曾"遗驼五十匹"③。"李公（肃）受命护东丹丧柩，送归北"后，辽朝"赐名马百余匹，别赐驼百余匹"。④ 在皇帝的"柴册礼"中，"若提认得戎主者，宣赐牛羊驼各一千"。⑤ 皇帝纳皇后时，骆驼是重要的嫁妆，以至于在皇帝的"丧葬仪"中，"以衣、弓矢、勒鞍、图画、马驼、仪卫等物皆燔之"。⑥ 骆驼还是辽朝向属部征收的贡赋物品之一，属国属部也以向辽朝贡献骆驼作为忠诚的表现和义务，如西夏和阻卜、敌烈、室韦、于厥等部都定期遣使贡驼。在日常生活中，辽朝皇帝和皇后也以乘坐驼车为贵，如北宋使臣曹利用"见虏母于军中与番将韩德让偶在驼车上"⑦，即承天皇太后萧绰是和宠臣韩德让一同坐在驼车上接见宋使。由于辽朝在日常生活中以骆驼为贵，故"契丹豪民要裹头巾者，纳牛驼十头，马百匹，乃给官名曰舍利"⑧，拥有骆驼成为身份的象

---

① （元）脱脱等撰，冯家昇、陈述、陈金生点校：《辽史》卷30《天祚皇帝四》，北京：中华书局，2017年版，第401页。

② ［朝鲜］郑麟趾等撰，孙晓主编，王林、王仁霞、左全琴，等点校：《高丽史》卷1《太祖一》，重庆：西南师范大学出版社；北京：人民出版社，2014年版，第24页。

③ ［朝鲜］郑麟趾等撰，孙晓主编，王林、王仁霞、左全琴，等点校：《高丽史》卷2《太祖二》，重庆：西南师范大学出版社；北京：人民出版社，2014年版，第42页。

④ （宋）张齐贤：《洛阳搢绅旧闻记》，傅璇琮、徐海荣、徐吉军主编：《五代史书汇编》，杭州：杭州出版社，2004年版，第2402—2403页。

⑤ （宋）王易：《燕北录》，（明）陶宗仪等撰：《说郛三种》，上海：上海古籍出版社，1988年，第2583页。

⑥ （元）脱脱等撰，冯家昇、陈述、陈金生点校：《辽史》卷50《礼志二》，北京：中华书局，2017年版，第933页。

⑦ （宋）苏辙：《龙川略志、龙川别志》，北京：中华书局，1982年版，第72页。

⑧ （元）脱脱等撰，冯家昇、陈述、陈金生点校：《辽史》卷116《国语解》，北京：中华书局，2017年版，第1692页。

征，所以辽朝人在死后到另一个世界也以拥有骆驼和驼车为荣，这在辽墓的壁画中得到反映。辽朝人在牧养骆驼的技术上，烙印记、穿鼻横插鼻棍以及利用牧场等技术，是对古代北方游牧民族养殖骆驼技术的继承和发展，起到了承上启下的作用。

科技政策与学科建设

晚清乡绅与新式教育的推行

——以温州府学堂改革为例

马佰玲　董劭伟

（东北大学秦皇岛分校社会科学研究院）

提　要　清末温州府学堂的创建是温州士绅在政府倡导教育近代化背景下的顺势而为。在这个过程中士绅承担了主要事务，一方面减轻了政府在行政事务上的负荷，另一方面展现了士绅在地方上的组织能力。学堂从封建制度下的旧书院改制为新式学堂，又从新式学堂转变为省立第十中学的过程，离不开刘绍宽等人对学堂各项制度及基础设施的改革。可以说，温州府学堂承载的不仅是温州士绅恢复经世致用之学的希望，也是他们思想上趋新的重要实践。改革后的学堂拥有了新学制、新思想及新教育方式，这是刘绍宽教育改革的成功，更是近代教育转型的成功案例。

关键词　晚清士子　温州府学堂　教育改革　《刘绍宽日记》

乡绅，广义上是指在乡士人，包括在任、卸任或被罢职的居乡官员，以及恩荫子弟、国子监的监生和府州县学的生员。明清时期，通过科举考试获得生员以上功名的学子依据法律享有优免赋役和参加地方管理等特权，功名更高的可入朝为官，"进可为官，退可为民"指的便是介于官府与平民之间的中间阶层。乡绅拥有功名带来的特权和名望，上可参与官府治理地方，下又有宗族里长的管理族人之责，这些特点使乡绅在地方社会，发挥着举足轻重的作用。本文以此为切入点，试图对温州府学堂创建中乡绅发挥的作用以及学堂建设的当代价值等问题进行探讨，希望在了解清末近代教育发展历程的同时，也能够对于此时期乡绅在民间社会公共事务中所起到的作用有更深一步的了解。

温州作为中国较早一批接触西方文化的地域，文明开化早，具有教育近代化的温床。清末新政伊始，温州在孙诒让等人的带领下，率先建设新式学堂，教育近代化走在了全国的前列。改革开放后的温州，成为经济改革的成功样例，温州人被称为"东方犹太人"，温州经济上的发展不能脱离政治和文化的依托作用，教育近代化正是提供了这样的意义。

一、温州府学堂前身：中山书院、瑞平化学学堂

光绪二十八年（1902年），孙诒让商请温处道童兆蓉和知府王琛，将温州府属中山书院与瑞平化学学堂合并改为温州府学堂。学堂几经易名，光绪二十八年（1902年），为温州府学堂，光绪三十二年（1906年），更名为温州府中学堂，宣统三年（1911年），改为浙江第十中学堂，民国元年（1912年），又易为浙江第十中学校，民国三年（1914年），加"省立"二字，为浙江省立第十中学，民国二十二年（1933年），学校改名为浙江省立温州中学。抗日战争时期，温州三次沦陷，学校数度迁址，抗战胜利后，省浙东第三临时中学并入十中，此后稳定下来，演变成今天的温州中学。

（一）中山书院

乾隆二十四年（1759年）知府李琬以修复东山书院所余经费建成中山书院。道光十一年（1831年）署巡道贾声槐、知府吕子班、永嘉知县傅延焘倡率绅董捐修中山书院。[①] 书院占地面积十亩二分，有院舍60多亩，并置亭池，书院"讲堂楼房7间，名精勤堂，为师徒讲会肄业之所，并祀文昌。左、右楼房共15间，分名修道堂、大雅堂，为生徒息宿地"[②]。咸丰三年（1853年）巡道庆廉改修道堂为肄经堂，仿省城诂经精舍样式，重在讲经义诗赋。同治七年（1868年）温州知府戴槃重修，选拔优秀者专开肄经班，标榜"通经致用"，"以培养人才为急"，时人认为中山书院可与省城书院相媲美。

晚清时期，中山书院的教学重在传播永嘉"事功经世之学"，继续发展了宋代的"永嘉学派"。永嘉学派"为朱子之学者，自叶文修公与潜室始"。[③] 叶适

---

① 温州市志编纂委员会编：《温州市志》下，北京：中华书局，1998年版，第2460页。
② 季啸风主编：《中国书院辞典》，杭州：浙江教育出版社，1996年版，第49页。
③ （清）孙衣言：《瓯海轶闻》上，上海：上海社会科学院出版社，2005年版，第12页。

是永嘉学派的集大成者①，叶适以前还有王开祖②、丁昌期、周行己、许景衡、陈傅良、徐谊、吕祖谦等学者。其学"主礼乐制度，以求见之事功"③，强调"经世致用"，重商业。在南宋，永嘉学派与程朱理学和陆王心学呈鼎足之势，但到宋元之际出现断裂。至清中叶，中山书院成立，开始复苏事功思想，孙诒让曾就读于此且"每试即冠军"，后在张振夔、孙希旦、孙锵鸣、孙诒让、宋恕、陈虬、陈黼宸等人的努力下，永嘉学派再次复苏，主要表现在以"经世致用"目的研究史学，使得大批著作流传于世。可以说，永嘉学派的复兴与中山书院密不可分，更是书院的学者们共同努力的成果。晚清时期，孙氏家族是温州望族，引领着地方教育文化发展方向。孙希旦、孙诒让等学者传播和教化子孙"事功经世之学"，使得后辈孙诒让等人在戊戌变法、清末新政时期，能够抓住教育发展的时机，适应时代需要，创办实业学堂，为后世培养了实用人才，这也是瑞平化学学堂、算学学院、方言馆等创办的重要原因。

（二）瑞平化学学堂

戊戌维新变法期间，"实业救国""变法图存"等维新口号在温州广泛传播。孙诒让应变法之风气，创办了多所实业学堂，作为对康有为、梁启超等人在京师变法的呼应。其中，算学书院、方言馆及瑞平化学学堂等均是这一时期的产物。④光绪二十五年（1899年），在孙诒让的号召下，刘绍宽与金晦、杨愚楼等人参与筹办瑞平化学学堂。此年，刘绍宽正值余蔚文家塾师，受孙家"是学堂之设，本以教育人材，转以蛊惑民志，是导天下于乱也"⑤言论影响，参与新式学堂建设。

关于瑞平化学学堂创办的起因，孙诒让和刘绍宽均有各自的想法。孙诒让在《记瑞平化学学堂缘起》中讲，儒者高谈阔论皆为虚无，方士求"长生不老术"虽创黄白铅汞之论，但并不精通。中国文化一直不讲求化学研究，使得中国人对于生活中的"意外"皆归于鬼神，而"泰西之学由艺以通于道，而化学

---

① 叶适，字正则，温州瑞安生姜门外水心村，故学者称为水心先生。自幼跟随陈傅良学习事功之学，淳熙五年（1178年）高中进士第二名，历官太学正、太常博士、吏部侍郎等职。著有《习学记言序目》50卷、《水心文集》30卷、《水心别集》16卷。1961年中华书局出版的《叶适集》，包括《文集》和《别集》；1977年出版《习学记言序目》。温州市志编纂委员会编：《温州市志》下，北京：中华书局，1998年版，第2759页。

② 王开祖（约1033年—1065年），字景山，号儒志，永嘉学派的开创者。北宋仁宗皇祐五年（1053年）考中进士，试秘书省校书郎，出任处州丽水县主簿，后即辞官返里于华盖山麓设东山书院。他的事功思想主要有四个方面，即政治思想的因时通变，希冀革新；"复性"的唯物哲理观；以民本为核心的功利观；创书院讲学风气之先。胡雪冈：《胡雪冈集》，合肥：黄山书社，2009年版，第186—194页。

③ （清）孙衣言：《瓯海轶闻》上，上海：上海社会科学院出版社，2005年版，第12页。

④ 李济琛主编：《戊戌风云录》，北京：金城出版社，2014年版，第491页。

⑤ 温州市图书馆编，方浦仁、陈盛奖整理：《刘绍宽日记》第1册，北京：中华书局，2018年版，第235页。

尤为专家盛业，究极微眇，弥纶大用，批窾导却，左右逢原（源），渐濡增积，其学大昌，遂视为生人日用之常"[①]。西方人对化学的研究普遍于日常生活，因而化业业发展尤为繁盛，他们的做法正是"道不离器，经世致用"的体现。从孙诒让的表述中，充分展示了"事功经世之学"带给他的影响。刘绍宽在其日记中亦有所记载，《富国策辨》云："昔人常云，地中所需百料皆备，惟磷、钾、淡（氮）气三种难得。今化学家考得磷为矿产，钾多在山石之中，至淡（氮）气一种布满半空，豆子能吸取此气，近用电气亦可致之。"[②] 由此可知，从经济角度看，培养化学人才可以利民利国。

孙诒让和刘绍宽等人虽积极筹办化学学堂，但现实的残酷打压了他们的信心。戊戌变法期间，帝后矛盾尖锐，对于地方兴办实业学堂，中央和地方势力的态度参差不齐，致使地方教育想要顺利进行成为一件难事。孙诒让主理"由瓯海总局每年拨银钱二千元，以充学堂经费"。[③] 教育经费的问题虽一时解决，但是瑞平化学学堂的筹办仅限于此，至于教师聘任、教室以及宿舍等其他问题均未提及。刘绍宽于光绪二十六年（1900 年）的日记载："欲办化学学堂，不求教师，不庀仪器，不谋校舍，常年的款仅木捐九百馀元，未曾具领，而欲移借一二百元，便行举办，不知当时何以冒昧如是？姑录之，以见当时风气未开之被动者寻声逐响，往往如是。"[④] 由于经费不足等原因使得化学学堂难以为继，瑞平化学学堂创办不久后便与中山学院一起改建为温州府学堂。

二、学堂转型的关键人物：孙诒让、刘绍宽、洪彦远

光绪二十八年（1902 年），温处道童兆蓉、知府王琛提议将温州府中山书院并入瑞平化学学堂后改建为温州府学堂。学堂第一任总理为余朝绅，副总理为陈祖纶，监堂为朱寿保。[⑤] 光绪三十一年（1905 年），温州府学堂废总理、副

① 陈元晖主编，鑫圭、童富勇编：《中国近代教育史资料汇编教育思想》，上海：上海教育出版社，2007年版，第 507 页。

② 温州市图书馆编，方浦仁、陈盛奖整理：《刘绍宽日记》第 1 册，北京：中华书局，2018 年版，第 243 页。

③ 温州市图书馆编，方浦仁、陈盛奖整理：《刘绍宽日记》第 1 册，北京：中华书局，2018 年版，第 268 页。

④ 温州市图书馆编，方浦仁、陈盛奖整理：《刘绍宽日记》第 1 册，北京：中华书局，2018 年版，第 277 页。

⑤ 余朝绅，（1855—1917 年），字筱泉，浙江乐清人，光绪九年中二甲赐进士。殷惠中主编：《温州历史人物》，北京：作家出版社，1998 年版，第 141 页。陈祖纶，字经郛，廪生，后成廪贡，永嘉进士陈祖绶子弟。徐佳贵：《乡国之际晚清温州府士人与地方知识转型》，上海：复旦大学出版社，2018 年版，第 105 页。朱寿保，字眉山，灵桥人，光绪进士，曾任温州府学教授。中国人民政治协商会议富阳县委员会文史资料委员会编：《富阳文史资料》第 4 辑，1991 年，第 22—23 页。

总理、监堂等职，设监督，监督一职由陈祖纶之兄陈祖绥担任①，后由朱寿保兼任。光绪三十二年（1906年），刘绍宽经孙诒让等人大力推荐，被任命为新的监督。②此时，温州府学堂已更名为温州府中学堂。短短几年间，中学堂监督一职几经更替。在刘绍宽卸任间隙，洪彦远委任浙江第十中学校校长。洪彦远在任期内，鼎力革新，知人善任，培育人才，学校管理日趋完善。民国九年（1920年）初，洪彦远奉令任教育部视学，离开了十中。③可以说，孙诒让、刘绍宽、洪彦远对温州府学堂的改革，对于学堂的定型具有重要意义，是温州教育走向近代化的典范。

（一）方兴未艾：孙诒让与温州府学堂的成立

温州府学堂成立之初，运行艰难，其原因在于政府官吏和学堂前两任总理、监督的"不作为"。温州府学堂虽在官府主导下改制而成，但温州府的"官老爷们"对于学堂的后续建设却并不感兴趣。孙诒让"闻官绅意见未融，权限无定，故毫无端绪"④，他见主管官员意在敷衍创办新式学堂，遂决心辞任学堂总理，但仍旧关心办学进展。孙诒让从温州回到瑞安后，在"学堂谈及郡城办中学堂之可笑，总办余小泉一毫无权，而陈经敷则大权独揽，王府尊、朱教授又懵无宗旨，将来正不知如何办成也"⑤。从孙诒让的言行可见，温州府学堂创办之初并不顺利，虽然有官府支持，但仅限于表面，并没有真正旨在兴学。

孙诒让以瑞安学务繁忙为由，婉拒了学堂总理一职，遂推荐永嘉士绅余朝绅担任总理，陈祖绥担任副总理，朱寿保担任监堂。余朝绅本在京师任职，但八国联军攻陷北京后，余朝绅便回到永嘉。光绪二十八年（1902年），余朝绅任温州府学堂总理，他主持学堂之初平息了新旧学派之争，发挥了各人所长，但到光绪二十九年（1903年），温州商界推举余朝绅为商会总理后，频繁的社会活动让他应接不暇，便没有时间兼顾学校事务。光绪三十一年（1905年），学堂裁总理和校监等职，改设监督，陈祖绥升任监督。陈祖绥⑥任监督时墨守成规，管理无方，出现了课程不全、教习迂腐、学生嬉游的局面，虽是中学

① 孙延钊撰，徐和雍、周立人整理：《孙衣言孙诒让父子年谱》，上海：上海社会科学出版社，2003年版，第305页。

② 温州市图书馆编，方浦仁、陈盛奖整理：《刘绍宽日记》第1册，北京：中华书局，2018年版，第431页。

③ 施世迪、夏海豹主编：《瑞安文史资料》第39辑《瑞安旧事》，北京：中国民族摄影艺术出版社，2015年版，第229页。

④ 中国人民政治协商会议浙江省温州市委员会文史资料委员会编，张宪文辑：《温州文史资料》第5辑《孙诒让遗文辑存》，杭州：浙江人民出版社，1989年版，第184页。

⑤ 张棡撰，俞雄选编：《张棡日记》，上海：上海社会科学院出版社，2003年版，第96页。

⑥ 陈祖绥，字伯印，号墨农，浙江永嘉人，曾任山西武乡、灵石、赵城县等知县。上海图书馆编：《上海图书馆藏张元济文献及研究》，上海：上海古籍出版社，2017年版，第238页。

堂，实则仅有小学程度。① 乐清士人郑良治拜访陈祖绶，称其对温州"府堂内腐败之俗"，"讳莫如深，殊多饰辞"。② 余朝绅和陈祖绶在任期间的作为使得各县优等生不愿入府学堂就读，同时也引起了温州所属各县商学界的不满。

温州府学堂虽是州最高学府，但由于缺乏政府有效管理以及学堂总理的用心经营，致使学堂管理混乱，出现诸多弊病，如学堂教材不定，课程不全，教学迂腐，就功课设置来说，学堂中文教科书已确定，但为温州知府王琛所改，"极错乱，恐难得效也"。③ 各县士绅要求省学务处查处整顿，但因锡纶对新学的敌视态度，遂将整顿一事交与孙诒让负责。孙诒让认为想要整顿温州府学堂，必须欲立先破。于是辞去了监督陈祖绶，拟请人"密劝墨农（陈祖绶）辞总理而举介石（陈黻宸）为监督"。④ 陈介石不肯担任府学堂监督，孙诒让便推举刚从日本考察教育回来的刘绍宽为府学堂监督。

（二）革故鼎新：刘绍宽对十中的全面改革

光绪三十二年（1906年）四月，刘绍宽任温州府学堂监督，根据孙诒让的建议，加之日本考察后的心得，对温州府学堂进行了改革。此时的府学堂正处在草创阶段，制度、设施等均不完善，学生程度参差不齐，前任管理者管理松弛。他就任后经考试，重编年级，制定分班制度，通过编订《温州府官立中学堂暂定章程》二十六章，明确规定了学科程度、功课试验、经费概略、学生守则等方面的细枝末节，使得刘绍宽此后对府学堂的管理能够有据可依、有章可循。刘绍宽在学堂的改革，可以分为以下三个方面。

第一，整顿学风和教风。刘绍宽初到府学堂"先揭堂中紧要规条八则"，岂料此规则并未对学生起到震慑作用，反之学生不以为然，甚至将规则扯下。刘绍宽未任监督前便知"堂中学生腐败之名，为五县最"。⑤ 此事发生之后，正是验证了府学堂学生品行恶劣之语。学生撕毁规则是对师长没有敬畏之心，而随后的"公认书"事件，则是学生对监督权力的对抗。刘绍宽对带头闹事的学生潘云路进行了惩罚，并在学堂内进行公示，大部分学生在公认书上写了不公认，刘绍宽比对字迹得知人名后，公开批评。被批评者愤然，甚至公然言："自谓在堂五年，陈监督未曾惩罚，今遽斥革，岂新监督权力果胜陈监督十倍耶？"⑥ 刘绍宽感知难凭一己之力整顿这些学生，于是上报府尊（主理教育官

---

① 李海英：《朴学大师——孙诒让传》，杭州：浙江人民出版社，2007年版，第194页。
② 徐佳贵：《乡国之际晚清温州府士人与地方知识转型》，上海：复旦大学出版社，2018年版，第298页。
③ 中国人民政治协商会议浙江省温州市委员会文史资料委员会编，张宪文辑：《温州文史资料》第5辑《孙诒让遗文辑存》，杭州：浙江人民出版社，1989年版，第184页。
④ 李海英：《朴学大师——孙诒让传》，杭州：浙江人民出版社，2007年版，第194页。
⑤ 温州市图书馆编，方浦仁、陈盛奖整理：《刘绍宽日记》第1册，北京：中华书局，2018年版，第433页。
⑥ 温州市图书馆编，方浦仁、陈盛奖整理：《刘绍宽日记》第1册，北京：中华书局，2018年版，第434页。

员）。府尊召集诸生，在堂宣布："李生四名必革，潘生六名必复，诸生愿者留，不愿者去。于是到堂诸生四十三人皆书留，嗣后续书者三人。"① 这件事情中，或许刘绍宽私自比对字迹的做法有失公允，但就学生"不惩罚"的言论看，前任监督"不惩罚"式的管理已经成了学生对抗新监督的理由，甚至是不遵守校规、不尊重师长的"保护伞"。

学堂中，教师的问题是"不按时上班"和"教学方式老旧"。② 刘绍宽针对第一个问题，牌示学堂"唯星期日为例假，星期六功课不得减少，下午体操须一律上课，违者记过"③。至于第二个问题，刘绍宽决定整顿教师队伍，吸纳具有新学背景的教员，例如，黄昌芳、朱煌、刘慎甫④ 以及高谊⑤、刘景晨⑥ 等，为温州府学堂的转型奠定了人才基础。

第二，改革教学内容。首先，分班授课制度。刘绍宽等人认为"目前所办教科，难于整理"，等级不齐，程度不合，如果不能特别招考，便不能统一教学。教师汪香泉给出了分班之法的意见，"已学者为初班，未学者为次班"，但更多的学生应先去初班，末班仅有寥寥几人。后经众议，将汪的分班法优化为分班授课制度，班级分为甲乙丙丁戊班，按照学生的水平分配，并配有升班制度，如日记载："本日英文戊班升入丁班者九人"⑦，这样可以激励学生们的进取心，促进学生整体学业水平的提升。其次，课程设置。温州府学堂的学生多是 20 岁以上者，且学习基础甚差，英语和算学两门课程刚刚涉足。如果不基于他们的学习基础安排课程，仅按照学堂的课程安排教授，将来这一批学生很难就业。刘绍宽面对此种情形，制定了一套适合他们的学习制度，日记载刘绍宽"拟于堂中中文稍善，年已长成者，补习英、算。年长成而中文虽低，而英、算尚佳者，专修国文、英、算。其年少而中文、英、算均可学者，为中学正班。如中文、英、算均低，无可学者，听去，不必留堂可也"⑧。除此之外，刘绍宽还亲编教材，《国文教授法》《修身讲义》《周礼讲义》《修身科教授导言》等，

---

① 温州市图书馆编，方浦仁、陈盛奖整理：《刘绍宽日记》第1册，北京：中华书局，2018年版，第434页。

② "俯身于案，低首看书一句，讲解一句，总不瞻顾学生，又所言不能动听否。或仅偏顾一二人，与之详说讲解。"温州市图书馆编，方浦仁、陈盛奖整理：《刘绍宽日记》第1册，北京：中华书局，2018年版，第437—438页。

③ 温州市图书馆编，方浦仁、陈盛奖整理：《刘绍宽日记》第1册，北京：中华书局，2018年版，第436—437页。

④ 温州市图书馆编，方浦仁、陈盛奖整理：《刘绍宽日记》第1册，北京：中华书局，2018年版，第437—438页。

⑤ 王理孚撰，张禹、陈盛奖编注：《王理孚集》，上海：上海社会科学出版社，2006年版，第88页。

⑥ 温州市政协文史资料委员会编：《温州文史精选集》，《温州文史资料》第 15 辑，杭州：浙江人民出版社，2001 年版，第228页。

⑦ 温州市图书馆编，方浦仁、陈盛奖整理：《刘绍宽日记》第1册，北京：中华书局，2018年版，第436页。

⑧ 温州市图书馆编，方浦仁、陈盛奖整理：《刘绍宽日记》第1册，北京：中华书局，2018年版，第438页。

作为推进新式教育的又一良法。再次，课余活动。光绪二十年（1902年），刘绍宽赴上海震旦学院，深受其演说之启发，回乡后在温州府学堂试办演说。刘绍宽在中学堂颁布演说规则，并设置了奖励制度，演说优秀者即可发给徽章，挂于左胸襟上，以示荣誉。[①] 刘绍宽自任修身一科，演说立志大旨。最后，考试制度。刘绍宽接任校长后，通过频繁的考试激励学生努力学习，虽然初期测验的结果并不理想。如"上午史学试题《孔子之教去鬼神而留术数说》，诸生皆瞠目拆舌，不能下笔。复示以历史课本，始能一一构思"[②]，但在长久坚持下初见成效。

第三，改善学习环境。刘绍宽认为改善教学环境十分重要，言"斋舍一定，诸事可为"。[③] 府学堂，于光绪三十二年（1906年）自8月11日至9月3日，"右偏两讲堂、一饭厅成，自修室、左偏三讲堂已平地基"[④]。陈式卿将墙外都司营地约十二亩，拨归堂中建筑之用。[⑤] 刘绍宽等人的诸多努力，使府学堂的校舍和学校基址得以扩充，教室从5个增为32个，学堂面积扩充至40多亩。[⑥]

经过孙诒让、刘绍宽等的一番改革，学堂（整顿后改名为温州府中学堂）的面貌焕然一新，成为较前完备之中学，各县报考者骤增。永嘉私立和教会办的学堂学生骤然减少，都想插班到温州府中学堂学习，各县优秀生也纷纷以之作为第一志愿。当时在中学堂任教的著名教师有撰写《墨商》的王景羲，有精通《史记》《汉书》的张棡等名人。这一期间培养的学生中，有后来成为著名国画家的马孟容、书法家的马公愚以及教授潘云路、项蛰、陈君檄等人，这无疑是温州府中学堂的全盛时期。

刘绍宽的诸多改革措施虽有成效，但提升学生素质并非短时可行，加之温州风俗败坏，子弟迷溺邪色者比比皆是，改革后仍有堂中学生"于功课繁忙，皆缩然退避，至于体操尤苦，甚至在场出怒言"[⑦]，刘绍宽对此只能"择其一最腐败者，记过一次"了之。但刘绍宽改革温州府中学堂的意义，不仅是把一所腐败的官立中学改变成一所很有生气的新学校，更重要的是通过整顿中学堂，树立了温处学务分处的威望，取得了学界和各界的信任，为以后的教育活动奠定了良好的基础。

---

① 温州市图书馆编，方浦仁、陈盛奖整理：《刘绍宽日记》第1册，北京：中华书局，2018年版，第435页。
② 温州市图书馆编，方浦仁、陈盛奖整理：《刘绍宽日记》第1册，北京：中华书局，2018年版，第436页。
③ 温州市图书馆编，方浦仁、陈盛奖整理：《刘绍宽日记》第1册，北京：中华书局，2018年版，第436页。
④ 温州市图书馆编，方浦仁、陈盛奖整理：《刘绍宽日记》第1册，北京：中华书局，2018年版，第449页。
⑤ 温州市图书馆编，方浦仁、陈盛奖整理：《刘绍宽日记》第1册，北京：中华书局，2018年版，第436页。
⑥ 殷惠中：《温州历史人物》，北京：作家出版社，1998年版，第155页。
⑦ 苍南县政协文史资料委员会编：《苍南文史资料》第16辑《刘绍宽专辑》，2001年版（内部刊印），第220页。

（三）功在数学：洪彦远与十中数学之发展

洪彦远，字岷初，温州瑞安人，近代著名教育家、数学家。瑞安洪姓，是在明崇祯年间从安徽歙县前往此地。明代洪氏为商贾，贩售布匹和墨，其后裔在县城林宅巷、柏树巷、后河街一带聚族而居，历经三百多年形成了一支大族，与项、孙、黄并称为瑞安四大家族。洪氏一族，代出闻人，如先祖洪守一（1769—1860年），嘉庆癸酉年拔贡举人，曾任镶黄旗教习及河南永宁、永陵知县，政绩颇丰。再如洪炳文（1848—1918年），毕生倾心戏曲创作，将爱国主义教育寄于传奇和戏曲之中。[①] 到洪彦远及子孙三代，出国留学者居多，回国后均成为近代中国各行各业的领军人物。

清末，洪彦远在戊戌变法的影响下，东去日本留学，洪彦远毕业于东京高等师范学校数理系，是中国最早去日本学习数学的两人之一，回国后，先后在保定师范大学、浙江两级师范学校、浙江省教育厅、北京教育部任职，与沈钧儒、鲁迅共事，丰子恺、陈建功皆出于其门下，北洋政府垮台后，回乡任职温州第十中学校长，兼职数学教师。洪彦远认为"数学是一切自然科学的基础，只有培养了大批数学人才，科学才能发达，国家才能富强"[②]，他在十中任教期间，注重发现和培养数学人才，如苏步青。苏步青后任复旦大学校长，1982年，时值温州中学建校80周年，苏步青为母校贺诗云："穷乡僻壤旧家贫，五柳池边勤读身。岷老怜余如幼子，叔师训我作畴人。学诗无计追苏白，筹算犹期继祖秦。饮水思源同八十，小词遥祝鹿城春。"[③] 从诗中可见，洪彦远对苏步青的伯乐之恩。十中先后踊跃出杨霁朝、陈叔平、虞执中、虞明素、臧渭英、张楷、姜渭民、陈修远、陈仲武和杨悦礼等著名数学家，他们为中国现代数学做出了重要贡献。

苏步青是复旦大学名誉校长、中国数学学会名誉理事长、中国科学院院士。他在十中期间，因数学方面崭露头角引起了洪彦远的关注。后来，苏步青去日本留学苦无经费，洪彦远得知后便汇给苏步青200银元，并赠言："天下兴亡，匹夫有责，要为中华富强而奋发读书。"[④] 苏步青言："这是我一生事业的转折点"[⑤]，可见洪彦远对苏步青影响之巨。苏步青没有辜负洪彦远的期望，以优异的成绩考入东京高等工业学校电机系、东北帝国大学数学系及该校研究院。洪彦远对数学人才的培养不仅仅体现在苏步青一人身上，更为重要的是代

---

① 陈成业、朱应松主编：《瑞安文史资料》第11辑，1994年版（内部刊印），第3—4页。

② 陈成业、朱应松主编：《瑞安文史资料》第11辑，1994年版（内部刊印），第1—2页。

③ 施世通、夏海豹主编：《瑞安文史资料》第39辑《瑞安旧事》，北京：中国民族摄影艺术出版社，2015年版，第231页。

④ 吴圣苓：《师典》，上海：上海人民出版社，2004年版，第1222—1223页。

⑤ 苏步青：《苏步青文选》，杭州：浙江科学技术出版社，1991年版，第211页。

代传承的影响。苏步青的学生方德植写成题为《定挠曲线的一个特征》，对法国数学家达尔布的公式做了改进，而方德植又是陈景润的大学系主任。[①]苏步青在祝贺母校十中建校八十周年上贺诗"岷老怜余如幼子"[②]，以怀念洪彦远。陈之川称洪彦远担任十中校长期间，"鼎力革新、知人善任，除聘请名师，还亲自兼授数学。因领导有方，学校管理日趋完善"。[③]综上，洪彦远对十中的改革最重要贡献在于数学人才的培养以及数学专业的发展，这不仅为近代数学业孕育和输送了人才，更是中国数学业发展的里程碑。

（四）急流勇退：刘绍宽再任十中校长（1917.11—1918.12）

1917年11月2日，刘绍宽接到省公件和洪彦远的信，委任其再任十中校长。刘绍宽上任后，延续了第一次任期间的管理模式以及洪彦远在任时的制度。与上一次不同的是，刘绍宽此次担任校长后并未亲自管理学校庶务，而是将权力下放至崔陈鸿、郑式钦两人。然而，此二人管理结果不容乐观，刘绍宽言："然此次入中学，不用旧人，专听崔陈鸿、郑济（郑式钦）两生布置一切，至次年卒以偾事，不可谓非疏忽也，毕竟此来可谓蛇足。"[④]1918年，刘绍宽开始亲自管理校内事务，兼修身科教员并编修身科教授导言。刘绍宽在闲暇之余还"巡视各教室，见学生有一二未备课本者，饬令即须备齐"。[⑤]在1918年的日记中，并未见到刘绍宽谈及十中学生的严重劣行，可以想见十中经过十余年的淘洗，学生素质明显得到提升。但是在教师队伍中，腐败问题和矛盾冲突却时常发生。

上述所讲刘绍宽将校务交予崔陈鸿、郑式钦二人，但管理效果不佳，真实原因在于两人之间的关系不合。1909年，崔陈鸿以优贡生的身份毕业于温州府中学堂，刘绍宽欣赏其才华将其聘任为监学。[⑥]刘绍宽第二次担任十中校长后，重用崔陈鸿，但刘绍宽渐渐察觉"崔颇腐败"。浙江省进行议会选举时，崔陈鸿欲凭借选举离开十中，但营求不成，又来中校。省开学务会议时，刘绍宽

---

①　政协瑞安市文史资料研究委员会编：《瑞安文史资料》第7辑，1990年版（内部刊印），第58—59页。

②　施世通、夏海豹主编：《瑞安文史资料》第39辑《瑞安旧事》，北京：中国民族摄影艺术出版社，2015年版，第231页。

③　余振棠：《瑞安历史人物传略》，杭州：浙江古籍出版社，2006年版，第210页。

④　温州市图书馆编，方浦仁、陈盛奖整理：《刘绍宽日记》第2册，北京：中华书局，2018年版，第645页。

⑤　温州市图书馆编，方浦仁、陈盛奖整理：《刘绍宽日记》第2册，北京：中华书局，2018年版，第650页。

⑥　崔陈鸿（1889—1969年），谱名志登，字车旋，乐清蒲岐南门人。清光绪二十八年（1902年），崔陈鸿从县试、府试到院试，蝉联三个第一。废科举后，以优异成绩考入温州府中学堂。参见崔陈鸿：《重修崔氏宗谱序》附记，蒋振喜选编：《乐清谱牒文献选编》，北京：线装书局，2009年版，第461页。"温州府中学堂取列优等之崔陈鸿、李廷镳、陈慕琳等三名，拟请照章作为优贡。"参见《学部奏浙江宁波、温州两府中学堂学生毕业请奖折》，宁波市政协文史委员会编，龚缵晏执编：《近现代报刊上的宁波》上，宁波：宁波出版社，2016年版，第7页。

派郑式钦^①作为代表出席会议，此举引起了崔陈鸿的嫉妒。郑式钦回校后，处处受到崔陈鸿排挤，甚至崔联合其他教员和学生孤立郑式钦。此间恰逢刘绍宽未在十中，一名吴姓学生因故去世，郑式钦负责办理其丧事。崔陈鸿便借题发挥，将学生死因归结为郑式钦的照顾不周，并且鼓动学生罢课。十中校内顿时乱作一团，刘绍宽速回学校主持局面。刘绍宽"坚持严办鼓动罢学者，革去教员崔陈鸿、李龠、林智民三人，开除学生八十名"。^②学校重行改组，罢课风潮逐渐停息。此事后，刘绍宽便准备辞去十中校长一职。

刘绍宽在日记中特别记载了崔、郑风波以及他在此事中的失职表现，并有"世风之变"的感慨。刘绍宽言："是年风潮固由崔、郑之不和，而崔之腐败不早去，实为余寡断之失，然郑亦非可深任者。用人未当，不能辞其咎。"^③他对自己第二次担任校长的表现不满意是，认为"此次即无风潮，而学务之不见成绩，亦殊远逊于前次之任校长时"^④，何况任职期间由于疏忽学务，酿成了罢课风潮，对于学生和教员均有颇坏影响。刘绍宽出于愧疚的心理向省厅提出辞职。其实，刘绍宽再次出任校长并非全无政绩，他聘请郭啸吾为庶务，专门负责学校的建筑修建工作，改建礼堂及两廊为教员学生寝室。学生和教师的生活环境得到了改善，也是刘绍宽的功劳。1918年，温州处在北洋军阀统治下，社会风气较差，刘绍宽言："余前次在中学，酒食酬应事甚少，此次来校，职教员无不以此为事，外间酬应亦无虚日，亦可见世风之变矣。"^⑤以上事件便是不良社会风气在教育方面的体现。

三、学堂管理问题及困难

中学堂的维修和改建不仅仅需要刘绍宽等人在体力上的付出，更为重要的是维修经费问题。如前所述，宋仲铭在提出修改学堂的意见时，便给出了经费紧张的信息，"小村、仲铭估修理费至少须三千余金"。^⑥学堂的修缮需要官府的支持，刘绍宽便"谒锡太尊，商筹建筑捐事，杨、宋估须五千金，因禀请筹

---

① 郑式钦（1887—1972），昆阳镇人，曾任平阳县教育局局长，省教育厅科员。抗战时因省教育厅搬迁到平阳，从事教育工作，是著名数学家苏步青的老师，生平乐善好施，有求必应，每逢天灾人祸，必广施财米救济乡里和族人，在当地口碑极好。参见平阳县慈善总会编：《善心善举：平阳历代善人善事回眸》，杭州：浙江工商大学出版社，2015年版，第92页。

② 温州市图书馆编，方浦仁、陈盛奖整理：《刘绍宽日记》第2册，北京：中华书局，2018年版，第659页。

③ 温州市图书馆编，方浦仁、陈盛奖整理：《刘绍宽日记》第2册，北京：中华书局，2018年版，第659页。

④ 温州市图书馆编，方浦仁、陈盛奖整理：《刘绍宽日记》第2册，北京：中华书局，2018年版，第659页。

⑤ 温州市图书馆编，方浦仁、陈盛奖整理：《刘绍宽日记》第2册，北京：中华书局，2018年版，第660页。

⑥ 温州市图书馆编，方浦仁、陈盛奖整理：《刘绍宽日记》第1册，北京：中华书局，2018年版，第435页。

办"。① 维修学堂大致需要 3000 至 5000 金，看似金额较多，但实际上，这一部分钱用到学校各处开支时则显得捉襟见肘。金伯昭信言："理化仪器须购办，鹰洋千元，少则七八百元，束脩月须五十元"②，且"堂中坑厕，今年出息当得七十元，现止三十五元，尚无清帐可报，盖皆归司帐出息矣"③。这一部分开支仅是学堂所需的较小一部分，而在透明的开支背后还有许多刘绍宽等人管理不到的"暗箱操作"。

如光绪三十二年丙午（1906 年）闰四月十九日乙酉日记载：

> 堂中用人包厨等事，向由司帐经手，积弊甚深。昨厨人多方要挟加价，不允，愿退而另换他人，则议不谐。宋君仲铭乃揭告白招人，而司帐某遂来代求，乞豫付鹰洋三十元，归渠作保，以后学生饭帐归渠代收。宋君以前日要挟太甚，不许。堂中玻璃窗为风所毁，宋君将饬修，司帐云临时修理，不可报销，如待暑假时一概修缮之，便于造报也。不知逐毁逐修，物不大损，此于堂中甚利，而报销核实，无可浮冒，则于彼甚碍也。④

如光绪三十二年丙午（1906 年）五月十三日乙酉日记载：

> 堂中积弊甚重在帐房，于厨房伙食每八分扣四厘，又作九五扣，树行、纸坊及洋货店，皆有折扣。用一人，置一物，非润色不能行也。⑤

温州府中学堂虽然是官府出资兴办的学堂，但在清末，政府财政支出困难，地方学堂多归地方政府自理。地方政府财政又有多项开支，虽倡导兴办学堂，但真正的教育经费所剩无几。学校经费是刘绍宽最棘手之事，知府答应的常年经费只有 3600 元，"特别款可筹至 4500 元"，实际上仅理化仪器添置便需1000 元。刘绍宽多方查证，发现光绪二十四年（1898 年）有"各州县酌提学堂经费"政策。但二十六年"温郡移此款赔偿教案，以六年为限"，到本年为止，明年可仍作学堂经费，五县共有 6000 余。刘绍宽得知细里后便上锡太尊函，一为筹捐事，一为各州县学堂经费应拨充中学事。又谒李太尊，谈及中学用款，提学使公文已到，自五月初一日起由藩库支拨。刘绍宽以为他的努力可以换来政府的拨款，但事实是"前学务分处移来书籍一批，系聂抚宪每年铜元项下提拨一千六百给助刻书之资，此书即解抵此款者"⑥，用书籍来抵扣刻书之资的方式是政府给刘绍宽的回应。这批书籍是否有用，我们先不做讨论，只是这种方

---

① 温州市图书馆编，方浦仁、陈盛奖整理：《刘绍宽日记》第 1 册，北京：中华书局，2018 年版，第 436 页。
② 温州市图书馆编，方浦仁、陈盛奖整理：《刘绍宽日记》第 1 册，北京：中华书局，2018 年版，第 438 页。
③ 温州市图书馆编，方浦仁、陈盛奖整理：《刘绍宽日记》第 1 册，北京：中华书局，2018 年版，第 439 页。
④ 温州市图书馆编，方浦仁、陈盛奖整理：《刘绍宽日记》第 1 册，北京：中华书局，2018 年版，第 439 页。
⑤ 温州市图书馆编，方浦仁、陈盛奖整理：《刘绍宽日记》第 1 册，北京：中华书局，2018 年版，第 443 页。
⑥ 温州市图书馆编，方浦仁、陈盛奖整理：《刘绍宽日记》第 1 册，北京：中华书局，2018 年版，第 447 页。

式便是对创办新学堂抱有热情的绅士们的一种打击。

曾式卿谈及中学，他言学款难筹，原因是："温郡筹集常年万金，本为不难。惟所筹之款，大抵出于商家，而中学学生从前腐败，大为商家之累，故商家皆以学生为畏物，安能令其出钱？能训练学生，使守纪律，为商家所信服，则款不难筹集也。"①可以想见，刘绍宽想要改革温州教育，必须先改革社会风气，而欲改革社会风气，又须教育辅佐之，就当时的情形，教育和社会风气看似相辅相成，可似乎又形成了一对不可抗的矛盾。正值官商存款于丁氏裕通钱庄的款恰逢裕通倒闭之时，仲容先生来信说，"中学款因裕通倒闭，亏绌待筹，自不容缓。但同是府署存款何以赢绌两不相侔？眷老（按知府锡纶，字眷臣）素黜，窃疑其于该庄倒后，将亏数金委之学款，而自据其赢，不审台端曾细查否？道署子钱约计万二千余元，请拨自可。但官场于私利必出死力相争……足见官场蕴利，不易争拨。"②屋漏偏逢连夜雨，温州教育改革可谓是苦难重重，本就学款难筹又遇上不作为的政府，使得推进温州教育改革的事业落到了刘绍宽等士绅少数人的身上。

虽然如此，刘绍宽于光绪三十二年至宣统二年（1906—1910年）年内，仍全力筹到经费5万多元，使府中学堂勉强运行下去。后期中学经费因时局变动没有着落，刘绍宽请徐定超帮忙，设法支给维持至甲班毕业。可是学生伙食费为会计透支挪用，无法发还，刘绍宽又多方挪移发给。等到归时，不名一文，由陈守庸、吴郁周各借给一百元，才得回家。刘绍宽因中学堂诸事难办便有辞去之意，何况学校"为省款所掣，至于停课三月"③，只能勉强维持到甲班毕业，所以决定辞职。

四、温州府学堂改革的启示及当代价值

温州府学堂在温州的教育史中一直发挥着重要作用，它承载了数代温州人的梦想和情怀，在封建社会的后半段乃至民国时期，浙江一直是官僚阶级的后备军和人才的聚集地。温州虽然是后起之秀（晚清时期，在孙诒让等人的带领下，温州文化风气才渐渐恢复），但在中国近代化的过程中也起到了重要作用。从教育角度来看，温州府学堂的成立及发展便是中国教育近代化的缩影。温州

---

① 温州市图书馆编，方浦仁、陈盛奖整理：《刘绍宽日记》第1册，北京：中华书局，2018年版，第447页。

② 中国人民政治协商会议浙江省温州市委员会文史资料委员会编，张宪文编：《温州文史资料》第5辑《孙诒让遗文辑存》，杭州，浙江人民出版社，1990年版，第191—192页。

③ 苍南县政协文史资料委员会编：《苍南文史资料》第16辑《刘绍宽专辑》，2001年版（内部刊印），第419页。

的教育文化之所以在近代才渐趋兴盛，是由于永嘉学派的再次活跃。孙诒让等人通过著书立说以及编订历代温州文人作品，借兴盛史学来恢复了讲求"事功精神"的永嘉学派。孙诒让、刘绍宽等人再通过新式教育教授子弟，使得"事功思想"在近代温州文人的头脑里逐渐扎下了根。

所谓的"事功"，如前所述，便是经世致用，讲究"道不离器"，通俗的说法是学以致用。晚清时期，正是中国政治风雨飘摇之际，什么是立国之本？什么是治国之道？已经被帝国主义的铁蹄和侵略者的强权洗剥殆尽。洋务运动的"自强求富"，从表面上将部分中国人"唤醒"，然而真正的进步绝不仅此而已。清末新政的"全面改革"，虽起到了短暂的效果，但从历史结局来看，却将清政府送上了"断头台"。那么究竟什么是治国之道呢？刘绍宽在其日记中言："政体、学术、风俗三者为立国要素。新进少年，不先于此三者求改良增进，而欲举办一切新政，必无效果。老成者，诋訾一切新政，而亦不知改良增进于此三者，而徒事阻挠，皆失计也。"① 刘绍宽虽然并不是政治核心人物，但从他多年参与治理地方的经验来看，其言有益。政体的搭构需要人才，人才出自教育，教育之兴则在风俗和政体，至少从温州府学堂的成长史来看，这一理论是成立的。

温州府学堂成立初期百废待兴，清末新政的号召下成立的官方新式学堂，并不被时人看好，初期的发展并不顺利，但学堂采用的教学方式及教学内容显示出了教育近代化的趋势，这一时期，它的意义在于"废科举、兴学堂"诏令的实践以及延续洋务运动时期教育近代化的总体发展方向。刘绍宽担任校长后，积极展开对学堂各方面的改革，改革后的温州府中学堂便焕然一新。这一时期，学堂的意义有很多方面，例如中学堂的管理模式、教学方式、师资力量、学生素质均是温州府境内最优质的，成为温州府域内新式教育发展的成功案例。洪彦远担任校长期间，鼓励学生学习数学，一时间温州成了有名的"数学之乡"，人才辈出，许多学生成了近代中国科学技术发展的重要支柱。这一时期，中学堂的意义在于"数学之乡，人才璀璨"。

刘绍宽再次担任十中校长时，并没有第一次那么大规模的进行改革。在教员争斗事件发生之后，刘绍宽再次辞职。这一时期，民国政府刚刚成立，国内政局不稳，军阀掌握政权，第一次世界大战刚刚结束，内忧外患正是此时中国的显著特征。聚焦中国教育，发展明显迟缓。关于教育发展迟缓的原因，可以从温州此时的发展状况来分析。此时的十中，刘绍宽正为学款四处奔波，甚至学校因为久无经费要停课。经费之所以难筹，是因为政府的"无为政治"、劣绅的"不良言论"，以及弥漫温州的"务实"风气。这样的情况下，教育何谈发展呢？刘绍宽之后的十中经历了与师范学堂合并、国共十年对峙、抗日战争和解放战争，其才逐渐稳定下来，成为温州培养人才的重要基地。

① 温州市图书馆编，方浦仁、陈盛奖整理：《刘绍宽日记》第1册，北京：中华书局，2018年版，第412页。

新时代科学家精神与工科辅导员育人思路创新

王晓蕾

（东北大学秦皇岛分校控制工程学院）

提　要　科学家精神是中国精神的重要内容，在新时代富有新的内涵。作为高校思想政治教育的一线工作者，辅导员肩负着培养时代新人的重任和使命。鉴于工科大学生具有诸多个性特点，有必要在培养之时，将科学家精神融入育人创新，在传承新时代科学家精神的同时，将育人与国家发展、创新战略和立德树人根本任务相联系，培养为中华民族伟大复兴而奋斗的新时代工科大学生。

关键词　科学家精神　工科辅导员　育人

新时代科学家精神引导着新一代科技工作者在工作中坚守初心、勇于创新，为实现中华民族伟大复兴贡献力量。新时代的科学家精神是什么？如何弘扬科学家精神？这可为新时代高校思想政治教育开拓新思路。辅导员是学生政治教育、道德培养和人生指引的主力军，工科辅导员因其育人对象的特殊性，应高度重视、融会贯通科学家精神，开拓思政育人新思路、新途径。

一、新时代科学家精神的内涵

科技强国和创新驱动是当今新时代的主题，科学家精神也有了新的内涵。科学家精神是中国科学精神的重要体现，蕴含着丰富的人文色彩，是科学精神和人文精神的有机融合，符合新时代发展要求。2018年3月，在"中国科学家精神"座谈会上，杜祥琬院士对科学家精神进行阐述，认为科学家精神包含追求真理、时刻创新和家国情怀等因素，拉开了新时代科学家精神讨论的序幕，揭示了科学家精神中的科学坚守和人文情怀。2019年6月，《关于进一步弘扬科学家精神加强作风和学风建设的意见》首次明确提出"新时代科学家精神"。

《意见》指出，新时代科学家精神由爱国、创新、求实、奉献、协同和育人等精神有机组成，其中，爱国精神是其核心内容。2020年9月，在科学家座谈会上，习近平总书记鼓励科技工作者担当起科技创新的重任，大力弘扬科学家精神，应赋予新时代的科学家精神以新使命。新时代的科学家精神丰富了中国精神，是民族精神和时代精神的产物，它是立德树人的"利器"。培养有担当和有学识的时代新人①，使他们心怀祖国发展和人民幸福，并为实现中华民族伟大复兴而努力奋斗是弘扬科学家精神的重要目的。

从本质上来说，新时代科学家精神一种与时俱进的无形的非正式制度，它存在于人们的内心信念与意识形态之中，可以渗透到科学研究各个领域，进而影响着社会经济活动的各个方面。与正式制度不同，科学家精神不靠外界的约束机制，而是靠内心的自觉自省确保实施，具有较强的稳定性、持续性与渗透性，一旦深入人心，便可产生强大的精神内在动力，有力地指导实践，极大地降低制度实施成本。马克思认为，人是生产力中最为活跃的因素，因此在社会的发展与变迁中，科学家精神总是发挥着重要作用。钱学森、邓稼先等"两弹一星"元勋的坚守大大提升了我国的国防力量；西安交通大学"西迁人"的爱国主义情怀带动了西北地区建设，如今，国内外国际环境复杂多变，"十四五"迎来开局之年，我国对加快科技创新提出了更为迫切的要求。在这一特定历史时期，弘扬新时代科学家精神，有利于大学生将使其对科学的好奇心与报效祖国、服务社会和造福人类有机地结合起来，从而为我国科学技术的蓬勃发展、国家国际地位的提升增砖添瓦。

二、新时代科学家精神对工科辅导员育人的启示

辅导员作为高校思想政治教育的一线人员，肩负着育人的历史重任和使命，而新时代科学家精神为其育人工作提供了有益的思路。可以通过将科学家精神融入思想政治教育，将时代精神与时代教育相结合，开拓创新立德树人的教育内容和方式。工科辅导员与科技工作者的距离更近，与科学家精神可达成较高的契合度，可以此为途径探索具有针对性和个性化的育人路径，引导工科学生正确树立人生目标和培养价值观念，实现政治教育、道德培养和人生指引的有机统一。具体来看，新时代科学家精神对工科辅导员育人具有如下借鉴启示：

---

① 骆郁廷、余晚霞：《科学家精神融入思想政治教育刍议》，《思想理论教育》2021年第1期，第98—102页。

（一）爱国主义培养是基础

爱国主义精神是新时代科学家精神的核心，也是中国科学家一直以来最重要的精神支柱。在当今的信息爆炸时代，新时代高校工科学生民族认同和爱国主义热情培育受到了不小的挑战。首先，由于学科性质的不同，工科学生接触的多是自然科学专业课知识，在专业课学习中需要养成严谨务实的思维模式，这种培养模式的差异使得工科学生接触人文精神的机会相对较少且对人文精神的敏感度较低，为爱国主义精神的塑造造成了一定挑战。在现实生活中，不少科学家在爱国主义精神的指引下将科学研究与国家战略和人民需求相结合①，充分体现了科学的价值和科学家的使命担当，这些案例容易让工科学生产生共鸣，可以成为思政育人工作的有效素材。因此，培养科学家精神所强调的爱国主义应成为工科辅导员思政育人的重要基础。

（二）创新精神激发是重点

在国内外复杂环境下，创新驱动是解决中国发展问题的有力举措。大学生是推动国家创新发展、建设创新强国的重要基石，如何让他们在学习掌握足够知识储备的同时，激发他们的创新精神，让他们在所学知识基础上锐意创新至关重要。工科学生接触的知识多与国家核心技术的基础性研究和应用性拓展密切相关，可以深入探究科学家创新活动的产生和实现，以此作为高校工科学生创新精神培养的素材，将工科学生创新活动作为育人教育的有效抓手，并且结合科学家精神的内涵，在"提出新理论、开辟新领域、探寻新路径"三方面入手，激发大学生创新意识和更新创新思维。

（三）道德规范树立是保障

工科学生虽然思维严谨，但是灵活性较差，容易出现处理问题不当甚至是走极端的情况。此外，因工科对于技术的强调、实用主义的强化有时容易导致工科学生功利心过强，若学生的道德修养和理性信念不足，容易导致价值观发生扭曲。当前大学生思想活跃，但是价值观念尚未成熟，容易受到享乐和利己主义的不良影响。与此同时，互联网快速发展，为他们提供便利的信息条件的同时也带来文化方面的负面冲击，道德规范树立面临着很大挑战。此外，工科生会面临较多的学习任务和较大的科研压力，对于心理疏导的需要也较为迫切。新时代的科学家精神强调，正确培养和引导科技工作者的好奇心有利于帮助他们树立正确价值观和人生观。无论是参与基础型还是应用型研究，科技

---

① 丁俊萍、李庆：《20世纪五六十年代中国科学家精神及其价值》，《思想理论教育导刊》2020年第3期，第66—72页。

工作者都应该本着奉献和服务的思想而不是求一己私利，这样的科学才更有意义。因此，弘扬科学家精神有助于督促学生遵守科学道德规范，为科研工作提供保障。

（四）协同跨界合作是突破

工科学生对理性思维更为擅长，但相对缺少人文积累和感性认识，容易导致科研成果的人性化和适用性不足；自我意识较强而集体观念相对欠缺，同时语言表达能力方面较人文社科类学生相比存在不足且沟通效率不佳，容易忽略团队协作意识发展。为解决上述问题，需要重视工科生协同精神的培养。互联网技术的快速发展，缩短了人与人之间的沟通距离，从而为更广阔范围内的合作提供了条件。当前科学家的很多科研成果都是通过团队合作甚至是跨国合作完成的。作为新时代的大学生，科学研究也不应该局限于自身能力。首先，要加强与导师、团队成员的交流协作；其次，还可以建立与其他专业同学或者是其他志同道合的科研工作者的合作，实现互利共赢。因此，弘扬科学家精神，尤其是重点理解其中的协作精神和跨界思维，有助于实现育人方面的新突破。

三、以新时代科学家精神开拓工科辅导员育人新思路

辅导员是高校思想政治教育的引导者和践行者，在学生思想政治教育的第一线，对学生的思想状态有着充分的了解。[①]育人工作具有长期性和系统性等特点，各方面全方位立体化，强调潜移默化。思想政治教育的目的是为学生的未来作铺垫，使其整个人生阶段都受益，其中的重点便是帮助工科生们选择人生目标和实现人生理想，打破灌输式的思想教育模式，引导学生根据自身需要主动接受教育，完成自我思想框架的正确构建。因此，对于工科大学生而言，应当将弘扬新时代科学家精神与育人工作思路创新有机结合。

（一）育人与国家发展、人民幸福相结合

满足国家战略需要、服务人民群众幸福生活应当是科研工作的出发点和落脚点，因此要在育人过程中注重家国情怀和为人民服务理念的培养。具体可以从以下两方面入手。

1. 培育民族认同感和自豪感

培育大学生民族认同感和自豪感，增强大学生的爱国主义精神。具体而

---

① 胡祥明：《中国科学家精神时代内涵的凝练及塑造》，《科协论坛》2018 年第 12 期，第 8—11 页。

言，要注重形式多样化和人文色彩，如参观中国科技成果展览馆，了解中国科技成果和聆听优秀科学家讲座等。除了这些客观外在的激发形式，正如习近平总书记曾指出"科技成就离不开精神支撑"的那样，还需进行精神动力的培养和内在激励的构建，培养和造就一批勇于担当民族复兴大任的时代新人，引导他们将个人追求和时代使命相结合，为中华民族伟大复兴而奋斗。[①] 科学家精神是宝贵的精神财富，是大学生树立远大志向和践行的指南。辅导员应当积极引导学生自觉将科学家精神融入日常的学习和科研工作中，强调科学与国家人民的有机结合，注重国家利益至上理念和为人民服务精神的培养，促进学生科技创新和人文素养的同步提升。近代，科学家们救国家于危难之中，实现科技救国；当代，工科大学生们应在复杂的国内外环境中，实现科技强国。

2. 加强时代认知

科学家精神是科学精神与国家民族发展需要的有机统一，科学家们因为具有科学家精神，才能胸怀祖国和人民，奋力推进国家科学事业的发展和建设人民幸福生活。因此，新时代的人才培养也应加强当代大学生的时代认知。一方面，辅导员应鼓励学生关心时事，了解国家和社会的最新动向。例如，学习十九届五中全会的主要内容和主旨精神，并进行理性分析和分享，为大学生发展方向指明道路，明确工科学生需要干什么和能干什么。在育人过程中，要充分发挥工科学生探索求真的理性思维，并积极培养他们运用科学方法解决实践问题的能力。另一方面辅导员应带领学生深入基层进行调研，了解社会公众的百态民生，以社会公众的需求为引导，在积累科研素材的同时培养学生为人民服务的理想信念，帮助工科学生将国家需要和科研方向相结合，在实现自我科研抱负的同时为社会建设添砖加瓦，真正做到将社会发展与自我价值实现相统一。

（二）育人与创新意识能力培育相结合

辅导员是创新的启发人和引导者，应当积极鼓励学生知难而上和拥有国际视野[②]，做到精益求精和努力追求卓越。不同于只注重创新成果的培养方式，为弘扬科学家精神，工科辅导员需要开展意识、能力和实践的多重培育。具体而言，育人思路如下。

1. 大力培养创新意识

培养创新意识的关键在于为学生营造良好的创新环境。首先，引导大学生

---

① 潘建红、赵萍：《新时代科学家精神融入高校思想政治理论课教学的价值意蕴》，《思想教育研究》2020年第12期，第109—112页。

② 潜伟：《科学文化、科学精神与科学家精神》，《科学学研究》2019年第1期，第1—2页。

积极了解国家创新政策，国家对大学生创新创业的政策支持，本领域的最新科技研究前沿等。其次，引导学生善于在生活中发现问题，鼓励学生提出问题和尝试解决问题，逐步增强其创新意识。最后，组织学生深入基层开展调研活动，鼓励科研更贴近民生，更好地满足人们的现实需要。弘扬科学家精神，是培养创新意识的一个重要途径。通过学习和传承科学家精神中的创新精神，高校可以培养学生的创新意识，鼓励工科大学生勇于质疑和探索。此外，辅导员在意识培养时要注意结合学生的专业背景和个人能力等情况进行，从而提高意识培养的针对性和效度。

2. 切实提高创新能力

除创新意识的培养外，创新能力的提高也是育人工作的重点。首先，督促大学生打好专业基础。专业知识和技能是大学生进行创新拓展的重要着力点，因此辅导员们应该定期了解学生的专业课学习情况，鼓励学生多与专业课老师沟通交流，实现学生对专业知识的深入理解和专业技能的熟练掌握。其次，鼓励学生扩展课外知识与能力。在很多情况下，仅有扎实的专业基础无法解决现实中的复杂问题，这就要求学生们要有更为丰富的知识储备。因此，鼓励学生在课外时间广泛阅读，无论是纸质的还是电子的图书和资料，都要广泛涉猎，更重要的是引导工科大学生进行深入思考，增加知识储备量和拓展知识面。鼓励学生厚积薄发，增加自身知识积累和训练思维聚合能力。弘扬科学家精神尤其是了解科学家们如何通过科学知识和方法解决问题[①]，可以为工科大学生的创新能力提高提供素材和指南，并且有助于学生在总结科学家经验和成果的同时梳理自己的创新思路，为未来的创造实践做准备。

3. 鼓励参与创新实践

具备了创新意识和创新能力，积极参与创新实践也是必要的。国家为大学生提供了很多创新实践的平台，企业为大学生创造了不少的创新实践机会。辅导员在创新精神的培养过程中，要充分把握规律性、紧跟时代性和加强实践性。鼓励学生多参加各类实践，一方面检验和提升大学生们的创新能力，另一方面为学生们的深造和就业提前做好准备。创新实践往往需要多学科和多技能的综合运用，有利于学生在创新活动中快速充实知识和提升技能，提高整体素养。在实践的过程中，学生的创新意识得到强化[②]，创新能力进一步提升，为新的创新实践打好基础，形成良性循环。这使得创新逐渐成为学生自觉自愿的主

---

① 李益波：《"科学家精神"教育融入高校思想政治教育探析》，《北京教育（高教）》2020年12期，第88—90页。

② 柯婷、罗嘉文、李靖茂：《基于"工匠型"创新人才培养的工科院校辅导员队伍建设研究》，《社会工作与管理》2019年第3期，第108—112页。

动行为，而不再需要外部推动，实现创新精神的内化。

（三）育人与立德树人相统一

辅导员是立德树人的重要践行者。科学家精神强调求实和奉献，而这正是培养工科学生过程中存在的不足。科学家精神是道德培养的宝贵资源，大学生就应该继承和发扬科学家们的优秀品质，并且将其内化为自身成长的精神动力。因此，需要积极引导学生认识和培养新时代科学家精神。

1. 开展多样化正面引领

不同于专题讲座类正面案例的客观灌输，借助各类融媒体平台的积极引领作用，推动学生主观汲取正面营养。如利用抖音、快手和官方微信平台等媒体平台，让他们参与到收集创造的过程，利用生动有趣的形式和内容来强化正面引领，最重要的是通过这些来激发大学生探索科学的激情和对于科学研究的兴趣。此外，还可以通过参与类的阅读和辩论比赛等多样化的育人手段，将科学家精神融入工科大学生的生活和学习之中，使得科学家精神可感知，帮助他们更好地理解和把握科学精神的内涵。此外，可以开展科学家进课堂和科学家讲故事等活动，还可以采用线上线下交流相结合的方式打通学生和科学家沟通交流的渠道，进一步地帮助他们树立正确价值观念、形成人生信仰和内化前进动力，助力科学文化建设和科学秩序规范。

2. 推动全方位能力储备

作为时代新人，工科大学生们肩负着传承新时代科学家精神的责任和使命。除了增强学生们的价值判断、价值选择和价值塑造等能力之外，还应该引导学生加强各类相关知识的储备，使他们既可以提高自身道德修养，也能够自觉维护科学秩序。例如，引导学生加强法律、环保和伦理等方面的知识储备[①]，一方面可以确保他们不触及科学底线，另一方面可以帮助他们维护自身的合法权益。因此，在建设育人体系时，需要加强全方位能力储备的考虑和设计。辅导员也可以充分结合要加强学生自身能力储备的引导，更好地结合学生的课程内容来为学生进行合理规划，促进他们的全面发展。

（四）育人与集思广益相融合

沟通是合作的基础，合作是共赢的前提，它们都是育人工作的重要内容。通过弘扬科学家精神，可以进一步拓展育人工作的深度和高度。弘扬科学家精神的同时，可以从以下两个方面入手，进一步将合作共赢的理念融入育人之中。

---

① 田文靖、古志华：《"三全育人"视域下高职辅导员思政工作的素养修炼路径》，《高教论坛》2020年第2期，第27—29、42页。

1. 加强素质培养

工科大学生因其个性特征而不太擅长团结协作，需要进行疏导和培养。首先，辅导员可以开设沟通合作方面的微课程，提供沟通交流方面的素质教育。[①]沟通的顺利进行是友好合作的开始，通过沟通可以帮助学生迈出集思广益的第一步——表达。此外，辅导员在平时要注重学生合作素质的培养，如多开展团日活动和组织各类合作项目，激发学生潜能和提升集体凝聚力，培养他们责任担当感和组织协调能力，加深他们对于自我和集体关系的认识和反思。[②]在实践中营造愿意且能够进行合作的环境，充分调动学生们沟通合作的热情。此外，辅导员在进行素质培养的过程中要注重阶段性和多样性，鼓励学生逐步和自主提升。

2. 促进合作参与

辅导员在进行素养培育的同时，要多鼓励学生参与合作。个人的创新思维和创新能力受限，集体合作可以加快创新效率和优化创新成果。首先，在班级活动中，可以创造各类展示和合作机会，例如以班级为单位组织各类学习分享、备考结组等活动。合作学习有助于学生之间产生新的思维碰撞，促进学生主动学习，使得学生在交流分享的过程中互相汲取知识，它依然是新时代工科大学生教育过程中重点内容。此外，在校园之内，可以开展校级竞赛和交流活动，提高他们的合作能力和拓宽他们的合作范围。不同学科和专业的大学生之间合作，使得他们既能充分发挥自身专业优势又能突破专业思维限制。国际交流与合作对新时代大学生来说也是很有必要的。科学是无国界的，大学生的培育也应该是基于国际视角的。科学家精神的内涵就包括全球视野和国际合作，鼓励科学家和科研工作者能够秉持互利共赢的理念，为推动科技进步和构建人类命运共同体贡献中国智慧。因此，在培养工科大学生时，要注重引导他们积极参与国际交流与合作，开阔视野和更新理念。

总之，弘扬科学家精神是辅导员作为思想政治教育主力军的有效育人途径，有利于工科大学生的理想信念教育、意识能力培养、价值观树立和思维模式构建。新时代的辅导员育人工作要充分体现科学性和时代性，创新地将育人与国家发展、创新战略、立德树人和合作共赢有机结合，整体提升育人效果。

---

① 魏金明：《"三全育人"背景下高校辅导员新使命与角色定位》，《思想理论教育》2020年第2期，第96—99页。

② 蔡映辉、丁飞己：《从能力培养到全面发展——新工科通识教育课程体系建设与实施路径研究》，《中国高教研究》2019年第10期，第75—82页。

文 献 整 理

中国科技基本典籍刍议

孙显斌

（中国科学院自然科学史研究所）

提　要　我国现存科技典籍约有1.2万种，如何整理是一个挑战，导源于"推荐目录"的"基本典籍"思想提供了可凭借的手段。我们认为科技基本典籍有如下六项标准：学科知识的起源、重大创新的记录、知识体系的集成、中外科技交流、分散记录的编纂和散佚文献的辑佚。根据这一标准我们补充了科技基本典籍的选目，依此可以进行分级整理，对基本典籍采用点校等整理方式，对普通典籍则可采用影印的办法初步整理，这必然会加快推进科技典籍的整理工作。另外，科技典籍总目提要的编撰也应尽早提上日程。

关键词　科技典籍　基本典籍　古籍整理

中华民族创造了灿烂悠久的文明，又因印刷术的发达、浩繁的典籍文献流传至今。其中当然不乏科技典籍，它们代表了我国传统科技举世瞩目的成就，承载着优秀传统文化，使后人有充分的资源去探索和认知前人的创作。整理这些科技典籍，既是科技史研究不可或缺的基础工作，也是世界理解中华民族杰出智慧的重要途径。根据全国古籍普查的最新成果，现存1912年以前出版的古籍约20万种，其中科技典籍在1.2万种以上，约占总量的6%。粗略统计，整理出版的也就2000种左右，其中医学、农学典籍因为涉及应用，整理数量最多，其他科技典籍整理则十分有限。还应强调的是，其中很大一部分是影印，点校整理的并不多，如农学典籍，也就百余种。从科技史研究和古籍保护工作两方面看，科技典籍整理都是亟待解决的瓶颈问题。[①]

---

① 孙显斌：《中国科技典籍整理的回顾与思考》，吕变庭主编：《科学史研究论丛》第4辑，北京：科学出版社，2018年版，第201—203页。

一、"基本典籍"的思想

这一问题的解决显然不能一蹴而就，需要理性地分析、科学地制定规划，然后循序渐进地推进落实。而"基本典籍"的概念有助于我们分析解决这一难题，虽然科技典籍总量卷帙浩繁，我们可以先从中选取最具代表性的部分，即中国科技基本典籍。基本典籍的选取要全面，能从点到面代表传统科技文化，涵盖绝大部分传统科技知识的精华，而数量上又远远少于科技典籍的总量。这样就可以为我们"全面地"整理科技典籍提供一条可行的路径。"基本典籍"这一思想可以推源于古代的推荐书目，现存最早的推荐书目为元代程端礼《程氏家塾读书分年日程》，该书详列应读书目和读书次序，不过内容主要是经学著作，种类也不多。明末清初陆世仪《思辨录辑要·格致类》中的推荐书目扩展到四部典籍，包括天文书、地理书、水利农田书等。[①] 清中期以后几位曾任地方学政的学者则将这一传统持续推进，山东学政阮元《示生童书目》共推荐四部典籍219种[②]，湖北学政龙启瑞《经籍举要》收录四部典籍250余种，而四川学政张之洞《书目答问》则扩大到2200余种，还收录了新学典籍。[③] 实际上，清乾隆时修四库全书就采用了"基本典籍"的思路，《四库全书总目提要》著录典籍近12 000种，而"四库全书"最终收录仅3400余种，这即是根据当时的价值标准进行选择的结果。

古籍整理和科技史学界也是按照这一思路推进典籍整理的。1958年2月，国务院科学规划委员会在北京召开了成立古籍整理出版规划小组大会，古籍整理出版小组下设文学、历史、哲学三个分组，6月，《整理和出版古籍计划草案》完成，共计收入6791种古籍整理项目，其中文学部分3383种、历史部分2095种、哲学部分1313种。[④] 这应该是新中国第一次全面盘点文史哲学科的基本典籍，不确定这些古籍目前是否都完成了点校整理。

20个世纪90年代，在时任北京图书馆馆长任继愈先生的支持下，由中国科学院自然科学史研究所牵头，影印出版了50册的《中国科技典籍通汇》（以下简称《通汇》），按现代学科分为数学、天文、物理、化学、地学、生物、农学、医药、技术、综合以及索引，共11卷，收录先秦到清末科技文献540种，并为每种写了提要。同一时期上海有关专家组织编撰了十卷本《中国学

---

① 何官峰：《中国阅读通史·清代卷上》，合肥：安徽教育出版社，2017年版，第287—288页。

② 黄政：《哈佛大学所藏〈山东学政阮云台示生童书目〉考论》，程章灿主编：《古典文献研究》第20辑上，南京：凤凰出版社，2017年版，第274—291页。

③ 王美英：《中国阅读通史·清代卷下》，合肥：安徽教育出版社，2017年版，第266—268页。

④ 齐浣心：《不能忘却的纪念——古籍整理出版规划小组成立六十载记》，《中华读书报》，2018年1月17日，第14版。

术名著提要》（以下简称《名著提要》），包括民国时期，共收书3000余种，由周谷城担任主编。其中"科技卷"收录典籍349种。《通汇》和《名著提要》对典籍的种类划分和选目互有参差，去除重复，合并计算共660种。需要说明的是《名著提要》收录了少量民国时期撰写的传统科技典籍，我们也将其列入。

二、科技基本典籍的遴选思路

有了"基本典籍"的概念，遴选标准就成为首当其冲的问题。对于科技典籍来说，我们认为有如下几项标准。

首先，即各学科初创时的典籍，标志着学科开创时的知识起源。例如，医学类的《黄帝内经》《伤寒杂病论》《神农本草经》、数学类的《九章算术》、技术类的《考工记》、农学类的《夏小正》《氾胜之书》《四民月令》、地理类的《禹贡》，等等。或者学科知识早已广泛应用，而集结成文本却较晚的，例如，最早的茶书《茶经》、最早的法医学专著《洗冤集录》等。传世文献一般系统性比较强，相比之下，出土文献就显得多为断简残篇了。不过由于其成书年代早，对研究知识的起源和早期传播特别有价值，所以也非常重要。例如，马王堆汉墓医书、成都老官山西汉医简、北大藏西汉古医简，虽然都有不同程度的残损，但内容非常丰富，记载了最早的经络、诊脉、医方等学说，成书时间也较传世典籍更早。而清华简《病方》虽然仅残存33字，记载3个医方，却是迄今所见抄成年代最早的医学类文献。再如，清华简《算表》、岳麓书院藏秦简《数》、张家山汉简《算数书》、北大藏汉简《算书》甲乙丙本等出土文献为我们揭示了《九章算术》写成之前中国数学的形态，弥足珍贵。又如《马王堆地形图》被认为是目前世界上现存最早的实测地图，《敦煌星图》甲本是世界上现存最古老、星数最多的星图。

其次，即在学科发展中代表阶段性创新成果的典籍。以农学为例，汉代开创了以《氾胜之书》为代表的综合性农书和《四民月令》为代表的月令体农书两个传统。《氾胜之书》之后北魏贾思勰的《齐民要术》总结前代农学知识，成为当时农学的集大成者。唐宋开始，我国经济中心南移，宋代出现总结南方农学知识的曾安止《禾谱》和陈旉《农书》。元代官修的《农桑辑要》对《齐民要术》之后的北方农学知识进行再次总结，稍后的王祯则以《农桑辑要》和陈旉《农书》为基础综合南北农学传统，并沿南宋楼璹《耕织图诗》、曾之谨《农器谱》的传统撰写《农器图谱》，成为《齐民要术》后我国农学知识的第二次大总结。到了明末，徐光启主编的《农政全书》囊括《王祯农书》、明代的《救荒本草》《便民图纂》《野菜谱》以及西方的《泰西水法》等，汇聚各种文献 200 余种，成为我国传统农学的集大成者。清初官修《授时通考》则是综合性农书传统的最后一次大规模总结。另一传统月令体农书则从《四民月令》开始到唐代的《四时纂要》，再到元代的《农桑衣食撮要》以及明代的《月令广义》，连绵不绝。在这一知识创新的接力过程中，后修的农书在前人的基础上不断再创新，成为农学知识发展链条中的一环，即代表阶段性创新成果的典籍。再如，北宋苏颂主持编撰的《新仪象法要》用图文详细记述了世界上第一台具有擒纵机构的机械时钟。元代朱世杰《四元玉鉴》阐述的"四元术"为解四元以下高次方程组的解法，代表我国传统代数知识的高峰。明代朱载堉《乐律全书》里提出并精确计算的十二等程律开创了现代乐律的先河。

再次，即传统科技发展到明清进入成熟期，涌现出的总结性集大成著作，如物理类的《乐律全书》《物理小识》、农学类的《农政全书》《授时通考》、医学类的《本草纲目》、技术类的《天工开物》、水利类的《河防一览》、军事类的《武备志》等，天文类的《崇祯历书》和数学类的《数理精蕴》更是融中西知识于一体。

最后，还应该包括中外交流的重要科技典籍。我国古代中外科技交流以明末清初和清末为两个最活跃期。清末即鸦片战争后的自强运动开始，与近现代科学在中国的本土化连贯为一个整体，这一时期以引进西方科技知识为主，重要的传统科技典籍很少。相比之下，明末清初传入的科技知识经过中国学者的消化吸收，对我国古代科技传统有很大影响，这些中西交流典籍宜多选取。这方面，《中国科技典籍通汇》和《中国学术名著提要》可能囿于"中国原创"的思路，选目很少。

需要补充说明的是对重要传统科技创新的零星记述，实际上也非常重要，但是不能因为一部典籍有个别段落记载，就认定其为科技典籍，这类文献材料应该进行分类汇编。例如，《汉书》对温室栽培的记载，王充《论衡》对"司南之杓"的记载，《后汉书·张衡传》对"候风地动仪"的记载，《后汉书·蔡伦传》对造纸术的记载，等等。《通汇》中王应麟《六经天文编》即是这类典籍。另外，有些重要的科技典籍已经散佚，但还有不少内容可以辑佚，我们都应该在前人辑佚的基础上进行重新辑佚整理，实际上农学类的《氾胜之书》《四民月令》等就都是今人重新辑佚的成果。以上这两种新编传统科技资料也要列入科技基本典籍之中。

三、科技基本典籍选目的补充

按以上遴选思路，根据科技史研究、出土文献和古籍普查的最新动态，我们以《中国科技典籍通汇》540 种选目基础进行补充。为节省篇幅，《通汇》选目不再罗列，但将《名著提要》"科技卷"新增的 120 种补充列出。《通汇》医学卷选目较少，林文照曾做少量补充①，此处又参考《传世藏书》"医部"等进行增补。② 简帛类文献情况主要参考《二十世纪出土简帛综述》和《当代中国简帛学研究（1949—2019）》。③ 中外交流的重要科技典籍补充选目主要参考《明清之际西学文本》和《明清之际西方传教士汉籍丛刊》④，这类选目在《通汇》的分类之外另加"新学卷"收录。最终结果按《通汇》的分卷列表补充，见附表 1，共计 752 种，当然这只是一种抛砖引玉的尝试，不妥之处在所难免，好在选目可以吸收各界意见，不断删补。

科技典籍整理的现状相对滞后是有其客观原因的，林文照将其概括为四点：第一，科技文献的内容分散；第二，整理科技文献的队伍弱小；第三，搜集科技文献的分散资料所需经费支出要比一般人文学科古籍多；第四，科技文献的出版难度要比一般人文学科文献大，读者却更少。⑤ 一方面，这些困难需要逐步克服，另一方面，科技史和古籍研究者也应该多想办法，迎难而上。从现存 1.2 万种科技典籍中遴选出基本典籍后，我们就可以进行分级整理，对基本典籍采用点校等深度整理方式，对普通科技典籍则可以采用影印的办法初步整理，这必然会加快推进科技典籍的整理工作。尤其是在数字技术的支持下，可以对全部典籍进行初步整理，即高清扫描和对照录文，建成数据库，在古籍汉字 OCR 技术已经基本成熟的今天，这项工作可以分工合作。为了方便阅读和研究，还可以对录文进行自动标点和命名实体标记。当然，目前《中国古籍总目》（下简称《总目》）已经完成，《总目》分省卷和《海外中文古籍总目》也正在陆续出版，在此大好条件下，分学科编撰古籍总目提要则是摆在我们面前最为重要的全局性古籍整理工作。

---

① 林文照：《科技文献整理出版摭谈》，《古籍整理出版漫谈》，上海：上海古籍出版社，2004 年版，第 148 页。

② 张岱年主编：《传世藏书·医部》，海口：海南国际新闻出版中心，1996 年版。

③ 骈宇骞、段书安编著：《二十世纪出土简帛综述》，北京：文物出版社，2006 年版；李均明等：《当代中国简帛学研究（1949—2019）》，北京：中国社会科学出版社，2019 年版。

④ 黄兴涛主编：《明清之际西学文本》，北京：中华书局，2013 年版；周振鹤主编：《明清之际西方传教士汉籍丛刊》第 1—2 辑，南京：凤凰出版社，2013 年、2017 年版。

⑤ 林文照：《科技文献整理出版摭谈》，《古籍整理出版漫谈》，上海：上海古籍出版社，2004 年版，第 166—168 页。

附表 1　中国科技基本典籍选目补充表

学科分卷	补充选目（先用宋体列提要新增选目，再用仿宋体列最新补充选目）	种数小计（《通汇》种数＋《名著提要》新增＋补充）
数学卷	梅文鼎《筹算》《笔算》《度算释例》、华蘅芳《行素轩算稿》、清华简《算表》、岳麓书院藏秦简《数》、张家山汉简《算数书》、北大藏汉简《算数书》甲乙丙本、阜阳双古堆汉墓《算数书》、李笃培《中西数学图说》、李长茂《算海说详》	89＋4＋7=100
天文卷	张衡《灵宪》《浑天仪图注》、刘洪《乾象术》、郗萌《宣夜说》、姚信《昕天论》、虞耸《穹天论》、虞喜《安天论》、李之藻《浑盖通宪图说》、徐光启等《崇祯历书》、梅文鼎《历学疑问》《历学疑问补》《揆日侯星纪要》《交会管见》《五星纪要》《二仪铭补注》、王贞仪《地圆论》、张作楠《新测中星图表》、王韬《西学图说》、康有为《诸天讲》、张云《变星研究法》、高鲁《星象统笺》、朱文鑫《历法通志》、清华简《四时》《司岁》、荆州周家台秦墓《秦历简》、马王堆汉墓《星占书》、阜阳双古堆汉墓《天文历占》、银雀山汉墓《占书》、敦煌星图甲乙本、王安礼等《灵台秘苑》《明大统历法汇编》《回回历法》	82＋22＋9=113
生物卷	刘攽《芍药谱》、周师厚《洛阳花木记》、范成大《桂海虞衡志》、黄省曾《养鱼经》、吴宝芝《花木鸟兽集类》、阜阳双古堆汉墓《相狗》、敦煌悬泉置汉简《相马经》、刘恂《岭表录异》、黄省曾《兽经》、王世懋《学圃杂疏》	42＋5＋5=52
物理卷	《律吕正义》《律吕正义续编》	19＋0＋2=21
化学卷	《阴真君金石五相类并序》、清虚子《太上圣祖金丹秘诀》《金石簿五九数诀》《修炼大丹要旨》、李光玄《金液还丹百问诀》、窦蘋《酒谱》、归耕子《神仙炼丹点铸三元宝照法》、沈知言《通玄秘术》	47＋6＋2=55
地学卷	《放马滩地图》、东方朔《五岳真形图》、裴秀《禹贡地域图序》、燕肃《海潮论》、徐兢《宣和奉使高丽图经》、黄裳《地理图》、李寿鹏《平江图》《桂州城图》、宣龙子《雨旸气候家机》《海道经》《顺风相送》《指南正法》《王士性地理书三种》、王嘉谟《北山游记》、陈祖绶《皇明职方地图表》、蒋友仁《乾隆内府地图》、北大藏汉简《雨书》、熊人霖《地纬》、魏源《海国图志》	59＋16＋2=78
农学卷	蔡襄《茶录》、宋子安《东溪试茶录》、黄儒《品茶要录》、熊蕃《宣和北苑贡茶录》、楼璹《耕织图诗》、俞宗本《种树书》、袁黄《劝农书》、徐光启《甘薯疏》《北耕录》《农遗杂疏》、鲍山《野菜博录》、戴羲《养余月令》、巢鸣盛《老圃良言》、蒲松龄《农桑经》、陆燿《甘薯录》、杨秀元《农言著实》、姜皋《浦泖农咨》、青川郝家坪秦代木牍《为田律》、冯应京《月令广义》、沈秉成《蚕桑辑要》、卫杰《蚕桑萃编》、汪曰桢《湖蚕述》、范铜《布经》	43＋17＋6=66
医学卷	马王堆古医书、《中藏经》、王叔和《脉经》、雷敩《雷公炮炙论》、《刘涓子鬼遗方》、苏敬等《新修本草》、孟诜《食疗本草》、王焘《外台秘要》、《颅囟经》、王怀隐《太平圣惠方》、王惟一《铜人腧穴针灸图经》、苏颂《图经本草》《苏沈良方》《圣济总录》、许叔微《普济本事方》、刘完素《素问玄机原病式》《素问病机气宜保命集》、张元素《医学启源》、张杲《医说》、张从正《儒门事亲》、宋慈《洗冤集录》、王好古《阴证略例》、忽思慧《饮膳正要》、危亦林《世医得效方》、朱震亨《丹溪心法》、朱橚《普济方》、薛己《正体类要》、沈之问《解围元薮》、杨继洲《针灸大成》、张介宾《景岳全书》、吴有性《瘟疫论》、傅仁宇《审视瑶函》、陈士铎《辨证录》、吴谦等《医宗金鉴》、陈复正《幼幼集	26＋43＋22=91

续表

学科分卷	补充选目（先用宋体列提要新增选目，再用仿宋体列最新补充选目）	种数小计（《通汇》种数＋《名著提要》新增＋补充）
医学卷	成》、叶桂《临证指南医案》、赵学敏《本草纲目拾遗》、曹廷栋《老老恒言》、王士雄《霍乱论》、唐宗海《血证论》《中西汇通医书五种》、张锡纯《医学衷中参西录》、恽树珏《药庵医学丛书》、清华简《病方》、荆州周家台秦墓医简、张家山汉墓《脉书》《引书》、成都老官山汉墓医简、北大藏西汉古医简、海昏侯墓古医简、武威旱滩坡东汉医简、《吴普本草》、《素女经》、陶弘景《养性延命录》、《太清导引养生经》、孙思邈《千金翼方》、《烟萝子体壳歌》《太平惠民和剂局方》、朱肱《类证活人书》、赵逸斋《平冤录》、刘文泰等《本草品汇精要》、李时珍《濒湖脉学》、傅青主女科、男科》、张琰《种痘新书》、朱亦梁《种痘心法、种痘指掌》、王又槐《补注洗冤录集证》	26＋43＋22=91
技术卷	陶弘景《古今刀剑录》、黄伯思《燕几图》、郭子章《蠮衣生剑记》、陈丁佩《绣谱》《清式营造则例》，云梦睡虎地秦简《工律》《效律》等、张家山汉简《二年律令》之《金布律》《效律》等、香港中文大学藏汉简《河堤》、居延破城子汉简《相宝剑刀》、苏易简《文房四谱》、陆友《墨史》、费著《蜀锦谱》、温纯《利器解》、郭子章《城书》、何汝宾《西洋火攻神器说》、傅浚《铁冶志》、钟方《炮图集》、金简《钦定武英殿聚珍版程式》、何良寿《祝融佐理》《中外火法部》	73＋5＋15=93
综合卷	屠隆《游具雅编》、周嘉胄《装潢志》；阜阳双古堆汉墓《万物》、《上清明鉴要经》	60＋2＋2=64
新学卷	艾儒略《西学凡》《几何要法》、南怀仁《穷理学》《坤舆图说》《坤舆外纪》《不得已辨》、熊三拔《泰西水法》《表度说》、邓玉函《泰西人身说概》、罗雅谷《人身图说》、汤若望《测食》《坤舆格致》《新历晓或》、龙华民《地震解》、傅汎际《名理探》、高一志《空际格致》、穆尼阁《天步真原》、闵明我《方星图解》《律吕纂要》	19
总计	540＋120＋92=752种	

《边城御虏图说》整理

马海洋

（河北大学宋史研究中心）

提　要　《边城御虏图说》是记录明代真保镇长城关隘的图册，现存于美国哈佛大学汉和图书馆，对该图册的整理有助于研究明代的边防制度和明长城的修建情况。

关键词　《边城御虏图说》　明长城　空心敌台

明朝中期以后，蒙古各部趋向统一，实力大增，对明朝边境的侵扰也愈加频繁。故此明朝不断对长城进行修建与维护，同时任命巡关御史定期巡视边关与汇报。嘉靖三十二年（1553 年），加设昌平、真保两镇以管理京畿附近边防军队。《边城御虏图说》即是明万历时期巡关御史检阅长城关隘后，向皇帝所呈的边关城防图册。据《明实录》记载，明代应有多本相似图用以展示不同地区的边防情况，现仅存涉及真、保两镇关隘残本一册，现藏于美国哈佛大学汉和图书馆。

就《边城御虏图说》题名，为美国哈佛大学汉和图书馆根据其内容命名。该图说封面为藏青色，无文字标明，计 58 折，每折 47 厘米×25 厘米。[①] 图册边缘有多处明显损坏，折痕处的碎裂现象也较严重，但每折的文字和图画保存完整。《图说》每折分为上文下图两部分，文字部分为手写小楷，以关口为单位，对真保镇长城南侧 116 座关隘以下内容予以记载，即所建时间，边墙高度与长、宽，所驻扎官兵人数以及隶属机构、钱粮供应情况、东西南北四方的其他关口和相邻的县城以及关隘的重要程度，是否有敌人入侵的经历等。其中关隘的重要的程度用冲、缓来表示。下半部分为图，无比例尺，主要以传统的国画技法绘制。值得注意的是，同时期《延绥东路地理图本》《庄浪总镇地里图说》

---

① 尚珩：《美国哈佛大学汉和图书馆藏〈边城御虏图说〉研究》，《北方民族考古》第 7 辑，北京：科学出版社，2019 年，161 页。

等图说所采用的自上而下的俯视视角不同，其采用自内而外的视角，仅描绘了沿线长城上的关隘和周边地形，并未绘出文字所记载的周边的道路、诸县。所绘长城的连贯曲折，文中所述的冲、缓之地通过周边所绘山石的高矮、大小表示。图中的空心敌台是绘画的重点，将门窗、垛口、旗帜等细节都表现了出来。图中未标方向，而是通过上部分的文字对所涉关隘等进行定位，并在营堡、关口处都配有贴红文字注明名称。

《边城御虏图说》对研究明代长城边防、军镇制度和古代军防工程等情况提供了新资料，图文并茂，具有独特价值，现整理如下。

边城御虏图说

青羊沟口。弘治十七年建立。边城一十一丈八尺，高一丈八尺不等。万历元年，题奉钦限，修完茨字十四号、十五号台二座。守口主兵十二名，在易州监督衙门，按月俱支折色，上竿岭守口官带管。东至下竿岭口，西至郓廊岭口，南至阜平县，北至灵丘县地方禅南背村。稍缓。外通灵丘县一百里。向无虏犯，今有台墙，堪以御虏。本口附近下竿岭口，据险。墙七丈五尺，高二丈。守口主兵二十五名，在易州监督衙门，按月俱支折色。防秋客兵十五名，在阜平县仓，本折兼支，上竿岭守口官带管。冲界同前。向无虏犯，前墙堪以御虏。

西古道口。嘉靖二十二年建立。边城七丈，高二丈三尺。万历元年，题奉钦限，修完茨字十一号、十二号台二座。守口主兵十八名，在易州监督衙门，按月俱支折色，黍查口守口官带管。东至火炭沟口，西至上竿岭口，南至阜平县，北至灵丘县。稍冲。外通灵丘县一百二十里。向无虏犯，今有台墙，堪以御虏。本口附近艾叶岭口，据险。墙六丈四尺，高一丈八尺。守口主兵十九名，在易州监督衙门，按月俱支折色，客兵三十名在阜平县仓，本折兼支，黍查口守口官带管。冲界同前。向无虏犯，前墙堪以御虏。

上竿岭口。弘治十七年建立。低小边城六丈一尺。万历三年，题奉钦限，用大石创修中等墙六丈一尺，高二丈。守口主兵七名，设守口官一员，在易州监督衙门，按月俱支折色。东至西古道，西至低安沟，南至阜平县，北至艾叶岭。稍缓。外通灵丘县地方潘家铺十二里。向无虏犯，前墙堪以御虏。本口带管附近低安沟口，据险。墙三丈三尺，高一丈二尺。守口主兵七名，月粮。冲界同前。向无虏犯，前墙堪以御虏。

过道沟口。嘉靖二十二年建立。边城五丈，高一丈五尺。万历元年，题奉钦限，修完茨字十六号台一座。守口主兵三名，在易州监督衙门，按月俱支折色，吴王口管总官带管。东至青羊沟，西至吴王口，南至阜平县，北至郓廊岭。稍缓。外通郓廊岭十五里。向无虏犯，今有台墙，堪以御虏。本口附近郓廊岭口，极冲。万历三年，题奉钦限，用大石创修中等墙五丈，高二丈。吴王口管总官带管。冲界同前。向无虏犯，前墙堪以御虏。

吴王口。正统四年建立。边城二十七丈，高一丈三尺。守口主兵三十六名，设管总官一员，在易州监督衙门，按月俱支折色。防秋客兵三百九十五名，统领官四员，在阜平县仓，本折兼支。东至过道沟，西至济岭儿，南至阜平县，北至夹耳安。稍冲。外通茨沟营四十里。曾经虏犯。前墙堪以御虏。本口带管附近济岭儿口，据险。墙一十一丈，高一丈二尺。次冲。万历元年，题奉钦限，修完茨字十七号台一座。冲界同前。秋防吴王口官兵赴此摆守。今有台墙，堪以御虏。

鱼儿创口。正统四年建立。边城四丈，高一丈五尺。守口主兵七名，易州监督衙门，按月俱支折色，吴王口管总官带管。东至深盘安，西至陡岭儿，南至吴王口，北至牛邦口。稍缓。外通灵丘县一百三十里。向无虏犯，前墙堪以御虏。本口附近深盘安口，据险。墙二十三丈五尺，高一丈二尺。守口主兵八名，吴王口管总官带管，月粮。冲界同前。向无虏犯，前墙堪以御虏。

陡岭儿口。嘉靖二十一年建立。边城一十五丈，高一丈二尺。守口主兵四名，在易州监督衙门，按月俱支折色，吴土口管总官带管。东至鱼儿创，西至夹耳安，南至阜平县，北至二岭子。稍缓。外通灵丘县地方二岭子二十里。向无虏犯，前墙堪以御虏。本口附近夹耳安口，据险。墙八丈五尺，高二丈。守口主兵十三名。又园子沟，据险。墙五丈，高一丈二尺。守口主兵六名。又枪峰石口，据险。墙五丈，高一丈五尺。守口主兵三名，俱吴王口管总官带管，月粮。冲界同前。向无虏犯，前墙堪以御虏。

茨沟营。嘉靖三十三年建。设主兵一千名，守备中军，左、右千总官各一员，在易州监督衙门，按月俱支折色。万历元年，题奉钦限，修完茨字三十六、三十七号台二座。改设参将一员。万历四年，新建堡城一座。周围二百三丈，高二丈不等。东至牛邦口，西至茨沟岭，南至夹耳安，北至竹帛口。极冲。外通平刑关四十里。向无虏犯，今有台墙，堪以御虏。如所属隘口有警，参将提兵策应。

牛邦口。嘉靖三十八年建立。低小边城八十二丈七尺。万历元年，题奉钦限，修完茨字十八号、十九号、二十号、二十一号台四座。至三年，题奉钦限，用大石增修上等墙一十二丈四尺，高二丈五尺；创修下等墙七十丈七尺，因曲取直；改中等墙四十六丈六尺，高二丈，下等墙六丈，高一丈五尺。茨沟营主兵二十名住守，月粮前已开载，防秋客兵六十五名，在阜平县仓，本折兼支，本营千总官带管。东至三楼子，西至茨沟营，南至鱼儿刨，北至小牛邦口。极冲。外通三楼子十里。向无虏犯，今有台墙，堪以御虏。本口附近小牛邦口，次冲。万历三年，题奉钦限，用大石创修上等墙三丈五尺，高二丈五尺。又鹚𫛶口，次冲。亦奉钦限创修上等墙二十一丈，高二丈五尺。遇有警报，参将拨军堵截。冲界同前。向无虏犯，前墙堪以御虏。

竹帛口。嘉靖三十三年建立。低小边城二百七十丈六尺。万历元年，题奉钦限，修完茨字二十二号、二十三号、二十四号、二十五号、二十六号、二十七号、二十八号、二十九号、三十号、三十一号、三十二号、三十三号、三十四号台十三座。至三年，题奉钦限，用大石增修上等墙五十丈一尺，高二丈五尺；创修中等墙一百六十二丈五尺，高二丈；增修下等墙五十八丈，高一丈五尺，共墙二百七十丈六尺。守口茨沟营主兵六十五名，设守口官一员住守，月粮前已开载。防秋客兵一百五十名，在阜平县仓，本折兼支。东至鹚𫛶沟，西至撅水平，南至茨沟营，北至平刑关。极冲。外通平刑关二十里。向无虏犯，今有台墙，堪以御虏。

茨沟岭。嘉靖三十八年建立。边城十丈，高一丈五尺。防秋分布茨沟营主兵四十名住守，月粮前已开载，本营中军官带管。东至茨沟营，西至扒背石，南至黄石堂，北至竹帛口。稍冲。外通平刑关四十里。向无虏犯，前墙堪以御虏。本营带管附近扒背石。万历三年，题奉钦限，用大石创修中等墙一十二丈五尺，高二丈。茨沟营主兵三名住守。又撅水平，据险。墙九丈，高一丈五尺。又羊圈岭，万历五年新修，险。墙十丈，高一丈五尺。茨沟营主兵五名，月粮。冲界同前。向无虏犯，前墙堪以御虏。

黄石堂口。嘉靖三十八年建立。边城一十一丈二尺。万历元年，题奉钦限，修完茨字三十五号台一座。至三年，题奉钦限，用大石增修中等墙一十一丈二尺，高二丈。守口主兵二十二名，设守口官一员，在易州监督衙门，按月俱支折色。防秋客兵六十名，在阜平县仓，本折兼支。东至扒背石，西至高石堂，南至龙泉关，北至长城岭。稍缓。外通五台县七十里。向无虏犯，今有台墙，堪以御虏。本口带管附近高石堂口，据险，墙二丈一尺，高一丈五尺。守口主兵三名。又歪头山。万历五年，新建堡城一座。周围二十四丈，内盖房十间。守口茨沟营主兵十名，龙泉关主兵十名，月粮前已开载。续添黄土沟月城一十二丈，内盖房六间。冲界同前。向无虏犯，前墙堪以御虏。

羊马楼口。正德十二年建立。边城九丈。万历三年，题奉钦限，用大石增修中等墙九丈，高二丈。守口主兵十七名，设守口官一员，在易州监督衙门，按月俱支折色。东至龙窝口，西至高石堂，南至阜平县，北至五台县。稍缓。外通五台县一百四十里。向无虏犯，前墙堪以御虏。

　　龙窝口。正德十二年建立。边城一十三丈,高二丈五尺。守口主兵三名,在易州监督衙门,按月俱支折色,羊马楼守口官带管。东至羊马楼,西至陡撞沟,南至阜平县,北至黄石堂。稍缓。外通黄石堂四十里。向无虏犯,前墙堪以御虏。

　　陡撞沟口。嘉靖二十一年建立。边城四丈,高一丈六尺。守口主兵十名,设守口官一员,在真定府,按月俱支折色。东至龙窝口,西至胡家庄,南至阜平县,北至繁峙县。稍缓。外通繁峙县二百里。向无虏犯,前墙堪以御虏。本口带管附近胡家庄口,据险。墙一十五丈,高一丈八尺。守口主兵十名,月粮。冲界同前。向无虏犯,前墙堪以御虏。

　　石湖沟口。嘉靖二十一年建立。边城一十一丈,高一丈三尺。守口主兵十名,在真定府,按月俱支折色,龙泉关巡捕官带管。东至胡家庄,西至龙八沟口,南至阜平县,北至繁峙县。稍缓。外通繁峙县一百九十里。向无虏犯,前墙堪以御虏。本楼附近龙八沟口,据险。墙一十一丈。守口主兵十名。又黑崖沟口,据险。墙一十一丈,俱高一丈一尺。守口主兵十名。又潘竿岭口,据险。墙一十丈,高一丈二尺。守口主兵十名,龙泉关巡捕官带管,月粮。冲界同前。向无虏犯,前墙堪以御虏。

　　龙泉关。正统四年建立。堡城一座,周围四百八十七丈,高二丈八尺不等。守关主兵一百二十名,设把总、巡捕官各一员。在真定府,按月俱支折色。防秋客兵四百一十名,在灵寿县仓,本折兼支。东至旧路岭,西至胡八沟,南至阜平县,北至五台县。冲要。外通五台县二百里。向无虏犯,前墙堪以御虏。本关辖管附近长城岭口,据险。墙八十五丈,高三丈。守口主兵三十名,设守口官一员。防秋客兵三百三十一名,统领官二员。又旧路岭口,据险。墙八丈,高二丈。守口主兵七名。又盘道岭口,据险。墙十丈一尺,高二丈。守口主兵七名,月粮。行粮。冲界同前。向无虏犯,前墙堪以御虏。

　　胡八沟口。正统四年建立。边城五丈。万历三年,题奉钦限,用大石增修中等墙五丈,高二丈。守口主兵十五名,在真定府,按月俱支折色,龙泉关巡捕官带管。东至龙泉关,西至新路沟口,南至阜平县,北至五台县。稍缓。外通五台县一百九十里。向无虏犯,前墙堪以御虏。

　　新路沟口。正统四年建立。边城七丈五尺。万历三年,题奉钦限,用大石增修中等墙七丈五尺,高二丈。守口主兵十五名,在真定府,按月俱支折色,龙泉关巡捕官带管。东至胡八沟口,西至各略沟口,南至阜平县,北至五台县。次冲。外通五台县一百九十里。向无虏犯,前墙堪以御虏。本口附近各略沟口,据险。墙一十三丈,高一丈五尺。守口主兵六名,龙泉关巡捕官带管,月粮。冲界同前。向无虏犯,前墙堪以御虏。

青竿岭口。正统四年建立。边城九丈五尺，高一丈八尺。守口主兵十五名，设守口官一员，在真定府，按月俱支折色。防秋客兵二十二名，在灵寿县仓，本折兼支。东至各略沟口，西至阳和门口，南至阜平县，北至五台县。稍缓。外通五台县一百八十里。向无虏犯，前墙堪以御虏。本口带管附近阳和门口，据险。墙五丈五尺，高一丈八尺。守口主兵十名，月粮。冲界同前。向无虏犯，前墙堪以御虏。

三关子口。正统四年建立。边城四丈五尺，高一丈八尺，守口主兵十五名，在真定府，按月俱支折色，龙泉关巡捕官带管。东至阳和门口，西至白草沟口，南至阜平县，北至五台县。稍缓。外通五台县一百六十里。向无虏犯，前墙堪以御虏。本口附近白草沟口，据险。墙二十丈，高二丈一尺。守口主兵二十名，设守口官一员，在真定府，按月俱支折色。防秋客兵一百三十一名，在阜平县仓，本折兼支。冲界同前。向无虏犯，前墙堪以御虏。

合河口。嘉靖二十八年建立。边城二十七丈五尺，高二丈三尺。守口主兵六十二名，设守口官一员，在真定府，按月俱支折色。防秋客兵二十一名，在平山县仓，本折兼支。东至孤榆树口，西至陡岭口，南至平山县，北至五台县。冲要。外通五台县一百四十里。向无虏犯，前墙堪以御虏。本口带管附近车孤驼口，据险。墙六丈，高二丈。守口主兵五名。又沙岭口，据险。墙三丈六尺，高一丈五尺。守口主兵五名。又鹞子崖口，据险。墙一十五丈五尺，高二丈。守口主兵十名。又孤榆树口，据险。墙二十九丈，高一丈二尺。守口主兵五名。又陡岭口，据险。墙六丈八尺，高二丈。守口主兵八名，月粮。冲界同前。向无虏犯，前墙堪以御虏。

桑园沟口。弘治十六年建立。边城九丈，高二丈二尺。守口主兵二十五名，设守口官一员，在真定府，按月俱支折色。防秋客兵四十名，在平山县仓，本折兼支。东至方西沟口，西至牛圈沟口，南至平山县，北至五台县一百五十里。向无虏犯，前墙堪以御虏。本口带管附近方西沟口，据险。墙一十丈三尺，高一丈五尺。守口主兵十名，月粮。冲界同前。向无虏犯，前墙堪以御虏。

牛圈沟口。嘉靖二十二年建立。低小边城二十五丈。万历三年，题奉钦限，用大石创修中等墙六丈，高二丈；下等墙一十九丈，高一丈五尺，共墙二十五丈。守口主兵二十名，在真定府，按月俱支折色，桑园沟守口官带管。东至桑园沟口，西至石槽沟口，南至平山县，北至五台县。稍缓。外通五台县二百里。向无虏犯，前墙堪以御虏。

北黑山口。正统二年建立。边城一十丈五尺，高二丈。守口主兵四十六名，设守口官一员，在真定府，按月俱支折色。防秋客兵三十一名，在平山县仓，本折兼支。东至石槽沟口，西至黄土脑口，南至平山县，北至五台县。稍冲。外通五台县一百二十里。向无虏犯，前墙堪以御虏。本口带管附近石槽沟口，据险。墙三丈五尺，高二丈，垛塞。又黄土脑口，据险。墙五丈，高一丈五尺。守口主兵八名，月粮。冲界同前。向无虏犯，前墙堪以御虏。

碓窝口。弘治二年建立。边城六丈五尺，高二丈一尺。守口主兵二十名，设守口官一员，在真定府，按月俱支折色。防秋客兵七名，在平山县仓，本折兼支。东至津水崖口，西至红沙崖口，南至平山县，北至盂县。稍缓。外通盂县一百二十里。向无虏犯，前墙堪以御虏。本口带管附近白羊平口，据险。墙十一丈五尺，高一丈五尺。守口主兵十名。又津水崖口，据险。墙六丈五尺，高二丈。守口主兵五名。又红沙崖口，据险。墙八丈二尺，高一丈五尺。守口主兵十名，月粮。冲界同前。向无虏犯，前墙堪以御虏。

恶石口。正统四年建立。边城三十五丈，高二丈五尺。守口主兵二十名，设守口官一员，在真定府，按月俱支折色。防秋客兵一百二十三名，统领官一员，在平山县仓，本折兼支。本口下擦马石，万历三年，题奉钦限，用大石创修下等墙二丈，高一丈五尺。东至青阳沟口，西至杨家窜口，南至平山县，北至五台县。冲要。外通五台县一百五十里。向无虏犯，前墙堪以御虏。本口带管附近宋家峪口，据险。墙六丈五尺，高一丈五尺。守口主兵十名。又青阳沟口，据险。墙三十二丈，高一丈五尺。守口主兵十名，月粮。冲界同前。向无虏犯，前墙堪以御虏。

杨家窜口。嘉靖二十二年建立。边城二十丈，高二丈。守口主兵五名，在真定府，按月俱支折色，恶石口守口官带管。东至恶石口，西至寨门口，南至平山县，北至五台县。稍缓。外通五台县一百二十里。向无虏犯，前墙堪以御虏。本口附近寨门口，万历三年，题奉钦限，用大石创修中等墙一十丈，高二丈。守口主兵十名。又马圈沟口，据险。墙七丈五尺，高二丈。守口主兵十名。恶石口守口官带管，月粮。冲界同前。向无虏犯，前墙堪以御虏。

南黑山口。正统四年建立。边城三十五丈，高二丈。守口主兵二十五名，设守口官一员，在真定府，按月俱支折色。防秋客兵四十二名，在平山县仓，本折兼支。东至各料沟口，西至驳龙回口，南至平山县，北至盂县。稍缓。外通盂县五十里。向无虏犯，前墙堪以御虏。本口带管附近尾岔沟口，万历三年，题奉钦限，用大石创修下等墙四丈五尺，高一丈五尺。守口主兵九名。又驳龙回口，亦奉钦限，用大石创修上等墙二丈五尺，高二丈五尺。秋防拨南黑山、菩萨崖二口主兵一半戍守。又六岭口，据险。墙一十二丈，高一丈五尺。守口主兵十名。又各料沟口，据险。墙一十九丈，高二丈。守口主兵十五名，月粮。冲界同前。向无虏犯，前墙堪以御虏。

十八盘口。正统四年建立。边城一十九丈，高二丈六尺。守口主兵二十四名，设守口官一员，在真定府，按月俱支折色。防秋客兵四十九名，在平山县仓，本折兼支。东至菩萨崖，西至小黄安口，南至平山县，北至盂县。稍冲。外通盂县七十里，向无虏犯，前墙堪以御虏。本口带管附近菩萨崖口，据险。墙二丈五尺，高一丈五尺。守口主兵十六名。又小黄安口，据险。墙二丈二尺，高二丈一尺。守口主兵六名。又青阳沟口，据险。墙二十五丈，高二丈。守口主兵五名，月粮。冲界同前。向无虏犯，前墙堪以御虏。

黄安岭口。正统四年建立。边城七丈五尺，高二丈。守口主兵十八名，设守口官一员，在真定府，按月俱支折色。防秋客兵十名，在平山县仓，本折兼支。东至平闯沟口，西至滃滃水口，南至平山县，北至盂县。稍缓。外通盂县一百一十里。向无虏犯，前墙堪以御虏。本口带管附近井子峪口，据险。墙四丈二尺，高二丈。守口主兵十八名。防秋客兵十六名。又平闯沟口，据险。墙五丈五尺，高一丈五尺。守口主兵四名。又滃滃水口，据险。墙一丈三尺，高一丈五尺。守口主兵七名。又摘水口，据险。墙四丈二尺，高二丈三尺。守口主兵十名。又青风岭口，据险。墙六丈五尺，高二丈五尺。守口主兵十三名，月粮，行粮。冲界同前。向无虏犯，前墙堪以御虏。

达滴崖口。正统四年建立。边城三十六丈，高二丈。守口主兵二十二名，设守口官一员，在真定府，按月俱支折色。防秋客兵七十三名，在赞黄县仓，本折兼支。东至柳儿沟口，西至牛道岭口，南至井陉县，北至盂县。稍缓。外通盂县一百里。向无虏犯，前墙堪以御虏。本口带管附近柳儿沟口，据险。墙一十六丈，高一丈五尺，垛塞。又牛道岭口，据险。墙五丈，高二丈一尺。守口主兵十名。又武功口，据险。墙一十三丈，高三丈。守口主兵五名。又横河槽口，据险，墙三十六丈，高二丈。守口主兵五名。又险岩崖口，据险。墙一十七丈，高一丈五尺。守口主兵五名，月粮。冲界同前。向无虏犯，前墙堪以御虏。

醉汉峪口。景泰二年建立。边城四丈五尺，高二丈一尺。娘子关守口官带管。东至狲狮窑口，西至驴桥岭口，南至井陉县，北至盂县。稍缓。外通盂县一百二十里。向无虏犯，前墙堪以御虏。本口附近狲狮窑口，据险。墙一丈八尺，高二丈。又驴桥岭口，据险。墙四丈二尺，高二丈四尺。守口主兵三名，在真定府，按月俱支折色。又龙黄沟口，据险。墙五丈九尺，高二丈五尺，垛塞。娘子关守口官带管。冲界同前。向无虏犯，前墙堪以御虏。

娘子关口。正德八年建立。堡城周围一百八丈，高二丈不等。守口主兵四十名，设守口官一员，在真定府，按月俱支折色。防秋客兵二十五名，在赞黄县仓，本折兼支。东至龙皇沟口，西至嘉峪沟口，南至井陉县，北至平定州。

极冲。向无虏犯，前墙堪以御虏。本口带管附近嘉峪沟口，据险。墙八丈，高二丈。冲界同前。向无虏犯，前墙堪以御虏。

固关新城口。嘉靖二十一年建立。边城一百二十四丈三尺，高二丈。守口主兵一百八名，设把总、管总官各一员，在真定府，按月俱支折色。防秋客兵一百八十六名，统领官一员，在赞黄县仓，本折兼支。东至嘉峪沟口，西至白灰沟口，南至井陉县，北至平定州。极冲。外通平定州九十里。向无虏犯，前墙堪以御虏。本口带管附近白灰沟口，据险。墙五丈，高一丈。守口主兵六名，月粮。冲界同前。向无虏犯，前墙堪以御虏。

泉木头口。嘉靖二十一年建立。边城一丈五尺，高一丈五尺。守口主兵五名，设守口官一员，在真定府，按月俱支折色。防秋客兵五十八名，在赞皇县仓，本折兼支。东至白灰沟口，西至磨石崖口，南至井陉县，北至平定州。稍缓。外通平定州一百二十里。向无虏犯，前墙堪以御虏。本口带管附近磨石崖口，据险。墙二百六丈，高七尺。守口主兵十二名。又苇箔岭口，据险。墙三十六丈，高一丈八尺。守口主兵五名。又苍岩道口，据险。稍城一十一丈，高六尺。又青草峪口，据险。墙一十四丈五尺，高一丈。守口主兵五名。又孤撮岭口，据险。墙四十二丈，高二丈二尺。守口主兵五名，月粮。冲界同前。向无虏犯，前墙堪以御虏。

黄沙岭口。弘治三年建立。边城一十三丈，高三丈。守口主兵十名，设守口官一员，在真定府，按月俱支折色。防秋客兵二百六十二名，在赞皇县仓，本折兼支。东至白城口，西至庙儿崖口，南至赞皇县，北至平定州。稍缓。外通平定州一百四十里。向无虏犯，前墙堪以御虏。本楼带管附近白城口，据险。墙二十丈，高二丈二尺。守口主兵十名。又庙儿崖口，据险。墙七丈，高一丈一尺。又段里口，据险。墙六丈七尺，高三丈。守口主兵五名。又后沟口，据险，墙二十三丈，高二丈五尺。又庀寨沟口，据险。墙七丈五尺，高三丈一尺。守口主兵三名。又泥凳子口，据险。墙三丈五尺，高二丈。守口主兵十名，月粮。冲界同前。向无虏犯，前墙堪以御虏。

松树脑口。嘉靖二十一年建立。低小边城。万历三年，题奉钦限，用大石创修下等墙三丈五尺，高一丈五尺。黄沙岭口守口官带管。东至泥凳子口，西至不秃岭口，南至赞皇县，北至平定州。稍缓。外通平定州九十里。向无虏犯，前墙堪以御虏。本口附近不秃岭口，据险。墙三丈二尺，高二丈。又石榴嘴口，据险。墙二丈，高二丈。黄沙岭守口官带管。冲界同前。向无虏犯，前墙堪以御虏。

研究动态

"敦煌与丝绸之路研究丛书"九种述介*

石元刚　李柯莹

（兰州大学敦煌学研究所）

　　丝绸之路是东西方文明之间碰撞、交融、接纳的通道，丝绸之路文明是这些文明的汇总。敦煌是丝绸之路上的一颗明珠，它的繁盛是丝绸之路开通的结果，而丝绸之路的结晶又在敦煌得到充分的体现。敦煌藏经洞出土了大量文献文物，对于我们了解和研究古代丝绸之路文明非常珍贵。近年来，兰州大学敦煌学研究所郑炳林教授主编由甘肃文化出版社出版的"敦煌与丝绸之路研究丛书"陆续面世，如杨学勇《三阶教史研究》，武海龙《民国时期河西地区佛教研究》，田永衍《敦煌医学文献与传世汉唐医学文献的比较研究》，郝二旭《唐五代敦煌农业专题研究》，赵晓芳《从移民到乡里：公元7—8世纪唐代西州基层社会研究》，刘全波《类书研究通论》，祝中熹《摩碏庐文史丛稿》，鲍娇《敦煌符瑞研究——以符瑞与归义军政权嬗变为中心》，王新春《西域考古时代的终结——西北科学考查团考古学史》。这些著作多数是作者在兰州大学敦煌学研究所攻读博士期间的学位论文，经过多年的沉淀与修订，终于陆续面世。博士学位论文多是一个学者的第一部专著，凝聚着导师与学生的诸多心血。上述著作多是围绕敦煌藏经洞文献展开的研究，深入探讨了敦煌佛教、敦煌医学、敦煌农业、敦煌类书、敦煌考古等相关问题，在前人研究基础上，多有新探索、新发现、新进展。上述著作研究视野宽阔，出于敦煌，又不限于敦煌，西域、河西、陇东乃至整个丝绸之路都有涉及，展现了敦煌学的交叉学科性质，更展现了敦煌与丝绸之路研究的宽度与广度。总之，"敦煌与丝绸之路研究丛书"集中展现了兰州大学敦煌学研究所近十年来的部分研究成果，尤其是敦煌文献研究方面的成果，后续十余种亦正在陆续出版中，不久就会奉献给学界。这一批成果的集中面世，必将全面推动敦煌学研究的新发展、新进步，很多成果也的确展现了敦煌与丝绸之路研究的最新进展。

---

　　* 基金项目：甘肃省科技计划软科学项目"丝绸之路（甘肃段）文化景观溯源再现研究"（20CX4ZA084）。

一、《三阶教史研究》

三阶教是魏晋南北朝末期兴起的一个佛教教派，创派祖师为信行，隋唐之间迅速发展，至唐中期教派逐渐湮灭，但三阶教在中国佛教发展史上有较大的影响力。由于三阶教资料的奇缺，学术界对三阶教的研究始终处于冷门状态。从整个学术界看，日本、美国、德国、中国都有专门研究三阶教的学者，多是对三阶教教义及实践问题的研究，但是集中研究三阶教史的内容较少。在《三阶教史研究》之前，国内仅有张总先生的《中国三阶教史：一个佛教史上湮灭的教派》（社会科学文献出版社，2013 年），为专门研究三阶教史的著作。

《三阶教史研究》的作者是杨学勇博士，全书分为绪论、正文、余论和附篇四部分。绪论"基本问题的说明"，探讨了三阶教产生的社会背景即南北朝末期的社会状况，阐述了三阶教的基本教义，并对相关研究史进行回顾。第一章"信行及其前期行历（540—589 年）"和第二章"信行后期行历及三阶教状况（589 年—隋末）"主要探讨了三阶教创派祖师信行的个人行历、传教过程和信行时期三阶教状况，展现了三阶教前期的发展状况。第三章"信行的著作及其相关问题"，通过考查信行碑文和《信行传》《续高僧传》《冥报记》《开元录》等，将出土史料与传世史料结合起来，作者认为信行时期三阶教基本教义已经得到发展。第四章和第五章以时间为线索，主要依据三阶教信徒的活动，探讨在唐代不同时期三阶教的发展状况。自隋末至唐高祖武德年间，三阶教不断发展，至贞观年间达到鼎盛，此后武则天两次禁断，使三阶教势力发展受挫，玄宗时期又接连遭受两次非难而元气大伤。之后三阶教虽然不断努力恢复往日景象，但终究难以挽救命运，至会昌法难而湮灭，三阶教的教义和实践逐渐融入其他佛教教派之中。余论则是对唐以后的三阶教状况进行了梳理，并重申了三阶教的性质。作者认为会昌法难之后三阶教的典籍仍有流传，但并没有发现三阶教信徒活动的记载，也就无法证明会昌法难以后三阶教依然存在。依据现有资料可以认为，会昌法难后三阶教教派灭亡，三阶教教义和实践则融入其他教派之中。作者认为三阶教受到的敌视主要来自佛教内部，消亡的主因来自朝廷政策。附篇"三阶教典籍发现史"，对三阶教典籍及其发现过程进行了细致梳理。

《三阶教史研究》借助传统典籍、敦煌文献以及碑铭文献等多种史料多方考证，为读者再现了一个较为全面的三阶教发展史，再现了隋唐时期盛极一时的三阶教从繁荣到灭亡的真实图景，也展示了佛教中国化过程中在社会和宗教等方面的特质，具有重要的研究意义。不过，也如作者自己所言，《三阶教史研究》主要的关注点在于三阶教的发展史，未涉及三阶教教义的内容，对读者完整地理解三阶教史有一定的缺憾。

二、《民国时期河西地区佛教研究》

《民国时期河西地区佛教研究》的作者是武海龙博士，全书共计五章，就以下几方面的问题做了研究与讨论，即民国时期河西地区佛教的基本情况，河西地区佛教寺院的位置、数量及留存状况，心道法师在河西地区弘法创宗、整合河西佛教的具体情况，永登鲁土司管辖下的藏传佛教寺院，拉卜楞寺的藏传佛教情况及河西地区佛教的世俗化问题。

第一章主要从佛教衰落原因、衰落具体表现和革新措施等方面，系统地介绍民国时期河西地区佛教的基本情况。河西地区处于丝绸之路要冲，汉传佛教经此传入我国，该地区佛教信仰历史悠久，在中国佛教史上的地位举足轻重。藏传佛教在河西地区的兴起始于唐和吐蕃统治该地区之时，进一步发展于元明清之际，因此该地佛教信仰是显密并存。但随着丝绸之路地位的不断下降，汉传佛教在该地区不断衰落，而藏传佛教由于是蒙藏等民族的全民信仰，却依然保持了平稳发展。然整体而言，河西佛教呈衰落局面。第二章以地域划分类别，就民国时期河西地区佛教寺院的相关情况做了说明，民国时期佛教衰落尤为明显，佛教基本陷入停滞状态，佛教寺院的修建基本停止，大多沿袭前朝且破败不堪。这些情况在清末、民国及中华人民共和国时期河西各县所修地方志中有迹可循，由此亦可了解河西佛教衰落对寺院所造成的影响。作者还明确指出，除寺院的衰败，河西佛教界中缺乏得力的领导者也是其衰落的原因之一。第三章主要阐述心道法师生平及其对民国时期河西地区佛教做出的贡献。心道法师是民国时期河西乃至整个西北佛教界影响较大的僧人，他曾在河西地区弘法传教，广收弟子，并在河西各县创建佛教会、居士林及融合显密的法幢宗，对河西佛教的整合、革新、发展做出了重要贡献。

第四章阐述民国时期永登鲁土司对进一步弘扬发展藏传佛教所起到的重要作用，并谈及拉卜楞寺藏传佛教问题。河西地区的蒙藏等民族全民信仰藏传佛教，历史上中原王朝为维护边疆稳定，在该地分封了众多少数民族土司，这些土司在其辖域内积极推行藏传佛教，通过掌握当地政教权力，实现对其管辖区域的统治，其中最具代表性的就是永登鲁土司家族。民国时期，中央政府通过改土归流、完善基层政权建设，逐步剥离土司的行政权力，这对土司家族统治下的藏传佛教同样产生了重要影响。与此同时，佛教面临严重挑战，佛教界认为佛教必须做出改变，由出世转向入世，走世俗化道路。因此，第五章就民国时期河西地区佛教的世俗化问题进行了深入研究。正是在上述背景之下，河西佛教在改革发展中开始注意世俗化问题，积极入世，参与社会建设，如投入抗日救亡运动，踊跃捐款、捐物，参与社会公益事业等。这些都在很大程度上改变了佛教在民众心目中不问世事的消极印象。民国时期，河西地区的佛教虽已衰落，昔日辉煌亦难以再现，但其仍在这样的环境下艰难发展，并为后来向现代佛教过渡奠定了基础。

三、《敦煌医学文献与传世汉唐医学文献的比较研究》

敦煌文献中保存了一部分医药文献，主要集中在唐五代时期，如 S.202《伤寒论·辨脉法》，S.5614《五脏论》《平脉略例》《五脏脉候阴阳相乘法》《占五脏声色源候》等，敦煌医药文献的出土对保存中医药方和弘扬中医文化具有重要作用。

《敦煌医学文献与传世汉唐医学文献的比较研究》是田永衍在兰州大学博士后在站期间的学术成果，分四章，另有插图、附录等内容。第一章论述了敦煌医学文献产生的历史背景，对唐五代时期敦煌地区的医药制度与医药状况两个方面做了说明，包含唐代中央医药制度、唐代敦煌地区的医药制度与医药状况、吐蕃及归义军时期敦煌医药状况，概括了敦煌医学文献的总体特点，包括实用性、杂抄性和地域性，提及了敦煌医学与道教、佛教的密切结合。第二章和第三章分别对 S.202 和 S.5614 两件敦煌医药文献进行研究，从文书的校释、源流和学术价值三个方面进行了全面的考查，有益于学术界加深对两件文书的认识。作者注重将敦煌出土医学文献与传世医学文献结合起来校释，这正是《敦煌医学文献与传世汉唐医学文献的比较研究》的创新之处，从比较研究角度探讨了 S.202 与 S.5614 的源流。关于 S.202 的学术价值，作者进行了整理归纳，认为 S.202 可证今本《金匮玉函经》非清人作伪，校宋本《伤寒论·辨脉法》之误，补宋《本伤寒论·辨脉法》之阙，S.5614 的学术价值在于保存了亡佚古医籍和真实反映了唐五代时期敦煌地区的医药状况。第四章则是对《辅行诀》非藏经洞遗书的考察，从文本形式、文献关系、学术思想和方剂源流四个方面论证了《辅行诀》并非藏经洞遗的书察。附录分两节，分别是"敦煌医学文献考论六则"和"郑炳林教授谈丝绸之路与东西医学交流"。另外，书中还附有丰富的插图，给学界提供了进一步研究的参考。

《敦煌医学文献与传世汉唐医学文献的比较研究》将敦煌医学文献与传世汉唐医学文献结合起来研究，具有很强的创新性。书中也有一些有待改进之处，主要存在于引文注释方面。总的来说，该书内容精炼，条理清晰，在敦煌中医药文献的研究领域具有很强的引领性，为敦煌医学文献深入研究提供了有益的参考。

四、《唐五代敦煌农业专题研究》

　　《唐五代敦煌农业专题研究》的作者是郝二旭博士。全书以专题形式对唐五代时期的敦煌农业进行探讨，分为上下两篇，上篇为农业生产篇，下篇为农业社会篇，共计七章。该书以敦煌文献为中心，对唐五代敦煌地区的农业生产及其对生态环境的影响进行研究，力图还原唐五代时期敦煌地区的农业生产原貌，在探寻该地区农业与环境之间相互作用的内在规律的同时，所总结出的经验教训为当代河西走廊的生产开发提供了有益借鉴。

　　上篇为农业生产篇。第一章简述敦煌地区的自然条件与开发历史，先对敦煌地区的地形、气候、水文、动植物资源等做了简单的介绍，并对当地的农业开发历史进行了必要的回顾。敦煌地区地势大致为南高北低，属低山地形，多沙漠戈壁，且地处内陆，是典型的大陆性气候，虽有党河流经此地，但水资源依旧较为匮乏。指出西汉对敦煌农业的开发，如新式灌溉法及农具的使用等，对唐五代时期进一步发展敦煌农业有极大的促进作用。第二章在探讨敦煌地区唐五代农业土地耕整与播种技术、田间管理技术有进一步发展的同时，利用敦煌文献及出土文物印证当时农业生产面貌与生产技术发展水平。第三章分析敦煌地区主要农作物品种，指出在唐五代时期，主要粮食作物的种植比例发生较大变化，小麦的种植面积明显提高并超过了粟，但基本还是以灌溉条件决定作物品种的生产布局，即"以水定地"这一生产实际。探讨了唐五代时期敦煌地区的主要农作物品种和种植制度、麦粟种植比例的变化以及水稻种植的兴起与衰落。

　　下篇为农业社会篇。第四章论述自唐前期至归义军时期敦煌地区土地制度的演变与发展，同时作者指出在这一过程中统治阶层对农业劳动者的人身控制明显削弱，而对土地的控制则进一步加强。第五章对唐前期、吐蕃统治时期、归义军时期敦煌农业人口的增减、身份的变化、负担的轻重等进行了对比分析，认为敦煌地区存在农业人口后备力量单薄、赋役及生活负担较为沉重、贫富差距进一步拉大等问题。第六章主要分析了不同阶段农业生产条件的变化以及由此带来的生产方式的转变，这些转变很大程度上取决于社会基层组织的结构形式。总体而言，唐五代时期敦煌农业生产条件是在逐步改善的，生产效率也有明显提高。第七章主要讨论了唐五代时期的农业生产对绿洲生态环境的影响、农业社会生活对生态环境的影响以及当时的环境保护措施等方面的问题。通过分析研究，作者认为数百年不间断的开发与开拓对敦煌地区的生态环境造成了不可逆转的破坏，也指出当时的植树、限垦、禁伐等政策措施在一定程度上为保护生态起到了微弱的作用。

　　作者对唐五代敦煌农业专题方面的研究与讨论，在一定程度上丰富敦煌学、中国农业史和唐五代西北区域史研究的内容，并基于现有研究状况就敦煌地区农业生产技术、生产习俗及传统农业思想与指导方针对农业生产的影响等五方面提出了进一步研究的建议。

五、《从移民到乡里：公元7—8世纪唐代西州基层社会研究》

《从移民到乡里：公元7—8世纪唐代西州基层社会研究》的作者为赵晓芳博士，全书共分为五个章节，以7—8世纪唐代西州地区的基层民众为研究对象，考察这一群体的身份特征、婚嫁观念等相关内容，及其所反映出的社会面貌、时代特征。

第一章从身份特征、社会影响等方面细致、全面地介绍唐代西州新兴平民群体像。公元640年唐朝平定麴氏高昌王国，建立西州，不仅发出了唐朝锐意经营西域的信号，而且标志着吐鲁番地区从此进入一个新的历史时期。此后，唐前期政治稳定、经济繁荣、民族融合、文化多样、疆域辽阔，均与之存在密切关系。第二章结合传世文献与出土文物考察门户之内唐代西州的女性群体像，详细探讨这一时期西州女性的婚嫁理念、婚龄实态、家庭地位以及丧夫后的选择等方面的问题。作者认为7—8世纪唐西州新兴平民群体的崛起不仅得益于麴氏高昌王国门阀社会的崩坏，而且与当地处于丝绸之路中转站的地理优势息息相关；同时，唐朝在西域进行的诸多战事在宏观上破坏了西州的社会秩序，微观上则直接影响到西州女性群体的婚姻家庭生活。第三章以西州僧尼群体为研究对象，从西州佛教管理、西州政府与佛教事务、僧尼生活境遇等方面分析这一群体在唐代西州所展现出的特点。为维护社会稳定，唐朝采取一系列措施加强对西州佛教事务的管理，导致西州僧尼参与社会经济活动的规模与程度有所收缩。第四章探讨西州基层社会存在的互动关系，详细论述了官民互动、亲邻保制、民间契约等情况。在官民互动中，地方官府一般借助基层行政人员完成对乡里百姓的管理，民间百姓则主要通过正式的制度或依靠个人力量，与官方进行对话。同时，唐朝政府希冀利用邻保制实现对西州基层社会的控制，但效果并不理想。与之相对，因格式固定及具有相对法律约束力，契约成为西州百姓保持良性互动与交往的有效媒介之一，具有广泛的影响力。作者认为群体研究的最终目标在于实现群体与社会的双向关照，西州社会内部各群体之间存在复杂、多元的互动关系。唐代西州无疑属于一个多元化的地方社会，人们因各种原因结成相互交织的社会关系网络，相互制约、协作，从而建立了良好的共生、互动关系，形成了相对有序的秩序状态。当然，一个有序、良性发展的社会并不意味着没有纷争，西州社会内部同样存在着诸多争端、纠纷，涉及乡里住民日常生产生活的方方面面，尤其是随着有限地域空间内人口的不断增长，土地资源日益成为人们争夺的首要对象，成为这一时期社会的主要矛盾。因此第五章基于唐代西州争讼文书材料，对其进行概说并划分类型进行探讨研究，指出文书背后所反映的解纷机制以及稳定基层社会秩序的措施。面对大量存在的法律诉求，民众、官府甚至当时的冥界观念等均以不同形式对纠纷予以化解。总之，多元化的解纷手段和完善的解纷机制不仅使大量争讼消弭于无形，而且使西州基层社会始终维持着有序状态与正常运转。

以先前学界较为忽视的社会群体作为切入点，该书选取新兴平民、女性及僧尼三个代表性的"点"进行检讨。这些群体本身不同程度地体现了西州所处的时代和地域特质，而作者对社会群体诸多特征的揭示，不仅填补了西州群体研究的空缺，而且为进一步审视与深入观察西州社会秩序提供了不可或缺的研究路径。作者充分运用传世文献、吐鲁番出土文书等相关数据，尝试将区域社会史理论引入西州基层社会构建中，以互动视角作为观察和理解西州社会秩序的一把"钥匙"，由点及面，突破先前相对静态的专题式模式，为西州社会史及吐鲁番学提供新思路和新范式，也在一定程度上改善学界目前对西州基层社会构建尚显薄弱的问题，初步形成对西州社会秩序状态的整体认识。

六、《类书研究通论》

刘全波博士长期关注类书研究，《类书研究通论》是其类书研究系列的重要组成部分，在其中具有理论上的指导意义。《类书研究通论》全书分为十个章节，第一章类书的定义，书中主要强调了类书的知识性数据汇编性质。第二章类书的渊源，书中认为类书的出现，特别是类书之祖《皇览》的编纂具有偶然性，并考察了古今学人对类书渊源的探讨，强调类书起源的多元性。在此基础上，第三章提出类书源出"史部"说，分析了《皇览》《史林》《科录》等类书与史部的关系，认为早期类书混迹于史部之中，随着史学的自觉，类书编纂体例的复杂化，至隋唐时期才被列入子部之中。第四章类书的编纂背景，书中认为类书是与博学风尚和知识主义密切相关的，历代王朝多在修史的同时编纂类书，可见类书编纂之地位。第五章类书的分类，对类书的编纂体例进行了新的探索，提出类事、类文、类语、类句、赋体五种类型或者体例，并针对敦煌类书做了实证分析。第六章类书的流变，以目录学为线索，考察了类书在历代目录中的演进，在动态中分析类书的性质。第七章类书的流传，主要介绍了类书在域外的流传，特别是在日本、朝鲜和越南三个受到中国文化影响最深的地区的流传。第八章类书的流弊，从类书的知识性性质、在文学和科举中的滥用等方面分析类书为人诟病的原因。第九章类书的功用，从类书与政治、文学、科举、教育和日用五个方面详细讨论了类书的功用，并且认为"任何一部优秀的类书都是一个时代知识的总结"。第十章作者提出"类书文献学"概念，从类书辑佚、类书版本、类书出版三个方向做了讨论。书中另有附录两篇，一是"百年敦煌类书研究回顾"，于2009年全国博士生学术论坛《传承与发展——百年敦煌学》口头介绍，后部分发表在《中国史研究动态》2010年第12期，全文收入《2009年全国博士生论坛学术论坛（传承与发展——百年敦煌学）论文集》，今附列于此，反映了作者对敦煌类书认知的变化；二是"百年类书研究论著目录"，是作者新撰的类书研究目录索引，采用以年为单位，逐年索引，目的是让学界认识类书研究的发展趋势。

《类书研究通论》最大特点即在它的"通"字，主要表现在四个方面。内容之"通"，书中内容涵盖非常全面，包括了类书的定义、渊源、编纂、分类、流变、流传、流弊、功用和理论，展现了类书研究的全貌。材料之"通"，书中以传世类书为中心、敦煌类书为线索、域外类书为补充，实现了最大限度地运用材料。时间之"通"，从类书的渊源、发微开始，中有类书的流传、流变，至于类书研究的现状与瞻望。目标之"通"，作者提出类书研究的宏大目标，即编纂一部《中国类书编纂史》，而《类书研究通论》从理论问题、研究动态等方面建立理论架构。

七、《摩碏庐文史丛稿》

《摩碏庐文史丛稿》一书的作者为祝中熹研究员。"碏"者，彩石也，作者在后记中自述，阅读之时总爱把玩玉石雕件或天然石块，习久成性，同时也有以碏喻书之意，因而将书室署名"摩碏庐"，此书是作者数十年研究成果的汇集。全书分为4卷，共计48篇文章。

卷1语言文辞部分，共计10篇。探讨词语使用范围、字词使用过程中的合并与分离、成语语意重复、词语古今异义、易混词辨析、文言文中"同字反义"现象、先秦时期第一人称代词等方面的内容。如偏义复词的使用范围，作者认为当下人们更多将并列联合式合成词当作偏义复词，无限制扩大偏义复词的数量范围，这是极为不妥的。

卷2人物史事部分，共计10篇。探讨内容非常广泛，研究了董仲舒对儒家天命观的发展，认为这一更完整严密、更具生命力的思想体系拓展了儒家的社会影响。分析了西汉末年起义军首领隗嚣跌宕起伏波澜壮阔的一生，吊古抒怀，总结经验。在对汉初二相的分析中，既了然汉初的政治特色，也喟叹高位重权之下的人性扭曲。作者在关注汉初二相的同时，也对名臣主父偃进行了分析，认为主父偃固然有着不可否认的政治谋略，但其为人及"日暮逆施"的主张也备受谴责。对于李广的分析，考证正史之余，更关注民众的口碑，还原一代传奇英雄的悲歌。在刘秀的得人与用人篇章中，作者结合史料梳理其崛起之因，并分析其识人、得人与用人之韬略。总体来看，在这一部分中，作者更侧重于对秦汉史的内容阐述与考证。

卷 3 史迹故实部分，共计 13 篇，属于故实考辨类文章。根据历史古迹抒发个人观点，如对于雕版印刷起源问题的质疑，否认起源于西汉的说法，认为雕版印刷上溯何时仍需考古新发现提供印证。对武威雷台汉墓墓主进行了探讨，经过细致分析与考证，作者认为墓主身份应为张掖长，但姓名难以考证知悉。作者选取有特色的甘肃出土的汉代文具加以介绍，如"白马作"毛笔、肩水金关纸、墨丸、盘螭盖三足砚，认为此时的文具已经不单单是书写工具，呈现出向工艺品发展的趋势。除此以外，作者对于印玺、度量衡、古灯、简牍、秦陵汉墓等方面也有分析研究。

卷 4 序跋书评部分，共计 15 篇。主要收录了《礼县金石集锦》《秦西垂史地考述》《嬴秦西垂文化》《民国初天水出土秦公簋研考文丛》《嬴秦文史论丛》等共计 15 篇序言、题跋或书评。这 4 卷内容看似分散，实则存在一定的关联性，渗透着作者的思想理念和人文认知，贯通作者的精神脉络。

八、《敦煌符瑞研究——以符瑞与归义军政权嬗变为中心》

《敦煌符瑞研究——以符瑞与归义军政权嬗变为中心》一书的作者为鲍娇博士，全书共计五章，重点分析了归义军时期敦煌符瑞主题的变化及其思想、作用的演变。该书注意把敦煌符瑞与中原文化、政治以及符瑞发生时的政治、社会环境相联系，追溯符瑞产生的本源，探寻符瑞产生后与政治的关联。

作为政治文化现象的符瑞曾长期存在于古代政治生活中，成为帝王歌功颂德、彰显天命的工具。而符瑞在地方政权构建中所起的作用，由于史籍载录甚少，做相关研究的学者凤毛麟角。而敦煌文书的发现，为探析地方政权中的符瑞提供了契机及史料基础。第一章追溯符瑞思想的起源与发展，分析唐代统治者以及士人对符瑞的态度，并探讨其在归义军时期对敦煌地区的影响。此外，作者认为较之敦煌学其他方面的研究，关于敦煌符瑞的研究多停留在为文书断代、释义之上，由于敦煌曾在归义军的统治下近200年，在节度使政权嬗变中符瑞所起的作用，以及符瑞在各个时期的特征、所反映的政治问题，既需要有宽度的扫描，也需要更加深入的探究。因此第二章作者从文书措辞及与中原流行诗文的联系着手，确定张议潮时期的符瑞主题，进而分析其在张氏归义军政权构建中发挥的作用，力图理清敦煌符瑞在归义军时期的发展脉络。通过研究，作者认为张议潮时期由于敦煌地区刚刚脱离吐蕃的统治，符瑞对建立之初的归义军政权起到一定的舆论支持，在符瑞品目的选取上，这个时期的符瑞品目影射着归义军与唐王朝的"君臣同德"，同时，某些符瑞品目也反映出归义军建立之初敦煌当地的民间信仰，符瑞在归义军政权中的作用初见端倪。而将符瑞政治作用发挥到极致的是金山国时期的张承奉，因此第三章与第四章重点研究三姓争权时期以及金山国时期的符瑞。前者简述符瑞所影射的政治背景，得以探知此时归义军政权与唐王朝的关系。后者通过探析符瑞与五德的关系，以及金山国的符瑞特点，从符瑞的角度得出金山国立国时间的推断，虽不是完全缜密无误，却也是值得关注的新研究点。第五章到曹氏归义军时期，敦煌符瑞是对胡汉政权、世俗佛教等政治、社会问题的解读，符瑞佐证了某些推断，政治事件的发生也伴随符瑞的产生。作者从符瑞体现出的胡汉政权，文书、壁画中的符瑞思想，以及符瑞反映出的世俗佛教等方面加以论述。此外，全书最后附有初唐时期正史中所载的符瑞品目表等相关资料，是作者在正史所载录符瑞的品目基础上拾遗补缺，开列出一份较全面的符瑞品目表，对今后的相关研究提供帮助与方便。

此书选取敦煌符瑞作为研究对象，弥补了正史中较少载录地方政权符瑞这一缺陷，通过研究符瑞在敦煌地区的发展与流传，探析了敦煌地区独特的社会性质。借由符瑞内容体现的归义军政治倾向及其与中原王朝若即若离的微妙关系，进一步扩展了对符瑞的研究范围。

九、《西域考古时代的终结——西北科学考查团[①]考古学史》

《西域考古时代的终结——西北科学考查团考古学史》一书的作者为王新春博士，全书共计九章，就西北科学考查团的组建，考察的经过与成果，考古文物的运输、分配与保存，著名学者在中国西北的考察经历及西北科学考查团与近代中国学术关系等方面做了详细梳理和研究。中国学术团体协会西北科学考察团（简称"西北科学考查团"）是在1927年由中国学术团体协会与瑞典探险家斯文·赫定联合组成的学术考察团体，他是近代第一个由中国人主持的西北科学考察团体，成员包括中国、瑞典、德国、丹麦等国的学者，考察时间长达

---

① 本书为保持原貌，原书中的"考查团"不作改动，其余均用"考察团"。

8年，考察地域包括了中国北方、西北、中部的 12 个省份，考察内容涵盖了地理学、大地测量学、地质学、古植物学、古无脊椎动物学、古脊椎动物学、考古学、民族学、气象学、动物学、植物学等十多个学科领域。全书以西北科学考查团的考古作为主要研究内容，从学术史的角度出发，对西北科学考查团的考古调查和研究成果进行了专题研究，全面、系统、细致地总结了考察团在中国西北地区的田野考古和研究成果，探讨了其在近现代中国学术史上的价值和意义。

全书共分 9 个章节，第一章首先对西北科学考查团组建的背景、过程和影响进行论述，指出了考古方面是中国学术界与斯文·赫定争议的核心，分析了中国学者和斯文·赫定在考古学方面的态度和作为。第二章全面论述了西北科学考查团的考察过程、考古工作以及考察研究成果。此书首次将非考古专业学者的考古活动纳入了研究范畴，展现了西北科学考查团田野考古的完整面貌，促进了人们对近现代中国西北考古认识更加全面和完整。第三章以西北科学考查团获得的考古遗物为中心，对其运输、分配和保存进行了研究，列出了考古遗物从各个发掘地运送到北京的过程，详细梳理了考古遗物的分配方式和保存地点，并对斯文·赫定借出考古文物一事进行了特别探讨，最后对西北科学考查团的考古遗物的流散情况和现存状况进行了探索。第四、五章对西北科学考查团的两位专门的考古学者贝格曼与黄文弼分别进行了专题研究，系统总结两位学者的研究成果和价值，并从学术背景、考察目的、考察内容、研究方法等方面对二人的考古和研究进行了对比，分析了东西方视野下的中国西北考古研究之异同，并对他们在现代中国西北考古中的意义和价值进行探讨。第六章中对其他学者的考古研究进行了分析，分别是袁复礼在西北的考古成果，霍涅尔、陈宗器、斯文·赫定的考古考察，布林对敦煌西千佛洞的考古以及阿尔纳在中亚考古方面的成果。第七章对西北科学考查团所取得的文献成果进行研究，涉及居延汉简、"黄文弼文书"汉文部分以及古代西域民族语言文字文书的整理与刊布。第八章论述了瑞典学者的考古研究情况，展现瑞典关于西北科学考查团考古研究成果之全貌，并对这部分研究的价值和意义进行评述。第九章通过三个方面的论述，分析西北科学考查团的考古研究与近代中国考古学之兴起和发展之间的关系及对中外学术发展的影响，从而对其在中国考古学发展史中的地位有一准确的定位。

《长安未远：唐代京畿的乡村社会》出版

徐　畅

（北京师范大学历史学院）

　　长安是唐帝国的首都，但记述其地理与人文的传世文献数量有限，20 世纪 80 年代以前，唐史学界对其研究远不及有纸文书出土的帝国西陲城市敦煌、吐鲁番。近年来，随着城市考古的进展、关中石刻墓志的刊布，唐人诗文小说中都市信息之再发现，长安研究迎来了新契机，有"长安学"的诞生。围绕都城制度、都市构造、社会流动、市民文化等话题，城市社会史的研究方兴未艾。然而，在唐宋变革发生以前的中古中国，依据物理形态划分的城市与乡村实际具有连续统一性（Urban-Rural Continuum），长安研究应走出城郭这一人为造设，寻找具有同质性地域的社会特质。《长安未远：唐代京畿的乡村社会》（*Living Near Chang'an: Rural Society in the Metropolitan Area in the Tang*，徐畅著，三联·哈佛燕京学术丛书，生活·读书·新知三联书店，2021 年版）将"长安学"的外延推广，将都城与周边乡村作为一个整体的"大长安"；从区域史的视角，展现既是唐政府中枢所在，又具有京兆府与近辅州地方立场的京畿，尤其是以乡村为聚落形态的这片土地上，国家与社会力量的互动、融合或矛盾、冲突，各阶层民众生产、生活、安守、流动、思想、信仰之全景；书写中古时代的乡村社会史。

　　具体而言，《长安未远：唐代京畿的乡村社会》对京畿乡村的研究，先讨论乡里村坊在长安城以及周边畿县的实施，关注京畿的地理、聚落形态等外在结构；提出"乡里制"这一载诸唐令的制度可能并未在长安城内推行。继之重点深入社会机制内部，解析乡村地域的居民成分与职业结构，就基层社会的各种组织形式——因地缘关系而组成的乡里邻保，因血缘关系结合而成的家庭、宗族，因共同信仰组织起来的民间结社等，一一进行专论。第一，遵循自上而下的视角，讨论皇权如何统治京畿社会。特别指出，朝廷在首善之区的京畿乡村在场感极强，除常规统治手段外，另对这片区域实施特殊调控政策，乡民有较多机会跨越行政层级上诉，乃至直接与皇帝对话；与外州县不同，京畿乡村不仅存在乡里强干之家，都城社会中的权势豪家在乡村亦有很深的利益牵扯，是为"外来有力者"，朝廷对本区域统治的最终达成，是皇权、行政力、本地及外来有力者共同作用的结果。第二，自下而上的观察，通过社会的视角来透视唐帝国。从地方宗族（京兆韦、杜氏）的经营入手，感知国家行政力、选举制度在社会中的号召力，感知唐代的城乡关系；以中唐文人官员白居易为例，揭示社会个体因仕宦在长安城乡迁转的踪迹与心态；以农书《四时纂要》为主体资料，构建起一户五口的京畿小农家庭，讨论其财产、谋生方式、日常收入、支出等。

《长安未远：唐代京畿的乡村社会》一书的学术价值主要体现在：第一，尽管有学者认为区域史传统可追溯至中国古代的方志编纂，而台湾食货学派的社会经济史已开区域研究先河，但其在大陆受到普遍重视较为晚近，目前的研究对其概念、界定、方法尚未达成共识，而实践则集中在近代、当代的区域。该书聚焦唐代区域史，在中古区域与地方史研究中，具有填补余白的价值。在具体研究中采用的范式、方法与视角，如区域社会经济史研究中的计量手段等，也必将促进区域史研究理念的更新。第二，关于中国古代的城乡关系，有学者提出城乡连续体的解释框架，又有观点强调城乡异质性，目前的个案研究集中在宋以后，唐宋城市变革发生以前的情况鲜有学者论及。该书以长安及其周边乡村为研究对象，考察城、乡在聚落形态、人口数量、居民结构、管理方式、文化等方面的差别与联系，发现虽然本区的城、乡呈现同构性，但长安城在政治上统辖乡村，在经济生活中汲取乡村的资源，在文化上傲视乡村，从而形成了一种全方位的"长安傲态"（superiority），可视为早熟的城乡分别。这不仅是中古城乡研究的新实践，也可为解决当下我国城乡关系中的问题提供历史启示。第三，该书相对于城市社会史，重点开展乡村社会的研究，既是新时期长安研究的综合与创新，也必将推动中古乡村的研究，加深对传统农业社会延续性与多样性的认知。

《长安未远：唐代京畿的乡村社会》目录

20世纪80年代以来山西窑洞研究综述

赵亚腾

（河北大学宋史研究中心）

窑洞一般主要是指分布在黄土高原地区的在黄土层中挖掘或在地面上营造的拱形洞穴式建筑。窑洞是既古老又传统的民居建筑，这种建筑形式一直延续至今，"毫无疑问地是汉族住宅中的一个特殊系统并且占据相当重要地位"。[①]窑洞的发展具有非常久远的历史，《系辞》有"上古穴居而野处"[②]，在北方，对土的特性有了足够了解后，人类的居住地点便由天然的洞穴换成了土穴。人工穴居从旧石器时代晚期出现之后，主要分布在黄河中下游地区，成为人类建造的最早的建筑物之一。延续至今，窑洞在中国大地上分布很广，北方有新疆、甘肃、宁夏、陕西、山西、河北等地，南方有福建、广东一带。不同区域具有不同的自然环境，形成的窑洞也具有不同的特质，其中，山西窑洞在历史上、地理上、文化上都具有其鲜明的地域风格。对山西窑洞的研究，在中国近现代建筑史上占据重要地位，它对于我们认识山西窑洞的形成、分类、构造、装饰、功能、影响以及在居住过程中人类形成的情感文化，从而丰富我们对山西窑洞在建筑学、艺术学、美学等领域特征的认识，从中为找出保护山西窑洞文化的措施具有很大的借鉴意义。有鉴于此，本文试图从研究著作和学术论文两个方面将20世纪80年代以来山西窑洞的研究现状做一梳理，以期进一步深入探讨。

一、研究著作

对窑洞民居的研究起步于20世纪30年代，以龙庆忠的《穴居杂考》为标志："在蜿蜒于陕西、甘肃、山西、河南、察哈尔数省之阴山、北岭间，常见黄

---

① 刘敦桢：《中国住宅概说》，北京：建筑工程出版社，1957年版，第50页。

② （魏）王弼撰、楼宇烈校释：《周易注校释》，北京：中华书局，2012年版，第248页。

土断层上，有如蜂房之荦门圭窦，叩之即穴居焉。"①《穴居杂考》分别从古代中原穴居、古代四夷穴居和近代黄河中游穴居三个方面考察穴居的形式演变，着重于从典籍记载与考古发现中分析穴居的起源与发展。20世纪50年代，刘敦桢的《中国住宅概说》出版，此书叙述了九种传统的住宅样式，其中就包括窑洞式穴居，并且把窑洞分为三种形制，"第一种是从前经济基础较差的农民所建规模较小的单独窑洞，第二种为规模较大的天井院窑洞，第三种系普通房屋与窑洞的混合体"。②对窑洞较早的一种分类从此书开始。这两位学者为改革开放后大规模地研究窑洞奠定了基础。进入20世纪80年代以来，以侯继尧、荆其敏为代表的学者们带动了国内史学界对窑洞的进一步关注，从而也加深了对山西窑洞的研究。

（一）研究资料

2000年由浙江人民美术出版社出版了《中国乡土建筑——阴阳之枢纽、人伦之轨模：窑洞春秋（陕西）、晋商大宅（山西）、居得四时之正（北京）、无梦到徽州（安徽）》，本摄影集包括陕西、山西、北京、安徽四部分的乡土建筑，通过图片的方式反映了一个特定民族、特定地域所独具的生活理念。其中的山西乡土建筑部分对山西窑洞有部分论述，为山西窑洞研究提供了部分资料。2010年由吉林文史出版社出版的中国文化知识读本《窑洞》③，通过简明通俗的语言及图文并茂的形式把窑洞这种传承千年的民居形式的产生条件、种类与类型、窑居村落等进行了阐述，把窑洞文化展示给读者，是很好的窑洞研究资料，为山西窑洞的研究提供了一些资料。清华大学的陈志华和李秋香教授的研究团队在山西省多地进行了古乡镇的调查研究，之后总结出版了"乡土瑰宝系列"丛书，其中有许多对窑居村落的聚落形态和民居传统形式的研究，对窑居景观的内容也有一定的涉及。

（二）学术著作

目前对山西窑洞研究的学术著作主要有：荆其敏的《覆土建筑》④。他是从覆土建筑的生态环境、布局、材料、技术、发展与革新等方面进行了分析说明，分别从建筑学和生态学的角度，诠释了覆土建筑对当今社会的意义和价值。其中对中国传统窑洞民居的布局与未来以及传统窑洞的创新进行了叙述，

---

① 龙庆忠：《中国建筑与中华民族》，广州：华南理工大学出版社，1990年版，第188页。
② 刘敦桢：《中国住宅概说》，北京：建筑工程出版社，1957年版，第50页。
③ 冯秀：《窑洞》，长春：吉林文史出版社，2010年。
④ 荆其敏：《覆土建筑》，天津：天津科学技术出版社，1988年。

诸多内容对山西窑洞的研究具有促进作用。侯继尧等的《窑洞民居》①是20世纪80年代的一部关于窑洞的专著，书中详细介绍了窑洞建筑形成的条件、分别及各地窑洞具体情况。在山西窑洞部分，在论述形成的自然与社会条件基础上，作者对山西的窑洞村落、室内布置及发展现状做了叙述。侯继尧、王军主编的《中国窑洞》②出版，这部全面论述窑洞的专著从理论与实例评析两大方面展开叙述，先对中国窑洞做一个整体概论，包括中国窑洞产生条件、历史演变和分布类型。作者以窑洞建筑的理论为依据，同时结合实际案例分析，当然也包括对山西窑洞的论述。进入21世纪以来，对中国民居的研究更加细致和全面，民居的研究也带动了对山西窑洞的密切关注，许多著作都在研究一个大问题的同时涉及山西窑洞，比如孙大章的《中国民居研究》、陆元鼎的《中国民居建筑》、汪之力的《中国传统民居建筑》，窑洞民居部分也是其中的重要内容。不过，这些涉及的山西窑洞内容范围相近，内容重合度较高。

　　另外，对山西民居进行专题研究的有：颜纪臣主编的《山西传统民居》③，该书图文并茂地研究了山西民居建筑发展史、环境对民居建筑的影响，民居建筑与当地文化、风俗、宗教、民居建筑的风格与特点，民居建筑的构造与结构，民居的保护与发展及30多个现存传统民居建筑实例等几个方面，窑洞式民居建筑是本书的重要组成部分，是山西窑洞研究的重要资料。王金平等编著的《山西民居》④是一部较为全面分析山西不同地域民居形态与风格的著作，书中根据山西的历史地理、农耕区划、语言系统，以及民居建筑的内部结构与外部表现特征，对山西民居的地域分区进行了科学界定，并且从聚落研究的角度，较为全面地分析了山西城乡聚落的构成要素、类型、结构与空间布局特征；在归纳总结山西民居建筑的技术与艺术成就的基础之上，对山西民居的保护提出了建议。窑洞作为山西民居的重要形式之一，在书中也占有很大比例的论述，成为山西窑洞研究的重要参考资料。薛林平等人的"山西古村镇系列丛书"⑤也是山西窑洞研究的参考资料，该系列丛书较为全面地介绍了山西地区的古村镇，在整理已有的历史文化资料前提下，进行了实地考察和测绘，系统地对山西地区古村镇的历史文化、空间格局、民居建筑以及公共建筑等进行了介绍，在民居建筑方面，对山西窑洞研究提供了参考。2020年薛林平等的《山西传统民居营造技艺》⑥一书，指出山西民居的研究范围覆盖了晋北、晋东、晋西、

① 侯继尧等：《窑洞民居》，北京：中国建筑工业出版社，1989年。
② 侯继尧、王军：《中国窑洞》，郑州：河南科学技术出版社，1999年。
③ 颜纪臣主编：《山西传统民居》，北京：中国建筑工业出版社，2006年。
④ 王金平、徐强、韩卫成编著：《山西民居》，北京：中国建筑工业出版社，2009年。
⑤ 薛林平等："山西古村镇系列丛书"，北京：中国建筑工业出版社，2008—2018年。
⑥ 薛林平等：《山西传统民居营造技艺》，北京：中国建筑工业出版社，2020年。

晋中、晋东南和晋南六个亚区域，通过对工匠的采访和实地调研，对山西传统村落民居营造现状和技艺进行了全面立体化展示，是对山西传统民居营造的客观和全面记录，对山西窑洞研究具有较为重要的参考价值。

二、学 术 论 文

自20世纪80年代以来，国内涌现出许多有关山西窑洞的文章和硕士、博士学位论文。有的论文立意新颖、资料充分，具有较高的学术价值。这些学术论文既有以山西整体为研究范围的，也有以各个区域为研究对象来展开的，也有许多个案研究。

（一）整体式、跨学科研究

朱向东、王思萌的《山西民居分类初探》一文，根据山西的自然气候条件和区域民情，把山西的民居分为晋北、晋西北、晋中、晋东南、晋南五种民居形式，在整体把握山西民居的基础上，建立民居之间的可比性。通过鲜明的地域特征，为研究其差异性及差异形成的原因打下了基础。其中在晋西北、晋东南、晋南部分都介绍了具有地域性的窑洞民居，对窑洞也进行了分类，有助于更好地把握山西窑洞在自然条件影响下形成的类型特征。[①] 师立华、靳亦冰、王军的《地域文化视野下传统窑洞立面装饰艺术探究》一文，从各地区窑洞立面不同形式的艺术特征出发，剖析了造成这些差异的深层原因，并且总结提炼出了传统窑洞民居窑面装饰艺术的美学原则。重点分析了山西多个晋商大院窑洞精美的木雕构件、山西汾西县师家沟村圆拱施工工艺和晋中、晋西地区具有特色的木结构窑檐以及碛口西湾村民居院落的雕刻艺术，文章从装饰艺术和美学角度审视了山西窑洞独特的外表，总结了影响窑洞民居在不同地域艺术表达的因素。[②] 傅淑敏从考古学的角度，依据龙山文化的不同分期，研究了新石器时期山西土窑洞的分期问题，将这一时期的山西土窑洞分为四期。作者认为龙山文化山西窑洞经历了初创、发展、鼎盛、定型四个阶段，并且解读了每个阶段的土窑洞营建技术，在建筑史上具有一定价值。[③] 马润花的《明清山西民居地理初探》从历史地理学角度探讨明清时期山西民居的特点和地域分布，论述了明清山西民居的平面布局特点和空间组合特色、装饰特色、建筑风俗。又从

---

① 朱向东、王思萌：《山西民居分类初探》，《科技情报开发与经济》2004年第9期，第179—180页。

② 师立华、靳亦冰、王军：《地域文化视野下传统窑洞立面装饰艺术探究》，《本土营造》2016年第6期，第35—38页。

③ 傅淑敏：《论龙山文化土窑洞的分期》，《文物季刊》1994年第2期，第78—92页。

类型学角度，将山西民居分为合院式、窑洞式、窑院式、石板屋和平房五种建筑类型。作者同时也关注了"窑房同构"的技术现象。① 对"窑房同构"做了更深入研究的是王金平的《明清晋系窑房同构建筑营造技术研究》，通过田野调查的方式，以"窑房同构"技术现象为线索，分析了"窑上建窑""窑上建房""窑前建房""窑顶檐厦""无梁结构""窑脸仿木"六种同构方式，初次将"窑房同构"的技术现象归纳、总结为晋系古建筑的典型技术形态。② 另外，田毅也对山西传统民居地理做了系统地研究，在相关地方志、村史等文献资料的基础上结合实地调查，从历史学、文化地理学、建筑学等相关学科出发，透过微观、中观、宏观三个角度，比较系统地分析了山西传统民居的地域差异，并对其形成机制进行探讨。在研究民居地理的过程中，也进一步从类型、选址、分布、建筑材料、空间布局、装饰等方面对山西窑洞进行了论述。③ 王贵峰的《浅谈山西窑洞室内陈设设计》，从室内设计的角度出发，以山西窑洞的室内陈设研究为例，从山西窑洞民居结构分类、建筑布局特征、文化内涵等方面进行分析，探究其对现代室内设计的影响，总结山西窑洞民居室内设计思想经验，为现代室内设计艺术提供借鉴和灵感。④ 除了借鉴山西窑洞的陈列设计经验，还可以对山西窑洞景观环境进行整理，陈野在《山西地区窑居景观建构意义研究》中，以山西地区数个典型区域的窑居及其周边景观作为主要研究材料，从景观设计学的理论出发，对几个典型地区的窑居及其周边环境进行分析，探求在此之中的建构意义；从建构的角度出发，将山西地区窑居建筑及其景观的建构要素加以提取分析，认知其中建筑文化内涵，可为传统窑居景观设计提供理论基础，对发展和维护现代窑居景观的建设提供了研究空间。⑤

（二）分区式研究

山西窑洞研究也涉及分区研究，其中晋西、晋中南、晋中、晋南区域均有研究成果，在把握山西地区窑洞一般特征的基础上，深入剖析各个地理区域的窑洞特殊性，使得研究山西窑洞民居的资料更加丰富与全面。王琪的《黄土高原沟壑地区山地窑居村落景观初探》，把晋西地区划入研究范围，根据不同的坡度分析了相应的经典山地窑居村落景观：45°中坡汾西县师家沟、90°直坡汾西县铁金村、10°平坡交口县西庄村，对其空间景观、典型院落的空间艺术、空间景观特质等方面进行了分析，对黄土高原沟壑地区的窑居村落景观可持续发展

① 马润花：《明清山西民居地理初探》，陕西师范大学硕士学位论文，2001年。
② 王金平：《明清晋系窑房同构建筑营造技术研究》，山西大学博士学位论文，2016年。
③ 田毅：《山西传统民居地理研究》，陕西师范大学博士学位论文，2017年。
④ 王贵峰：《浅谈山西窑洞室内陈设设计》，山西大学硕士学位论文，2012年。
⑤ 陈野：《山西地区窑居景观建构意义研究》，天津大学硕士学位论文，2007年。

提出了自己的建议。① 任芳的《晋西、陕北窑洞民居比较研究》，从考古学、宗教学、社会学、建筑学等多方面对晋西、陕北两地的自然环境、选址理念、窑洞类型以及构成窑洞民居的各个要素进行比较分析。其中在两地还各选取了一些具有代表性的窑洞民居院落详细剖析，并找出两地窑洞民居的共同点以及差异规律。② 赵恩彪的《原生态视野下的豫西窑洞传统民居研究》一文，对豫西窑洞区和山西晋中南窑洞区进行村落、院落、室内布局、建筑材料与结构、类型、外观、采光通风湿度等物理环境方面的对比，从原生态角度对豫西窑洞传统民居进行优缺点研究探讨，为豫西窑洞建筑提供改良建议，其研究方法和角度对晋中南窑洞提供了借鉴。③ 冯耀祖的《晋中地区传统厦檐窑洞建筑研究》通过实地测绘，以段村万隆当铺、碛口广生源、张家塔赵尊桂宅、段村张凌霄故居为例，勾勒了晋中地区的厦檐窑洞建筑面貌，重点研究了集中分布于晋中地区的"厦檐窑洞"（根据其组合形式分为"明柱厦檐窑洞"和"没根厦檐窑洞"），着重分析了其空间结构、结构与构造、营造过程与建筑工艺，初步探索了"厦檐窑洞"的成因。通过这些建筑，反映变革时期人们的心理状态，挖掘其历史价值。④ 郑旭的《晋南乡宁县云丘山传统民居和石砌锢窑营造技艺研究》，以宏观、中观、微观三个维度对晋南乡宁县云丘山的传统民居和石砌锢窑营造技艺展开研究，经过现场测绘与工匠走访，获得了大量的基础数据和口述资料，深入研究了其营造的精神和技术，并对云丘山石砌锢窑营造技艺保护和传承进行研究，提出了可行性实施方案。⑤

（三）个案研究

个案研究主要有吕梁临县碛口镇、太原店头村、晋中榆次后沟村、临汾古县城关村、晋中灵石静升村、太原周家庄村、太原马头水村、山西古交大南坪窑洞、晋中平遥县横坡村。其中，研究碛口窑洞的有：俞卓《黄土山中古老的栖居——浅谈碛口古镇李家山的窑洞民居》，着重分析了李家山窑洞民居建筑的"凤凰展翅"建筑格局和李家山因其特殊的地形"两沟四面坡"影响下形成的窑洞建筑的特点。⑥ 王向前的《碛口窑洞民居建筑形态解析》对碛口窑洞进行了系统全面地研究，以建筑形态作为研究对象与切入点，对碛口窑洞民居主要从

① 王琪：《黄土高原沟壑地区山地窑居村落景观初探》，西安建筑科技大学硕士学位论文，2002 年。
② 任芳：《晋西、陕北窑洞民居比较研究》，太原理工大学硕士学位论文，2011 年。
③ 赵恩彪：《原生态视野下的豫西窑洞传统民居研究》，上海交通大学硕士学位论文，2010 年。
④ 冯耀祖：《晋中地区传统厦檐窑洞建筑研究》，东南大学硕士学位论文，2012 年。
⑤ 郑旭：《晋南乡宁县云丘山传统民居和石砌锢窑营造技艺研究》，北京交通大学硕士学位论文，2017 年。
⑥ 俞卓：《黄土山中古老的栖居——浅谈碛口古镇李家山的窑洞民居》，《艺术与设计（理论）》2008 年第 3 期，第 98—99 页。

三个角度进行分析：第一是从单体建筑形态角度，归纳、分析了碛口窑洞的构成要素、单体类型、平面与剖面、材质和色彩四个方面；第二是从合院空间形态角度，分析了碛口窑洞的基本要素、空间类型、院落平面和剖面、装饰和特殊处理四个方面，第三是结合前两点总结得出碛口窑洞民居形态四个方面的主要成因：地域性因素、经济性因素、传统礼制因素、风水和宗教因素。① 任莉莎的《山西碛口古镇景观环境研究》通过系统分析碛口古镇及周边村落景观的形态、结构，总结出该地区的景观特征，对保护当地景观资源和进行旅游开发探索一条可行的途径。②

对店头村窑洞进行研究的主要是太原理工大学的王崇恩、朱向东等。王崇恩、朱向东的《特定历史环境下的居住建筑空间形态分析——以山西店头古村为例》介绍了在地形和河道影响下形成的古石窑洞群。简单阐述了村中一至三层的窑洞特征，"在村中大多数建筑一层都为石窑洞，二层和三层为砖石窑洞，每层窑洞都通过暗道、明道与上一层相通，最多时有上下四层院落相通"③。其另文《山西店头村古代石窑洞群营造技术探析》，从石材砌筑技术、石拱券技术、石雕工艺技术、石窑洞物理环境技术四个方面进行探究，肯定了太原店头村窑洞建筑的地位，"不仅是石建筑的典范，甚至可谓石建筑的城堡"。④ 在分析店头村窑洞群的空间形态和营建技术之后，王崇恩、荣盼盼通过现场采风、实地测绘对店头村窑洞群的价值进行了分析，在《山西店头石碹窑洞聚落价值分析与保护策略研究》中，总结出店头古村落独有的价值特色，指出危害村落特色的一些现存问题，并对其保护措施进行了思考。⑤ 王崇恩、李颖、朱向东的《层楼式石碹窑洞空间组合方式探析：以太原店头村郭家东西院及紫竹林寺为例》继续对店头村古村层楼式石碹窑洞的典型代表郭家东、西院以及紫竹林寺展开调研，通过实地测绘、计算机建模等方法，对层楼式石碹窑洞建筑的空间组合方式进行了分析，总结出其相互渗透的空间特色。⑥ 另文《层楼式石碹窑洞空间营造特色探析——以太原市店头古村郭家别院为例》，揭示了其相互渗

① 王向前：《碛口窑洞民居建筑形态解析》，哈尔滨工业大学硕士学位论文，2007年。

② 任莉莎：《山西碛口古镇景观环境研究》，南京林业大学硕士学位论文，2013年。

③ 王崇恩、朱向东：《特定历史环境下的居住建筑空间形态分析——以山西店头古村为例》，《太原理工大学学报》2010年第4期，第376—380页。

④ 王崇恩、朱向东：《山西店头村古代石窑洞群营造技术探析》，《古建园林技术》2010年第2期，第43—45页。

⑤ 荣盼盼、王崇恩：《山西店头石碹窑洞聚落价值分析与保护策略研究》，《南方建筑》2011年第2期，第73—76页。

⑥ 王崇恩、李颖、朱向东：《层楼式石碹窑洞空间组合方式探析：以太原店头村郭家东西院及紫竹林寺为例》，《太原理工大学学报》2013年第5期，第641—645页。

透、相互连通的窑洞空间特色。"郭家别院中的建筑与店头村中大部分建筑相同，都是主要以窑洞为基本组成单元，另外还有少量的石木结构房屋。根据窑洞的平面形式，可将单体窑洞分为纵窑和横窑两种类型。"①通过测量计算，王崇恩等人也对店头村石碹窑洞建筑的受力性能和结构安全进行了初步分析。通过计算机分析并总结了石碹窑洞建筑基本的受力特点，对石碹窑洞建筑结构构造原理和受力分析做了尝试性的初步探索，研究其结构的合理性和科学性，为保护这种传统石碹窑洞营造技术提供了一定研究基础。②

对榆次后沟村窑洞研究的有：黄娟的《山西榆次后沟古村落空间文化特征阐释》，从后沟村的窑洞模式入手，总结了其特点，进而分析了其神庙和排水系统，三者构成了后沟村的空间体系，传递了丰富的文化象征和精神信仰。③宋文的《山西榆次后沟古村落景观研究》，从景观视角，对后沟古村落景观形成因素、整体景观特征、建筑景观特征、景观结构这四方面进行了阐述和分析，为进一步研究后沟古村工作提供了较为详尽的基础资料，对保护和开发也提供了理论依据。④

另外，还有一些研究成果较少的案例：如米丽红的《黄土高原地区窑洞民居与人际关系的探究——以山西大南坪窑洞为个案》，综合了建筑学和民俗文化学对大南坪窑洞进行研究，在介绍窑洞情况的基础之上深入发掘其背后蕴含的民俗文化事象和传统文化内容，以及探究窑洞本身的空间布局和人际关系之间的内在关联性。最后通过对当下窑洞的存在形态的描述和动因的探究，揭示出随着社会的发展，导致窑洞存在形态及空间布局的变化，使得居住主体间的关系随之发生改变。⑤连娅楠的《试论窑洞的功能重置》，以平遥县横坡村的废弃窑洞为研究对象，将具有民俗特色的窑洞旅舍设计作为实践方案。把窑洞建设和旅游开发相结合，把现代设计手法与元素融合到窑洞空间布局中去，进而达到窑洞保护和提升窑洞居住品质的目的。⑥戴雅文、张亚池、柯清的《山西静升村窑洞室内布局研究》，从建筑院落组合、民俗家具、室内布局三方面入手，总结出窑洞内家具的种类和使用特点；通过绘制窑洞室内布局平面图来分析布

① 王崇恩、李颖、朱向东：《层楼式石碹窑洞空间营造特色探析——以太原市店头古村郭家别院为例》，《四川建筑科学研究》2014年第4期，第277—281页。

② 王崇恩、李媛昕、朱向东，等：《店头村石碹窑洞建筑结构分析》，《太原理工大学学报》2014年第5期，第638—642页。

③ 黄娟：《山西榆次后沟古村落空间文化特征阐释》，《晋中学院学报》2010年第6期，第87—89页。

④ 宋文：《山西榆次后沟古村落景观研究》，北京林业大学硕士学位论文，2013年。

⑤ 米丽红：《黄土高原地区窑洞民居与人际关系的探究——以山西大南坪窑洞为个案》，辽宁大学硕士学位论文，2014年。

⑥ 连娅楠：《试论窑洞的功能重置》，山西大学硕士学位论文，2016年。

局特点；结合功能气泡图分析、总结窑洞室内布局在功能性上的特征。① 范文斌、王崇恩的《石碹窑洞建筑空间营造特色探析——以山西太原周家庄村周家粮铺院为例》对该地区建筑遗存信息和文献资料进行整理研究，对建筑群体进行实地勘查及计算机建模，为山西传统村落的保护和可持续发展提供合理依据。② 齐婷婷的《太原马头水村晋文化窑洞民宿室内外空间设计》，以马头水村窑洞居住空间为案例，对原来的居住环境从建筑外观和室内空间进行改造与设计，体现出山西地区晋文化浓厚的地域特色风格，并且对马头水村晋文化窑洞民宿空间的设计提出文化性、功能性、绿色性原则。③ 左国保、王学法等的《山西古县城关村窑洞村落规划》，阐述了其规划思想，并"以保护地表生态环境和增加可耕土地为原则"对该窑洞村落居住空间进行规划设计。④

结　语

综上所述，学界对山西窑洞的研究已取得较多的成果，不仅成为各个研究院所的对象，而且诸多高校的加入也壮大了研究力量。对山西窑洞的分类、空间布局、建造技术等方面已经有了深入研究，但是还有一些方面有待深入。第一，综合各学科知识对山西窑洞进行研究。目前的研究中，更多的基于建筑学展开，把艺术学、民俗学、社会学、美学设计等学科融入民居研究中，可以使窑洞这一民居形式更加生动全面。第二，山西窑洞研究区域不平衡。目前的研究中，晋中地区研究成果较多，在个例中也多集中于太原市和晋中市，对晋西、晋南地区的研究相对薄弱。第三，山西窑洞研究更多集中于山西层次高的学校。目前的研究成果中，太原理工大学一枝独秀，如果想引起对窑洞文化的重视，其他高校也应在建筑学方面做出努力。第四，加大实地考察测绘力度，充分利用现代科学技术。目前的研究成果中，文献梳理占据了很大比重，当然也有许多学者进行了实地测绘工作，但是后续的挖掘却略显不足，运用数学、计算机等新方法、新手段才能把山西窑洞民居研究更加深入化。第五，理论研究与实际结合有待加强。目前的研究中，多从窑洞建筑本身出发，立足于建造

---

① 戴雅文、张亚池、柯清：《山西静升村窑洞室内布局研究》，《家具与室内装饰》2017年7期，第126—128页。

② 范文斌、王崇恩：《石碹窑洞建筑空间营造特色探析——以山西太原周家庄村周家粮铺院为例》，《南方建筑》2018年6期，第40—44页。

③ 齐婷婷：《太原马头水村晋文化窑洞民宿室内外空间设计》，湖南工业大学硕士学位论文，2019年。

④ 左国保、王学法、董海，等：《山西古县城关村窑洞村落规划》，《福建建筑》2001年第1期，第23—24页。

与格局,也有个别研究窑洞村落景观,但是如何结合实际对窑洞进行可行性保护,如何把山西窑洞理论研究与现代居住与旅游等方面结合也是存在的研究空间。相信随着研究地不断深入,山西窑洞的研究成果会更加丰富,并且能够有助于现代社会的发展进步。

国外科学史名著译介

乔治·萨顿《科学史导论》第1卷译介

吕变庭

译者前言：乔治·萨顿（George Sarton，1884—1956年）是科学史这门学科的奠基者，他的《科学史导论》则是确立科学史研究方向的标杆，历来为科学史界所重视。可惜，我们非常遗憾地看到，在目前由国内学者翻译的"萨顿科学史丛书"里面却没有见到这部巨著。为此，本文仅将其题录翻译出来，窥一斑而知全豹，以期使学人对萨顿的科学史观有一个整体的认识和了解。萨顿原计划撰写一部包括三大系列几十卷本百科全书式的"1900年之前世界科学史"，其中第二系列是"对不同类型文明的概述"，实际上直到去世之前，即从1919年到1947年，萨顿才仅仅完成了"《从荷马到奥马·海亚姆》"（1卷1册）、"《从拉比·本·艾兹拉到罗吉尔·培根》"1卷2册、"《十四世纪的科学知识》"（1卷2册），这就是我们现在所见到的《科学史导论》。在萨顿看来，自然界是统一的整体，人类也是统一的整体，因此，科学史也是统一的整体。在此思想指导之下，萨顿的科学史观强调对于整个人类科学发展历史而言，只考虑某一民族的知识进步远远不够。本文依据"Copyright，1927 by Carnegie Institution of Washington"译出，不当之处，请读者批评指正。

《科学史导论》第1卷《从荷马（Homer）到奥马·海亚姆（Omar Khayyam）》目录

引言章节 ·· 3-51
  Ⅰ 这部著作的目的 ··· 3
  Ⅱ 古代科学 ·· 8
  Ⅲ 中世纪科学 ··· 14
  Ⅳ 经院哲学，它的起因和它的疗法 ··································· 21